2018—2019 年中国工业和信息化发展系列蓝皮书

2018—2019 年
中国网络安全发展蓝皮书

中国电子信息产业发展研究院　编著

黄子河　主　编

刘　权　副主编

电子工业出版社

Publishing House of Electronics Industry

北京·BEIJING

内容简介

本书全面、系统、客观地概括了 2018 年全球网络安全战略规划、法律法规、安全管理、数据治理、新兴技术应用、国际合作等方面的发展状况；总结了 2018 年我国在网络政策环境、标准体系、基础工作、产业实力、技术能力、国际合作等方面取得的成果，从政策、产业、行业等多个角度进行了深入研究；重点剖析了云计算、大数据、物联网、移动互联网、工业互联网、区块链等新技术、新产品、新应用的网络安全发展态势；梳理了年度热点网络安全事件，并对 2019 年我国网络安全形势和发展趋势进行预测；提出了加强我国网络安全能力建设的对策建议。本书内容全面、观点独到，可为业内人士研究网络安全问题提供较高的参考价值。

本书可为政府部门、相关企业及从事相关政策制定、管理决策和咨询研究的人员提供参考，也可以供高等院校相关专业师生及对网络安全感兴趣的读者学习。

图书在版编目（CIP）数据

2018—2019 年中国网络安全发展蓝皮书 / 中国电子信息产业发展研究院编著 . —北京：电子工业出版社，2019.12

（2018—2019 年中国工业和信息化发展系列蓝皮书）

ISBN 978-7-121-38194-2

Ⅰ . ① 2… Ⅱ . ①中… Ⅲ . ①计算机网络－网络安全－研究报告－中国－ 2018-2019

Ⅳ . ① TP393.08

中国版本图书馆 CIP 数据核字（2019）第 284172 号

责任编辑：许存权（QQ：76584717）

特约编辑：谢忠玉　等

印　　刷：天津画中画印刷有限公司

装　　订：天津画中画印刷有限公司

出版发行：电子工业出版社

　　　　　北京市海淀区万寿路 173 信箱　邮编：100036

开　　本：720×1 000　1/16　印张：17.5　字数：362 千字　彩插：1

版　　次：2019 年 12 月第 1 版

印　　次：2019 年 12 月第 1 次印刷

定　　价：198.00 元

凡所购买电子工业出版社图书有缺损问题，请向购买书店调换。若书店售缺，请与本社发行部联系，联系及邮购电话：（010）88254888，88258888。

质量投诉请发邮件至 zlts@phei.com.cn，盗版侵权举报请发邮件至 dbqq@phei.com.cn。

本书咨询联系方式：（010）88254484，xucq@phei.com.cn。

前　言

当今世界，信息技术日新月异，中国数字化、网络化、智能化进程逐步推进，各个行业的价值链都将经历着彻底变革。与此同时，以信息技术为代表的新一轮科技和产业革命也给世界各国主权、安全、发展利益带来许多新的挑战，网络安全形势也日益复杂，国家级有组织的网络攻击持续发生，数据泄露事件不断爆发，融合领域安全问题日益凸显，网络安全风险成为威胁国家安全、社会发展和公民合法权益的重大隐患。全球互联网治理体系变革进入关键时期，构建网络空间命运共同体日益成为国际社会的广泛共识。

党中央、国务院高度重视网络安全工作，从国家层面相继出台《国家网络空间安全战略》和《网络安全法》等重要战略规划和法律法规，使网络安全工作迈入目标更加清晰、任务更加具体、责任更加明确的新阶段。遵循习近平总书记网络安全和信息化新理念、新思想、新战略，全面贯彻落实《网络安全法》，明晰网络安全发展现状，追踪掌握网络安全形势，把握网络安全核心问题，建设健全完备的网络安全保障体系，已经成为我国网络安全发展的当务之急。面对新形势、新挑战，针对我国网络安全工作还存在缺乏网络安全意识、核心技术受制于人、网络安全基础建设薄弱、法律法规不完善、人才短缺等问题，赛迪智库网络安全研究所开展了全方位、多角度的研究，涵盖了综合篇、专题篇、政策法规篇、产业篇、企业篇、热点篇、展望篇7个部分，最终形成了本书。

本书全面、系统、客观地概括了2018年全球网络安全战略规划、法律法规、安全管理、数据治理、新兴技术应用、国际合作等方面的发展状况；总结了我国在网络政策环境、标准体系、基础工作、产业实力、技术能力、国际合作等方面取得的成果，从政策、产业、行业等多个角度进行了深入研究；重点剖析了云计算、大数据、物联网、移动互联网、工业互联网、区块链等新技术、新产品、新应用的网络安全发展态势；梳理了年度热点网络安全事件，并对 2019 年我国网络安全形势和发展趋势进行预测，提出了加强我国网络安全能力建设的对策建议。本书内容全面、观点独到，为业内人士研究网络安全问题提供了较高的参考价值。

目　录

｜综 合 篇｜

| 专　题　篇 |

政策法规篇

|产 业 篇|

|企 业 篇|

｜热　点　篇｜

|展　望　篇|

综 合 篇

第一章

2018 年全球网络安全发展状况

当今社会，科技日益发展，互联网连接万物，生活中的方方面面都离不开网络。尤其是近年来发展迅猛的物联网，让人们的生产生活方式发生了翻天覆地的变化，人们对网络的依赖度也达到了前所未有的高度。在这一背景下，网络安全的重要性就显得尤为突出。2018 年，各国国家层面、行业管理相关的网络安全战略持续推进；法律法规制度设计进一步完善，着重在防范打击网络犯罪、网络不良信息监管和关键信息基础设施保护方面开展立法探索；安全管理体制加速调整，陆续成立新的国家与行业网络安全管理机构，并对现有机构职能进行调整；数据安全治理重要性凸显，多国制定数据安全保护法规政策，积极探索数据跨境流动，并不断加大对数据安全事件的执法监督；新兴技术发展得到高度重视，纷纷制定 5G、人工智能等发展战略，研究新兴技术在网络安全领域的应用，同时，部分西方国家持续对我国高科技企业进行限制打压；网络安全领域国际合作与交流持续推进。

第一节　网络安全战略规划大量出台

网络安全是一个关系着国家安全和主权、关系着社会稳定、关系着民族文化继承和发扬的重要问题，其重要性随着全球信息化步伐的加快与信息技术的深入发展不断提升。2018 年，多国持续推进国家与行业等不同层面网络安全战略的制定，构建多层立体的网络安全战略规划体系。除此之外，部分国家还在数字经济发展等相关战略中明确了对网络安全的相关要求。

一、国家网络安全战略不断完善

2 月，埃及最高网络安全委员会正式启动《2017—2021 年国家网络安全战略》，旨在为各领域的综合电子服务创造一个安全的环境。4 月，日本网络安全战略本部于首相官邸召开第 17 次会议，就《新一期日本网络安全战略纲要（草案）》等 7 项内容进行讨论，旨在强化网络安全保障能力。5 月，卢森堡发布《第三版国家网络安全战略》，旨在提出欧盟委员会制订国家层面一揽子计划的目标，同时也反映了日益数字化的世界。7 月，乌克兰内阁批准《关于乌克兰网络安全战略实施的行动计划》，确定了网络安全领域活动的监管办法，提升国家网络安全系统的技术手段，与乌克兰的国际伙伴建立合作关系，制定网络安全领域人员培训流程等 18 项任务。8 月，立陶宛政府批准了新版《国家网络安全战略》，明确未来五年国家公共、私营部门网络安全政策的主要方向，并纳入了欧盟《网络和信息系统安全指令》的规定。9 月，美国总统特朗普总统签署《美国国家网络战略》，确定了联邦政府为保护美国免受网络威胁和加强美国在网络空间的能力将采取的新举措。多国国家网络安全战略的制修订显示出各国对于网络安全顶层设计的高度重视，不仅要填补网络安全战略的空白，还要不断依照形势变化对相关战略进行完善。

二、专项网络安全战略陆续出台

3 月，英国政府公布《网络安全出口战略》，旨在帮助本国中小企业开展海外贸易。4 月，美国网络司令部发布《实现和维护网络空间优势：美国网络司令部指挥愿景》，该战略明确了美国网络司令部的目的、方式和手段。5 月，美国能源部发布《能源行业网络安全多年计划》，确定了能源部未来五年力图实现的目标及相应举措。9 月，美国国防部发布《2018 国防部网络战略》，保护美国网络和主要基础设施免受网络攻击，指出中国和俄罗斯对美国及其盟国的"战略性威胁"日益加大，表示为防范网络攻击可进行先发制人攻击。10 月，日本金融服务厅发布最新的金融部门网络安全政策文件，以提高金融基础设施的网络弹性，应对可能在 2020 年东京奥运会之际遭到的大规模网络攻击。12 月，美国联邦能源监管委员会发布《规则制定提案公告》，将引导北美电力可靠性中心修改关键基础设施保护可靠性标准，拓宽网络事件报告范围，增强电网威胁意识。英国政府推出了一项新的网络安全技能战略，旨在招募更多技能熟练的专业人员进入该行业，提高普通劳动力的网络安全意识，改善教育和培训，确保英国拥有一个"结构良好、易于引导"的职业，并成立了一个新的独立机构，帮助塑造该行业的未来。重点领域与关键行业积极开展行业网络安全战略制定，不断细化网络安全顶层设计，使其在行业、领域内更具有实践性。

三、国家发展战略中的网络安全要求进一步明确

7 月，美国政府公布了正在拟订的《联邦数据战略》草案，指出数据的使用和治理应优先考虑数据的安全、隐私、透明度，同时加强"联邦数据实践对公众影响"的评估。12 月，美国国土安全部发布新版部门优先目标行动计划，强调应加强网络安全防御，提升态势感知能力。澳大利亚政府启动《澳大利亚技术未来》的数字经济战略，该战略涵盖了七大主题，即技能、包容性、数字政府、数字基础设施、数据、网络安全和监管。其中，数字技能、数字服务等成为重点内容。网络安全是国家发展，尤其是信息化发展中重要的部分，各国通过在发展战略中明确网络安全要求，进一步平衡了发展与安全的关系，不断在发展中强化网络安全保障。

第二节 法律法规体系加速调整

法律法规是开展网络威胁治理、保障网络空间安全的重要依据，近年来，世界各国在网络安全法律法规制定方面已经取得了一定成果，在打击网络犯罪、监管不良信息与保护关键信息基础设施等重点领域发力，着力完善法律法规体系，更好适应网络威胁治理新形势的发展。

一、网络犯罪打击力度不断增大

8 月，埃及总统签署《反网络及信息技术犯罪法》，打击极端分子利用互联网开展恐怖行动的行为。阿联酋颁布了修订后的《网络犯罪法》，扩大了对违法者实施制裁的范围，引入缓刑、限制使用电子媒介、强制驱逐等制裁措施。澳大利亚发布《2018 年电信和其他立法修正案（援助和访问）条例草案》，要求向澳大利亚公民提供通信服务的公司在涉及犯罪问题时需向执法部门提供加密通信记录。11 月，南非议会司法委员会正式通过《网络犯罪和网络安全法案》，旨在让南非与其他国家的网络法律接轨，应对不断增长网络犯罪的趋势。12 月，津巴布韦批准了《2018 网络保护、数据保护和电子交易法》，将进一步明确计算机网络犯罪的定义，强化打击力度。网络恐怖主义、网络犯罪等依靠网络的新型违法犯罪类型、数量均不断增加，各国也在持续加强相关法律法规建设，使网络犯罪治理有法可依。

二、网上不良信息监管力量不断加强

4 月，俄罗斯总统普京签署《互联网诽谤法案》，允许当局封锁发布诽谤公众人物信息的网站。8 月，美国联邦调查局宣布制定《打击外国影响力指南》，旨在教育公众，并开展有关虚假信息、网络攻击和"境外势力对社会的整体影响"的政治运动。9 月，俄罗斯国家杜马通过一项法案，拒绝撤下被法院裁定为"虚假"网上信息的俄罗斯公民，可被判入狱长达一年，还可能被处以 5 万卢布罚款。埃及总统正式批准《社交媒体监控法》，授权最高媒体监管委员会，可以对在社交媒体、个人博客或网站上粉丝超过 5000 名的用户进行监控，也可以暂停或阻止任何账户"发布或播放煽动暴力或仇恨的虚假信息"。近年来，社交媒体在如美国大选、英国脱欧等重大政治事件中均发挥了重要的作用，其对于舆论乃至社会的影响受到广泛关注，各国均积极强化网上不良信息监管，努力营造风清气正的网络空间环境。

三、关键信息基础设施保护不断深化

4 月，美国国家标准与技术研究院发布《提升关键基础设施网络安全的框架》，该框架适用于对美国国家与经济安全至关重要的行业（能源、银行、通信和国防工业等）。7 月，乌克兰内阁批准《关于乌克兰网络安全战略实施的行动计划》，确定了关键基础设施信息安全的独立审计需求、国家关键基础设施的设备分配流程及标准，并形成设施清单。8 月，波兰总统正式签署网络安全法案，将在欧盟《网络与信息安全指令》框架下，为波兰关键信息基础设施保护提供更为直接的遵循依据。南非警察委员会通过《关键基础设施保护法案》替代 1980 年实施且有争议的《国家重点设施法案》，规定了识别关键基础设施风险、提交漏洞报告的全部流程，以及关键基础设施的保护和恢复措施要求。各国进一步明确了关键信息基础设施清单、风险及相关流程，关键信息基础设施保护工作不断深化。

第三节　安全管理体制进一步完善

随着网络威胁的增加，各国进一步完善安全管理体制，部分国家根据网络安全威胁应对需求，建立新的国家与行业网络安全机构，已建立了网络安全机构的国家也在实践中对现有机构不断进行升级重组，使其能够满足现实要求。

一、国家或地区网络安全机构逐步完备

6 月,西澳大利亚州宣布建立数字政府办公室,重点改进政府网络安全措施,确保西澳大利亚人民的信息安全。8 月,美国国土安全部国家计划和保护局成立国家风险管理中心,负责保障美国关键基础设施安全。英国国家网络安全中心宣布,将批准在坎特伯雷肯特大学、伦敦国王学院、卡迪夫大学新设立 3 个网络安全卓越学术中心。德国内政部和国防部宣布成立德国网络安全创新局,以进一步加强网络安全领域能力建设,摆脱对美国、中国和其他国家的技术依赖。9 月,泰国政府设立国家网络安全局和数据保护局,数据保护局负责打击非法数据盗版,保护数据隐私;国家网络安全局将成为泰国网络安全的通信中心和数据中心,负责解决和防范该国网络安全问题。11 月,澳大利亚国防部宣布启用在南澳大利亚州首府阿德莱德市的联合网络安全中心。美国国防部成立名为“保护关键技术任务组”的跨职能工作小组,旨在加强数据安全防御能力,防止外国窃取美国机密消息。2018 年,全球各国按照网络安全形势的发展和变化,建立各级网络安全机构,强化网络安全管理体制。

二、行业网络安全机构加快成立

4 月,新加坡海事与港务管理局成立海事网络安全运营中心,将支持提高意识和能力发展,帮助提高行业网络应变能力。霍尼韦尔公司在新加坡开设亚洲首个卓越工业网络安全中心,旨在帮助保护该地区的工业制造商免受不断增加的网络安全威胁。6 月,美国能源部表示将成立网络安全、能源安全和应急响应办公室(CESER)。9 月,印度首个网络取证实验室将在维杰亚瓦达市投入运营,主要用于打击与“一次性口令”认证、金融诈骗、脸谱网、短信、电子邮件和 ATM 卡偷窃及社交媒体信息滥用等相关的网络犯罪行为。10 月,北约计划成立新军事指挥中心“网络指挥部”,以便全面及时掌握网络空间状况,并有效对抗各类网络威胁。11 月,美国的华盛顿州、伊利诺伊州、威斯康星州为加强中期选举网络安全保障,计划启用国民警卫队网络安全部队。海事、工业、军事等多个重点领域行业也加速成立行业网络安全机构,有效提升行业网络安全保障水平。

三、现有网络安全机构加速调整

11 月,美国国土安全部管理网络安全的前全国防护与计划处改组为网络安全与基础设施安全局,负责保护国家的重要基础设施免受物理和网络威胁,同

时将与各级政府部门及私营部门合作以应对未来不断变化的风险。意大利副总理宣布意大利国防相关机构的网络部门将进行内部重组，要求整个国防部门必须使用统一指令，不仅要达成提高网络安全防御能力的目标，还要提高网络空间的进攻能力。12 月，欧洲议会、欧洲理事会和欧盟委员会就《网络安全法案》达成一致，该法案增强了欧洲网络与信息安全局授权，能够更好地支持成员国应对网络安全威胁和攻击。除建立新网络安全机构外，各国还加速调整现有网络安全机构的设置与职能，不断适应新的网络安全形势与需求。

第四节　数据治理日益加强

随着云计算、物联网等新兴技术的蓬勃发展，数据资源的重要性在数字社会越发凸显，其安全问题也持续受到广泛关注，全球范围内数据安全法律法规密集出台，积极探索数据跨境流动规则的制定，并大力加强数据安全执法监督。

一、数据安全保护法律密集出台

5 月，欧盟的《一般数据保护条例》在欧盟全体成员国正式生效，全面加强欧盟所有网络用户的数据隐私权利，明确提升了企业的数据保护责任，并显著完善了有关监管机制。7 月，巴西参议院通过《个人数据保护法案》，旨在建立一套保护国内个人数据的完整体系。印度公布首份数据保护法案《2018 年个人数据保护法案》，该法案在印度《2000 年信息技术法》的基础上，借鉴欧盟的《一般数据保护条例》而成。9 月，为匹配《一般数据保护条例》，比利时新的数据保护法生效，该法整合了比利时不完善的数据保护监管框架。西班牙部长理事会通过皇家法令，确保《一般数据保护条例》在西班牙的应用，规定涉及个人数据保护相关的检查、制裁制度和指导程序。阿根廷的行政部门向国会提交《数据保护法案（草案）》，使该国的数据保护标准与欧盟的《一般数据保护条例》保持一致。11 月，塞尔维亚议会通过《个人数据保护法》，该法律符合欧盟的《一般数据保护条例》，同时对公共、私营部门起约束作用。11 月，加拿大公布新的《保护个人信息和电子文件法》，要求公司在发生客户信息及数据泄露事件时，须尽快报告，否则将面临处罚，每次违规的罚款额最高可达 10 万加元。自 5 月起，欧盟的《一般数据保护条例》（以下简称 GDPR）正式生效后，欧盟国家，如爱尔兰、西班牙、比利时与塞尔维亚等欧盟国家参照 GDPR 相继研究制定或发布国内数据保护相关规定；非欧盟国家，如阿根廷、巴西、伊朗、印度、泰国等国也将其数据保护法规与 GDPR 保持一致。

二、数据跨境流动规则不断完善

4月，巴西向世界贸易组织提交文件，对互联网数据流动的规则展开讨论。7月，日本和欧盟达成协议，将实现双方数据自由流动。10月，欧盟议会通过《欧盟非个人数据自由流动条例》，消除欧盟成员国数据本地化的限制。美国、日本和欧盟共同制定跨境数据传输规则，并计划在2019年6月G20大阪峰会召开前制定完成。11月，欧盟理事会批准关于非个人数据在欧盟自由流动的新法规，旨在限制在特定国家存储非个人数据，鼓励在整个欧盟范围内交换数据，支持单一市场发展。12月，欧盟各国政府同意"加强规则草案"，允许执法部门直接获取科技公司存储在另一个欧洲国家云端的电子证据。欧盟委员会公布《欧盟—美国隐私盾报告》，认为美国实施了2017年审查中提出的建议，隐私保护框架得到了显著改善，数据从欧盟向美国传输是充分安全的。2018年，多个国家和地区积极探索数据跨境流动理论与实践，制定了一系列数据跨境流动规则，为全球化发展提供了支撑与保障。

三、数据安全执法检查力度不断加大

1月，美国联邦贸易委员会对伟易达处以65万美元罚款，因其安全漏洞导致数百万个家长和孩子的数据遭曝光。2月，比利时一法院判定，脸谱网在比利时网民不知情的情况下搜集和保存其上网信息，违反比利时隐私法。3月，韩国通信委员会表示，将针对脸谱网即时消息应用收集用户通话和短信记录的情况启动正式调查。4月，美国逾20个保护儿童及消费者组织当日向美国联邦贸易委员会投诉，要求调查优兔允许广告商向儿童推送广告是否违反《儿童在线隐私保护法》，优兔母公司谷歌可能面临数十亿美元的罚款。巴西联邦检察官要求法院强制微软更改Windows 10的默认安装过程，称其违反当地法律，未经"明确同意"收集用户数据。8月，韩国政府开始对20家跨国公司在韩办事处开展用户数据安全审查。11月，荷兰、波兰、捷克、希腊、挪威、斯洛文尼亚和瑞典等7国消费者团体投诉谷歌的位置跟踪功能违反了欧盟的《一般数据保护条例》。英国信息专员办公室表示，脸谱网数据保护力度缺乏，呼吁议员加强立法和监督，并将联合爱尔兰数据保护专员办公室，对其数据安全保护进行调查。多国对重大数据安全事件与企业数据保护责任落实开展执法监督，惩处了一批违反数据保护相关法律法规的企业。

第五节 新兴技术应用成为各国关注焦点

新技术的发展为网络安全能力的提升带来了新机会，也提出了新挑战，各国对其重视程度也逐渐提升。多国陆续发布人工智能、量子计算、5G等新技术发展战略，并探索将新技术应用于网络安全领域。与此同时，以美国为首的西方国家，不断以国家安全名义限制我国科技企业的国际交流与发展。

一、新技术研究开发与监督管理持续加强

2月，美国国家标准与技术研究院发布报告草案，提供物联网设备和系统上实施网络安全的标准。3月，英国政府公布投入2500万英镑的5G试验和测试平台计划的六个获资助项目，为在英国推出5G技术铺平道路。6月，荷兰政府公布了最新国家数字战略，旨在充分实现荷兰社会和经济的数字化，确保企业、消费者和公共部门应用更好的数字技术，并有效维护国家网络安全。7月，马耳他议会通过法案将区块链技术的监管框架纳入法律。8月，英国信息专员办公室发布《2018—2021年科技战略》，概述了应对快速变化的新技术挑战的监管方法，确定了网络安全、人工智能、网络和跨设备跟踪三个2018—2019年度优先领域。9月，美国国防高级研究计划局宣布，五角大楼计划在未来5年将花费超过20亿美元推动人工智能技术发展。10月，英国发布消费类物联网设备安全行为准则，指导参与物联网设备的开发、制造和零售的相关方。世界各国大力推动5G、人工智能、区块链、物联网等新技术新业务发展，同时也高度关注其中可能面临的网络安全问题。

二、网络安全领域新兴技术应用不断深入

1月，日本总务省下属的信息通信研究机构开发出了新型加密技术，连新一代超高速计算机量子计算机也难以破解。2月，英国内政部发布利用人工智能检测涉恐信息的软件工具。4月，美国国防部高级研究计划局（DARPA）表示希望利用人工智能来提高网络漏洞检测的速度。7月，俄罗斯国防部提出将建立区块链研究实验室，研究利用区块链技术加强网络安全和打击针对关键信息基础设施的网络攻击。8月，美国国防部高级研究计划局与英国BAE系统公司联合研发人工智能网络安全技术以应对高级别网络攻击。美国联邦调查局启动了两个新的项目，利用人工智能系统追踪和应对内部威胁。多国积极探索将人工智能、密码、区块链等技术应用于网络安全领域，为网络安全保障提供新思路、新手段。

三、我国科技企业发展受到西方多国限制

7月，美国国防部官员表示，五角大楼正在制定一个"不购买"清单，其中包括禁止购买由中国和俄罗斯公司编写的软件程序。8月，美国总统特朗普签署《2019财年国防授权法案》，禁止任何美国政府部门使用中国华为与中兴通讯两家公司的产品，同时禁止美国联邦政府采购海康威视、大华股份等中国制造商供应的视频监控设备。澳大利亚表示禁止华为和中兴通讯向澳大利亚提供5G技术，原因是存在安全风险。10月，美国商务部宣布对中国福建晋华集成电路有限公司进行出口限制，禁止其购买美国技术产品，理由是该公司新增的存储芯片生产能力将威胁到为美国军方提供此类芯片的美国供应商的生存能力。11月，新西兰通信部长宣称将会禁止华为参加该国的5G网络建设。12月，捷克国家网络与信息安全局警告其国内网络运营商，称不要使用华为与中兴通讯生产的软硬件产品，原因是"构成安全威胁"。2018年，以美国为代表的部分西方国家，以网络安全风险为借口，持续阻挠我国科技企业的正常贸易合作。

第六节　国际间网络安全合作日趋深化

国际合作是网络空间安全治理的不变主题，随着各国间各项合作与交流的增多，国际网络安全合作也日趋深化，各国积极推动与相关国家间的单边和多边网络安全合作，有效提升全球网络安全威胁治理、关键信息基础设施保护、打击网络犯罪等各项能力。

一、双边战略合作持续加强

6月，澳大利亚和英国政府发表联合声明支持《英联邦网络宣言》，呼吁公共、私营部门在网上为公益事业共同努力，并鼓励全球各国将应用在现实世界中的法律和规范以同样方式应用在网络行动上。9月，日本和美国在东京举办为期5天的演习，内容为防御针对企业的网络攻击，参与者包括来自日本、美国、东盟、韩国和印度的政府官员。智利电信部副部长与以色列大使馆就电信网络安全和关键基础设施展开对话，表示将与以色列签署协议，以加强该国电信基础设施的网络安全。11月，新西兰和澳大利亚外交部长当日宣布了一项联合承诺，将与太平洋岛国合作，以增强太平洋地区的集体网络弹性。2018年，网络安全合作仍是世界各国开展合作的重要领域，多国在关键信息基础设施保护、电信网络安全等领域积极开展合作，共同推进全球网络安全保障能力的提升。

二、多边战略合作不断深入

　　7 月，美国、日本和韩国在华盛顿就网络安全问题举行了三方网络安全专家会议，会议同意就网络安全相关问题继续加强合作。10 月，加纳总统表示，政府正在努力推动议会批准联合国签署的《网络犯罪公约》，加纳将成为第三个将该公约签署为法律的非洲国家。11 月，乌拉圭和 20 个欧洲委员会成员国签署一项欧洲理事会条约，旨在加强国际层面保护个人数据的原则和规则。法国总统马克龙在巴黎和平论坛上公布了《巴黎网络空间信任与安全倡议》，目前该文件签署方增至 450 多个。签署各方就限制攻击性和防御性网络武器的原则上达成了一致意见，还承诺采取行动防止外国对选举的干涉，并保护平民免遭网络攻击。日本与东盟十国建立网络攻击情报共享机制，以进一步提高应对网络攻击的时效性。网络安全问题作为一个全球性问题，并非是由某个或某些国家可以解决的，世界各国对网络安全合作之间的需求逐渐增大，全球网络安全多边战略合作内容不断扩展，范围不断增大。

第二章

2018 年我国网络安全发展状况

　　2018 年，我国对网络空间安全的重视程度持续提高，不断完善网络安全相关政策法规。2 月，教育部印发《2018 年教育信息化和网络安全工作要点》，首次将"网络安全"与"教育信息化"并列提出，彰显了网络安全工作将成为教育信息化建设的重要地位；3 月，中央网信办和中国证监会联合印发《关于推动资本市场服务网络强国建设的指导意见》，从对网信事业的总体要求、政策引导、网信企业发展以及组织保障四个方面阐述了 15 条指导意见；6 月，公安部发布《网络安全等级保护条例（征求意见稿）》，对网络等级保护工作提出了更加具体、操作性更强的要求，为开展等级保护工作提供了重要的法律支撑；《关于促进"互联网 + 医疗健康"发展的意见》《关于纵深推进防范打击通讯信息诈骗工作的通知》《互联网个人信息安全保护指引（征求意见稿）》和《微博客信息服务管理规定》等一系列各行业领域政策法规的出台，不断丰富完善我国网络安全法律体系。在网络安全的标准方面，网络安全相关技术、管理、应用等标准陆续出台，身份标识、数据安全、安全可控等相关标准制定工作稳步推进。在基础工作方面，国家网信办、工业和信息化部等部委开展了个人隐私保护方面的专项行动；国家网信办、工业和信息化部等部委对基础电信和互联网企业开展了网络安全检查。在网络安全产业方面，政策环境的优化促使网络安全市场需求持续增长，使得我国的网络安全产业规模快速增长。在技术方面，我国网络安全可控能力不断提高，安全防护能力显著增强，区块链技术得到快速推广和应用。在国际合作方面，我国继续与德国、俄罗斯、欧盟等国家和地区开展网络安全对话和合作，在 APEC、G20 等国际多边交流舞台宣扬我国网络空间主权思想，通过举办世界互联网大会、世界进出口博览会等国际高端会议搭建对话和合作桥梁。

第一节　政策环境持续优化

一、顶层设计陆续完善

自中央网络安全和信息化领导小组成立以来，我国不断强化对网络安全的重视程度，将网络安全上升到国家战略层面。2016 年，《国家网络空间安全战略》发布实施，确立了我国网络安全发展的战略方针，提出了保护关键信息基础设施、夯实网络安全基础、提升网络空间防护能力等网络安全发展的战略任务。2017 年，《网络空间国际合作战略》发布，系统地阐述了国家关于在网络空间开展国际合作的系列主张和立场，是我国网络空间治理理念在网络空间国际合作领域的延伸和发展。2018 年，《网络安全等级保护条例（征求意见稿）》发布，其适用范围由"国家事务、经济建设、国防建设、尖端科学技术等重要领域的计算机信息系统"，扩大为"境内建设、运营、维护、使用网络的单位原则上都要在等保的使用范围"，标志着所有网络运营者都要对相关网络设施展开等级保护工作。网络空间安全顶层文件的陆续出台，为我国网络空间安全发展指明了方向和道路，对维护我国网络空间主权、保障国家网络安全具有重要意义。

二、行业政策陆续出台

2018 年，我国各行业出台多项网络空间安全相关政策文件，强化网络空间的安全管理。2 月，教育部印发《2018 年教育信息化和网络安全工作要点》；3 月，中央网信办和中国证监会联合印发《关于推动资本市场服务网络强国建设的指导意见》；5 月，工业和信息化部印发《关于纵深推进防范打击通讯信息诈骗工作的通知》；11 月，公安部印发《互联网个人信息安全保护指引（征求意见稿）》。

三、法规体系逐渐完善

2018 年，我国颁布多部网络安全相关法规，丰富完善了我国网络安全法规体系。2 月，国家互联网信息办公室发布《微博客信息服务管理规定》，成为新时代微博客健康有序发展的重要指引。5 月，国家邮政局颁布《快递暂行条例》，特别注重对个人信息安全的保护，对快递行业提升整体个人信息保护水平具有重要指引和规范作用。6 月，公安部发布《网络安全等级保护条例（征求意见稿）》，细化了网络安全等级保护制度，作为《网络安全法》的重要配套法规。8 月，《中华人民共和国电子商务法》由中华人民共和国第十三届全国人民代表大会常务委员会第五次会议正式通过，在均衡考虑电子商务各主体的权利和义务上，该法侧重保护消费者利益，适当加重了电子商务经营者责任，解决了现在消费者易受侵害的问题，同时完善和创新了符合电子商务发展特点的协同监管体制和具体制度，并鼓励社会各界共同参与电子商务治理，充分利用行业自身的治理机制和社会监督力量。9月，公安部部长办公会议通过《公安机关互联网安全监督检查规定》，明确了公安机关对互联网服务提供者和互联网使用单位履行法律、行政法规规定的网络安全义务情况进行的安全监督检查的职责，对提高互联网领域监管和执法能力具有积极的示范作用。12月，国家互联网信息办公室颁布《金融信息服务管理规定》，对金融信息服务机构的内容管理及行为管理做出明确规定，对于解决金融信息服务安全问题具有很强的针对性。

第二节　标准制定步伐加快

一、国家标准体系日趋完善

（一）国家标准颁布数量增加

自 1995 年我国颁布首个网络安全领域国家标准，20 多年来，我国网络安全标准数量持续增加，增长率保持在较高水平，标准建设进入快速发展期。截至 2018 年年底，全国信息安全标准化技术委员会发布的网络安全国家标准数量达 291 个，整体呈现上升趋势。其中，2018 年全国新发布的网络安全国家标准 53 个，具体情况如表 2-1 和图 2-1 所示。

表 2-1　全国网络安全标准化技术委员会历年发布的国标数量情况（1995—2018 年）

年　份	新增国标数量（个）	累计国标数量（个）
1995	1	1
1999	3	4
2000	1	5
2002	2	7
2005	14	21
2006	13	34
2007	13	47

续表

年　份	新增国标数量（个）	累计国标数量（个）
2008	18	65
2009	3	68
2010	18	86
2011	1	87
2012	23	110
2013	29	139
2014	2	141
2015	24	165
2016	30	195
2017	43	238
2018	53	291

资料来源：赛迪智库网络安全研究所。

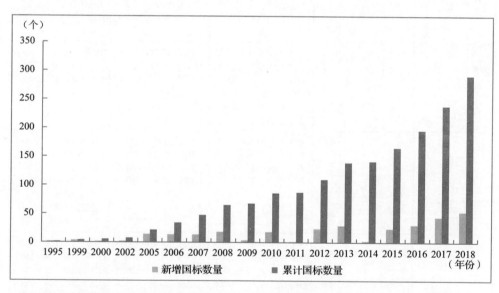

图 2-1　全国信息安全标准化技术委员会历年发布的国标数量情况（1995—2018 年）

（资料来源：赛迪智库网络安全研究所）

（二）国家标准体系日趋完善

我国的网络安全国家标准分为基础标准、技术标准、管理标准和应用标准四大类。从 1995 年开始,历经 20 余年的发展,我国网络安全标准体系基本建立,2018 年各类国家标准继续完善。我国网络安全标准建设详细情况见表 2-2。

表 2-2　我国网络安全国家标准建设情况

年份（数量）	基础标准（数量）	技术标准（数量）	管理标准（数量）	应用标准（数量）
1995（1）		GB 15851—1995 （1）		
1999（3）		GB/T 17902.1—1999 GB/T 17901.1—1999 （2）	GB 17859—1999 （1）	
2000（1）		GB/T 18238.1—2000 （1）		
2002（2）		GB/T 18238.2—2002 GB/T 18238.3—2002 （2）		
2005（14）	GB/T 16264.8—2005 （1）	GB/T 15843.5—2005 GB/T 17902.2—2005 GB/T 17902.3—2005 GB/T 19713—2005 GB/T 19714—2005 （5）	GB/T 19715.1—2005 GB/T 19715.2—2005 GB/Z 19717—2005 GB/T 19771—2005 （4）	GB/T 20008—2005 GB/T 20009—2005 GB/T 20010—2005 GB/T 20011—2005 （4）
2006（13）		GB/T 20270—2006 GB/T 20271—2006 GB/T 20272—2006 GB/T 20273—2006 GB/T 20276—2006 （5）	GB/T 20269—2006 GB/T 20518—2006 GB/T 20282—2006 GB/T 20519—2006 GB/T 20520—2006 （5）	GB/T 20274.1—2006 GB/T 20280—2006 GB/Z 20283—2006 （3）
2007（13）		GB/T 21052—2007 GB/T 21053—2007 GB/T 21054—2007 （3）	GB/T 20984—2007 GB/Z 20985—2007 GB/Z 20986—2007 GB/T 20988—2007 （4）	GB/T 18018—2007 GB/T 20979—2007 GB/T 21028—2007 GB/T 21050—2007 GB/T 20983—2007 GB/T 20987—2007 （6）
2008（18）		GB/T 15843.1—2008 GB/T 15843.2—2008 GB/T 15843.3—2008 GB/T 15843.4—2008 GB/T 15852.1—2008 GB/T 17903.1—2008 GB/T 17903.2—2008 GB/T 17903.3—2008 GB/T 17964—2008 （9）	GB/T 22080—2008 GB/T 22081—2008 GB/T 22239—2008 GB/T 22240—2008 （4）	GB/T 17710—2008 GB/T 20274.2—2008 GB/T 20274.3—2008 GB/T 20274.4—2008 GB/T 22186—2008 （5）

年份（数量）	基础标准（数量）	技术标准（数量）	管理标准（数量）	应用标准（数量）
2009（3）			GB/Z 24294—2009 GB/T 24363—2009 GB/Z 24364—2009 （3）	
2010（18）	GB/T 25069—2010 （1）	GB/T 25055—2010 GB/T 25057—2010 GB/T 25059—2010 GB/T 25060—2010 GB/T 25061—2010 GB/T 25062—2010 GB/T 25064—2010 GB/T 25065—2010 （8）	GB/T 25067—2010 GB/T 25068.3—2010 GB/T 25068.4—2010 GB/T 25068.5—2010 GB/T 25058—2010 GB/T 25070—2010 GB/T 25056—2010 （7）	GB/T 25063—2010 GB/T 25066—2010 （2）
2011（1）		GB/T 26855—2011 （1）		
2012（23）	GB/T 25068.2—2012 GB/T 29246—2012 （2）	GB/T 15852.2—2012 GB/T 29242—2012 GB/T 29243—2012 （3）	GB/T 25068.1—2012 GB/T 28447—2012 GB/T 28450—2012 GB/T 28453—2012 GB/T 28454—2012 GB/T 28455—2012 GB/Z 28828—2012 GB/T 29245—2012 （8）	GB/T 28448—2012 GB/T 28449—2012 GB/T 28458—2012 GB/T 28451—2012 GB/T 28456—2012 GB/T 28457—2012 GB/T 29240—2012 GB/T 29244—2012 GB/T 28452—2012 GB/T 29241—2012 （10）
2013（29）	GB/T 29828—2013 GB/Z 29830.1—2013 GB/Z 29830.2—2013 GB/Z 29830.3—2013 （4）	GB/T 29767—2013 GB/T 29829—2013 GB/T 30274—2013 GB/T 30275—2013 GB/T 30277—2013 GB/T 30280—2013 GB/T 30281—2013 （7）	GB/T 29827—2013 GB/T 30283—2013 GB/T 30285—2013 GB/T 30276—2013 GB/T 30278—2013 （5）	GB/T 20275—2013 GB/T 20278—2013 GB/T 20945—2013 GB/T 29765—2013 GB/T 29766—2013 GB/T 30270—2013 GB/T 30271—2013 GB/T 30272—2013 GB/T 30273—2013 GB/T 30279—2013 GB/T 30282—2013 GB/T 30284—2013 GB/Z 30286—2013 （13）
2014（2）				GB/T 31167—2014 GB/T 31168—2014 （2）

年份（数量）	基础标准（数量）	技术标准（数量）	管理标准（数量）	应用标准（数量）
2015（24）	GB/T 18336.1—2015 GB/T 18336.2—2015 GB/T 18336.3—2015 GB/T 31495.1—2015 GB/T 31495.2—2015 GB/T 31495.3—2015 （6）	GB/T 31504—2015 GB/T 31508—2015 GB/T 32213—2015 GB/T 31501—2015 GB/T 31503—2015 （5）	GB/T 31497—2015 GB/T 31506—2015 GB/T 31722—2015 GB/T 31496—2015 （4）	GB/T 20277—2015 GB/T 20279—2015 GB/T 20281—2015 GB/T 31499—2015 GB/T 31500—2015 GB/T 31502—2015 GB/T 31505—2015 GB/T 31507—2015 GB/T 31509—2015 （9）
2016（30）		GB/T 15843.3—2016 GB/T 32905—2016 GB/T 32907—2016 GB/T 32915—2016 GB/T 32918.1—2016 GB/T 32918.2—2016 GB/T 32918.3—2016 GB/T 32918.4—2016 GB/T 33133.1—2016 （9）	GB/T 22080—2016 GB/T 22081—2016 GB/T 25067—2016 GB/T 32914—2016 GB/Z 32916—2016 GB/T 32920—2016 GB/T 32921—2016 GB/T 32923—2016 GB/T 32924—2016 GB/T 32925—2016 GB/T 32926—2016 GB/T 33132—2016 GB/T 33134—2016 （13）	GB/T 20276—2016 GB/T 22186—2016 GB/T 33131—2016 GB/T 32919—2016 GB/Z 32906—2016 GB/T 32917—2016 GB/T 32927—2016 GB/T 32922—2016 （8）
2017（43）	GB/T 33560—2017 GB/T 33561—2017 GB/T 35273—2017 GB/T 35274—2017 GB/T 35278—2017 GB/T 35286—2017 GB/T 35287—2017 GB/T 35290—2017 GB/T 33563—2017 GB/T 33565—2017 GB/T 34978—2017 GB/T 35279—2017 GB/T 35284—2017 GB/T 33562—2017 （14）	GB/T 15843.1—2017 GB/T 15843.2—2017 GB/T 35275—2017 GB/T 35276—2017 GB/T 35277—2017 GB/T 35285—2017 GB/T 34953.1—2017 GB/T 34975—2017 GB/T 34976—2017 GB/T 34977—2017 GB/T 34990—2017 GB/Z 24294.4—2017 GB/T 32918.5—2017 GB/Z 24294.2—2017 GB/Z 24294.3—2017 GB/T 34095—2017 GB/T 33746.1—2017 GB/T 33746.2—2017 （18）	GB/T 35288—2017 GB/T 35289—2017 GB/T 20985.1—2017 GB/T 29246—2017 GB/T 35280—2017 GB/T 34942—2017 （6）	GB/T 35281—2017 GB/T 35282—2017 GB/T 35283—2017 GB/T 35291—2017 GB/T 35101—2017 （5）

年份（数量）	基础标准（数量）	技术标准（数量）	管理标准（数量）	应用标准（数量）
2018（53）	GB/T 36470—2018 GB/T 36323—2018 GB/T 36635—2018 GB/T 36619—2018 GB/T 36618—2018 GB/T 36651—2018 GB/T 36643—2018 GB/T 36632—2018 GB/T 37096—2018 GB/T 37095—2018 GB/T 37093—2018 GB/T 37092—2018 GB/T 37090—2018 GB/T 37044—2018 GB/T 37027—2018 GB/T 36957—2018 （16）	GB/T 36322—2018 GB/T 25056—2018 GB/T 20518—2018 GB/T 36644—2018 GB/T 36630.5—2018 GB/T 36630.4—2018 GB/T 36630.3—2018 GB/T 36630.2—2018 GB/T 36630.1—2018 GB/T 36627—2018 GB/T 36629.2—2018 GB/T 36629.1—2018 GB/T 37091—2018 GB/T 37076—2018 GB/T 37033.3—2018 GB/T 37033.2—2018 GB/T 37033.1—2018 GB/T 37025—2018 GB/T 37024—2018 GB/T 37002—2018 GB/T 36968—2018 GB/T 36960—2018 GB/T 36958—2018 GB/T 36951—2018 GB/T 36950—2018 GB/T 36629.3—2018 （26）	GB/T 36466—2018 GB/T 36324—2018 GB/T 36633—2018 GB/T 36631—2018 GB/T 36626—2018 GB/T 36637—2018 GB/T 37094—2018 GB/T 36959—2018 GB/T 28449—2018 （9）	GB/T 36639—2018 GB/T 37046—2018 （2）

资料来源：赛迪智库网络安全研究所。

（三）密码相关标准数量增长放缓

密码是网络安全的基础，对网络安全发展起着重要支柱作用。我国国产密码算法已经广泛应用于金融、政务等重要领域，并不断向电子商务、互联网服务等领域发展。2018 年，国家密码相关标准发布数量较少。在 2018 年发布的 53 个网络安全国家标准中，密码相关标准仅有 2 个，分别为 GB/T 36322—2018《信息安全技术　密码设备应用接口规范》和 GB/T 37092—2018《信息安全技术　密码模块安全要求》。

二、重点行业标准稳步推进

（一）通信行业网络安全标准体系不断完善

随着 5G 等通信网络的发展，信息通信领域网络安全问题日益凸显。为促进通信行业健康发展，通信行业网络安全相关标准陆续出台，标准体系不断完善。截至 2018 年 12 月，我国通信行业网络安全相关标准数量达到 55 个，见表 2-3。其中，2018 年发布通信行业网络安全标准 8 个，分别为《传送网设备安全技术要求 第 5 部分：OTN 设备》《传送网设备安全技术要求 第 6 部分：PTN 设备》《面向物联网的蜂窝窄带接入（NB-IoT）安全技术要求和测试方法》《集装箱式互联网数据中心安全技术要求》《通信用架空钢绞线绝缘安全护套技术要求和测试方法》《网上营业厅安全防护检测要求》《网络交易系统安全防护检测要求》《电信网和互联网安全服务实施要求》。

表 2-3 通信行业网络安全标准

年份（数量）	标 准 编 号
2001（1）	YD/T 1163—2001
2005（1）	YDN 126—2005
2006（3）	YD/T 1534—2006，YD/T 1536.1—2006，YD/T 1486—2006
2007（8）	YDN 126—2007，YD/T 1699—2007，YD/T 1700—2007，YD/T 1621—2007，YD/T 1701—2007，YD/T 1613—2007，YD/T 1614—2007，YD/T 1615—2007
2008（4）	YD/T 1826—2008，YD/T 1827—2008，YD/T 1799—2008，YD/T 1800—2008
2009（2）	YDN 126—2009，YD/T 5177—2009
2010（1）	YD/T 2095—2010
2011（7）	YD/T 2252—2011，YD/T 2255—2011，YD/T 2248—2011，YD/T 2387—2011，YD/T 2391—2011，YD/T 2392—2011，YD/T 2251—2011
2012（3）	YD/T 2248—2012，YD/T 2405—2012，YD/T 2406—2012
2013（4）	YD/T 2670—2013，YD/T 2671—2013，YD/T 2672—2013，YD/T 2674—2013
2014（2）	YD/T 2697—2014，YD/T 2707—2014
2015（4）	YD/T 2248—2015，YD/T 2405—2015，YD/T 2874—2015，YD/T 2853—2015
2016（3）	YD/T 3164—2016，YD/T 3165—2016，YD/T 3169—2016
2017（4）	YD/T 3224—2017，YD/T 3228—2017，YD/T 3242—2017
2018（8）	YD/T 2376.5—2018，YD/T 2376.6—2018，YD/T 3339—2018，YD/T 3407—2018，YD/T 3322—2018，YD/T 2093—2018，YD/T 3314—2018，YD/T 3315—2018

资料来源：赛迪智库网络安全研究所。

（二）保密行业安全标准尚无进展

保密行业由于其特殊性，在标准发布上进展缓慢，截至 2018 年 12 月，仅有 32 部保密行业信息安全标准，见表 2-4。2018 年没有公布新的保密行业信息安全标准。

表 2-4 保密行业信息安全标准

年份（数量）	标 准 编 号
1994（1）	BMB1—1994
1998（1）	BMB2—1998
1999（1）	BMB3—1999
2000（2）	BMB4—2000，BMB5—2000
2001（3）	BMB6—2001，BMB7—2001，BMB7.1—2001
2004（7）	BMB8—2004，BMB10—2004，BMB11—2004，BMB12—2004，BMB14—2004，BMB15—2004，BMB16—2004
2006（3）	BMB17—2006，BMB18—2006，BMB19—2006
1999（2）	GGBB1—1999，GGBB2—1999
2000（1）	BMZ1—2000
2001（2）	BMZ2—2001，BMZ3—2001
2007（5）	BMB9.1—2007，BMB9.2—2007，BMB20—2007，BMB21—2007，BMB22—2007
2008（1）	BMB23—2008
2011（1）	BMB15—2011
2012（2）	BMB26—2012，BMB27—2012

资料来源：赛迪智库网络安全研究所。

（三）等级保护标准体系趋于完善

等级保护标准是我国重要行业和领域网络安全的重要保障，等级保护行业标准已形成以公安部门为核心，中国人民银行、交通运输部、工信部、国家邮政局、国家烟草专卖局、海关等部门形成等级保护技术的相关行业标准体系。截至 2018 年年底，全国等级保护行业标准总量达到 18 个，如表 2-5 所示。其中，2018 年发布 5 个等级保护行业标准，分别是《信息安全技术 网关设备性能测试方法》《信息安全技术 网络型流量控制产品安全技术要求》《信息安全技术 移动终端安全管理与接入控制产品安全技术要求》《信息安全技术 网站监测产品安全技术要求》《信息安全技术 交换机安全技术要求和测试评价方法》。

表 2-5　等级保护行业信息安全标准

序号	标准编号	标准名称
1	GA/T 388—2002	计算机信息系统安全等级保护操作系统技术要求
2	GA/T 389—2002	计算机信息系统安全等级保护数据库管理系统技术要求
3	GA/T 390—2002	计算机信息系统安全等级保护通用技术要求
4	GA/T 391—2002	计算机信息系统安全等级保护管理要求
5	GA/T 483—2004	计算机信息系统安全等级保护工程管理要求
6	GA/T 708—2007	信息安全技术信息系统安全等级保护体系框架
7	GA/T 709—2007	信息安全技术信息系统安全等级保护基本模型
8	GA/T 710—2007	信息安全技术信息系统安全等级保护基本配置
9	GA/T 711—2007	信息安全技术应用软件系统安全等级保护通用技术指南
10	GA/T 712—2007	信息安全技术应用软件系统安全等级保护通用测试指南
11	GA/T 1141—2014	信息安全技术主机安全等级保护配置要求
12	GA 745—2017	银行自助设备、自助银行安全防范要求
13	GA/T 1368—2017	警用数字集群（PDT）通信系统　工程技术规范
14	GA/T 1453—2018	信息安全技术　网关设备性能测试方法
15	GA/T 1454—2018	信息安全技术　网络型流量控制产品安全技术要求
16	GA/T 1455—2018	信息安全技术　移动终端安全管理与接入控制产品安全技术要求
17	GA/T 1483—2018	信息安全技术　网站监测产品安全技术要求
18	GA/T 1484—2018	信息安全技术　交换机安全技术要求和测试评价方法

资料来源：赛迪智库网络安全研究所。

三、团体标准受到高度重视

2016 年 8 月，中央网络安全和信息化领导小组办公室、国家质量监督检验检疫总局和国家标准化管理委员会联合发布《关于加强国家网络安全标准化工作的若干意见》（中网办发文〔2016〕5 号）提出，"引导社会公益性基金支持网络安全标准化活动"。2018 年，各行业组织、联盟等高度重视团体标准研制工作，我国在信息技术领域团体标准建设方面取得新突破。2018 年，我国已发布的网络安全领域团体标准数量达到 5 个，如表 2-6 所示，包括《智能硬件轻量级操作系统规范　数据安全》《基于公众电信网的联网汽车信息安全技术要求》《就绪可用软件产品（RUSP）安全质量评价标准　第 1 部分：安全质量模型》《就绪可用软件产品（RUSP）安全质量评价标准　第 2 部分：安全质量要求和等级划分指南》和《区块链技术安全通用规范》。

表 2-6　2018 年网络安全团体标准

序号	标准编号	标准名称	单　位
1	T/SIOT 604—2018	智能硬件轻量级操作系统规范数据安全	上海市物联网行业协会
2	T/ITS 0068—2017	基于公众电信网的联网汽车信息安全技术要求	中关村中交国通智能交通产业联盟
3	T/SIA 008.1—2018	就绪可用软件产品（RUSP）安全质量评价标准　第 1 部分：安全质量模型	中国软件行业协会
4	T/SIA 008.2—2018	就绪可用软件产品（RUSP）安全质量评价标准　第 2 部分：安全质量要求和等级划分指南	中国软件行业协会
5	T/SSIA 0002—2018	区块链技术安全通用规范	上海市软件行业协会

资料来源：赛迪智库网络安全研究所。

第三节　基础工作稳步开展

一、个人隐私保护重视程度不断提高

2018 年，我国高度重视公民个人信息保护问题，各行业都颁布制度法规和标准，规范 APP 运营商、服务提供商等收集、使用个人信息的行为，个人隐私保护成为普通老百姓热议的话题，受到空前的关注。一方面，个人信息保护相关的制度法规和标准不断完善。5 月，《信息安全技术　个人信息安全规范》正式实施，对企业收集、使用、共享个人信息等行为、个人信息安全事件处理及组织的管理等提出了较为详细、明确的指引和参考。11 月，公安部网络安全保卫局发布《互联网个人信息安全保护指引（征求意见稿）》，旨在健全公民个人信息安全保护管理制度和技术措施，防范侵犯公民个人信息违法行为，保障网络数据安全和公民合法权益。另一方面，个人信息保护专项行动陆续开展。工信部年初约谈了百度、今日头条、蚂蚁金服等互联网企业，就用户协议默认勾选、个人信息收集目的告知不明确等问题进行了通报并要求限期整改。8 月，中央网信办启动第二期隐私条款专项工作，对出行旅游、生活服务、影视娱乐、工具资讯和网络支付五大类 30 款产品进行了隐私条款审查。

二、持续加强关键信息基础设施保护

2018 年，我国持续加强对关键信息基础设施的保护力度，出台了多部关键信息基础设施保护相关的法规和标准，为关键信息基础设施保护提供了依据。

6月，由公安部牵头，会同中央网信办、国家保密局、国家密码管理局联合制定的《网络安全等级保护条例（征求意见稿）》公开向社会征求意见。等级保护制度是关键信息基础设施保护的基础，关键信息基础设施是等级保护制度的保护重点，关键信息基础设施要按照网络安全等级保护制度要求，开展定级备案、等级测评、安全建设整改、安全检查等强制性、规定性工作。8月，为落实关键信息基础设施防护责任，提高电信和互联网行业网络安全防护水平，工信部开展 2018 年电信和互联网行业网络安全检查工作，重点对电信和互联网行业网络基础设施、用户信息和网络数据收集、公共云服务平台、公众无线局域网、公众视频监控摄像头等物联网平台、网约车信息服务平台、车联网信息服务平台等进行检查。此外，天津等多地启动 2018 年关键信息基础设施网络安全检查工作，强化关键信息基础设施网络安全防护能力和水平。

三、互联网网络安全治理力度显著提升

2018 年，中央网信办、工信部、公安部等部委陆续开展相关治理行动，打击电信诈骗、网络色情、不良信息、网络攻击等网络违法犯罪行为。2月，中央网信办颁布《微博客信息服务管理规定》，建立健全了用户注册、信息发布审核、跟帖评论管理、应急处置、从业人员教育培训等制度及总编辑制度。2月，针对群众反映强烈的侵犯公民个人信息犯罪，公安部在全国范围深入开展打击整治网络违法犯罪"净网 2018"专项行动。5月，工信部印发《关于纵深推进防范打击通讯信息诈骗工作的通知》，并于 6 月部署推进防范打击通讯信息诈骗工作。此外，国家计算机网络应急技术处理协调中心 2018 年积极协调处置网络安全事件约 10.6 万起，包括网页仿冒、安全漏洞、恶意程序、网页篡改、网站后门、DDoS 攻击等事件，并在主管部门指导下，联合基础电信企业、云服务商等持续开展 DDoS 攻击资源专项治理工作，从源头上遏制了 DDoS 攻击行为，有效降低了来自我国境内的攻击流量。

第四节　产业实力不断提升

一、产业规模保持较高增长

2018 年，得益于网络安全政策的密集发布，以及各行业、领域不断加强对网络安全的重视程度，我国网络安全产业发展环境得到了大幅改善，政府部门、互联网企业、快递企业等行业和领域的单位在网络安全方面的投入持续增加，

拉动了网络安全产业市场需求。在政策和市场的双重驱动下，我国网络安全产业规模保持了较高速度的发展，尤其是在网络攻防、网络可信身份服务等方面，市场需求迫切，该细分领域的网络安全产业规模增长幅度远远超出预期，保持了高速增长势头。据统计，2018 年，包括基础安全产业、IT 安全产业、灾难备份产业、网络可信身份服务业在内的中国网络安全市场规模约为 2183.5 亿元，同比增长 12.9%。

二、网络安全产业集聚发展

2018 年，伴随国家大力发展网络安全产业的利好政策出台，各地政府频繁开展与网络安全龙头企业的合作，纷纷建设网络安全产业园区，吸引网络安全产业入驻，打造网络安全聚集发展的新局面。360 集团与雄安新区在网络安全多个领域开展全方位、深层次的战略合作，推动实现网络安全核心技术研发突破。启明星辰与天津市滨海新区人民政府达成战略合作，共同打造天津市网络安全产业创新基地；与无锡市人民政府在物联网和信息安全产业领域开展全方位战略合作，包括建立启明星辰物联网安全总部基地，打造物联网安全产业生态圈。绿盟科技借助成都市高新区优质的产业环境，建设西南区总部基地，发展云计算安全等信息安全相关产业；与武汉临空港区管委会签署战略合作，共同打造人才培养、技术创新、产业发展的一流网络安全创新园区。

三、企业整体实力明显提升

2018 年，我国网络安全企业通过与科研机构、高校等开展战略合作，强强联手、取长补短，促使企业整体实力得到显著提升。腾讯与北京航空航天大学共建网络生态安全联合实验室，在网络攻防、渗透测试、恶意软件检测等方向展开科研合作。启明星辰与国家工业信息安全发展研究中心进行战略合作，开展工控安全技术产业研究。中科曙光与下一代互联网国家工程中心共建国家先进计算产业创新中心，加速推动我国 IPv6 部署。绿盟科技深化与中国移动在网站安全、抗 DDoS 攻击能力、漏洞处置等方面的战略合作。北信源与中治研共建"大数据与信息安全实验室"，聚焦金融行业应用、金融级安全应用、大数据安全等多方面技术研发。

第五节　技术能力显著提升

一、新兴技术与网络安全快速融合

2018 年，人工智能、大数据、区块链、量子计算等新技术应用于网络安全领域，新兴技术与网络安全融合速度加快。360 公司基于 EB 级网络安全大数据的网络安全态势感知与运营平台，利用大数据存储与智能分析、海量多源异构数据融合与展示、云地结合的网络安全威胁检测等领先技术，实现了针对不同空间、时间、行业和威胁类别的全天候、全方位的网络安全监测、预警和响应，支持 10 亿级终端和网络安全设备的大规模、自动化应急处置和溯源分析。10 月，华为发布了 HiSec 华为智能安全解决方案，该方案通过云上和云下智能联动，实现集中智能和边缘智能配合；利用开放架构，实现基于软件定义的安全产品间动态配合；最终实现与 ICT 基础设施的安全配合。与此同时，华为还推出了 USG6000E 系列 AI 防火墙，通过引入 AI 技术，让下一代防火墙再次进化。

二、安全防护能力逐步增强

2018 年，我国网络安全产业通过加大投入研发力量，网络安全核心技术取得长足发展，网络安全产品性能不断提高，网络安全公共服务平台的建成与使用，更好地满足了各行业、各领域的网络安全需要。在网络安全领域，中国网安发布了工业网络安全智能监测系统，能采集网络中的工业控制流量和 IT 流量，深度解析数据，识别网络异常，实时发送警告。中国联通的云盾 DDoS 防护产品实现了引流路由与骨干网正常路由的隔离、精细化路由控制、分布式的攻击防护模型、基于大数据的用户攻击流量态势感知平台、全网统一的集中业务管理与调度，增强了运营商网络基础设施的安全防护能力。在工业互联网领域，迈普通信发布了自主可控核心网络设备采用国产核心元器件，是国内最高性能的自主可控网络设备，可替代国际主流同档次产品。

三、区块链技术应用发展迅速

2018 年，国家及各部委出台的相关区块链政策有 10 余项，推动区块链技术在应用推广层面取得重大突破，区块链吸引众多资本注入，向各行业领域延伸。在金融领域，蚂蚁金服推出"蚂蚁区块链"双链通，以核心企业的应付账款为依托，以产业链上各参与方的真实贸易为背景，让核心企业的信用可以在区块链上逐级流转，并于 10 月邀请某汽车制造商为核心企业，联合供应链上各层级的 5 家企业，开展试点工作。在电子政务领域，深圳市税务局与腾讯公司于 8 月共同推出"区块链＋税务"应用，并在当天开出了基于区块链的电子发票。在司法治理领域，1 月区块链存证联盟链"众链"落地，用于为客户提供电子数据多方存证、取证、司法鉴定、公证等服务，解决区块链存证司法落地问题。在物流方面，3 月腾讯与中国物流与采购联合会联合发布了首个合作项目——区块供应链联盟链及云单平台，标志着腾讯区块链正式落地物流场景。在工业领域，11 月上海万向区块链、中都物流、星辰银行等联合宣布，正式上线基于区块链技术的"运链盟——汽车供应链物流服务平台"。

第六节   国际合作多点开花

一、网络安全双边合作硕果累累

2018 年，我国不断加深与泰国、德国、俄罗斯等国家的双边交流与合作，取得丰硕成果。3 月，中泰数字经济部级对话机制第一次会议在云南昆明召开，双方围绕"工业互联网""网络安全"等议题进行深入交流并达成共识，将加强企业间网络安全技术应用和最佳实践的交流合作，共同推进中国—东盟网络安全交流培训机制建设。5 月，公安部副部长侍俊与德国联邦内政部国务秘书克林斯在北京共同主持中德高级别安全对话框架下的网络安全磋商，就网络犯罪和网络安全领域相关立法情况等进行了交流，并就加强网络安全执法合作进行了深入探讨。9 月，中俄总理定期会晤委员会信息与通信技术分委会第十七次会议在海南召开，工业和信息化部副部长陈肇雄与俄罗斯联邦数字发展、通信与大众传媒部副部长伊万诺夫共同主持会议，双方就通信网络和通信服务、数字经济、信息技术、网络安全、无线电频率协调、邮政合作等议题达成了广泛共识，国家工业信息安全发展研究中心与俄罗斯卡巴斯基实验室战略合作签署协议。

二、积极参与国际和地区多边会议

2018 年，我国积极利用联合国、金砖、欧盟、东盟等国际组织和联盟，参与互联网空间治理工作，宣扬我国网络主权观念，推动构建公平、透明的互联网治理体系。3 月，联合国网络犯罪政府专家组第四次会议在维也纳举行，中国代表团提出尊重网络主权、推动树立网络空间命运共同体理念等理念和主张被纳入会议最终报告。5 月，中欧数字经济和网络安全专家工作组第四次会议举行。7 月，金砖国家领导人第十次会晤在约翰内斯堡举行，各国在会议上重申在联合国主导下制定负责任国家行为规则、准则和原则对确保信息和通信技术安全使用的重要性，并认为应建立金砖国家网络安全合作框架，为此金砖国家将继续考虑制定相关政府间合作协议。9 月，中国—东盟博览会 2018 网络安全协同创新论坛在南宁召开，论坛以"建设网络安全协同创新体系，实践网络空间命运共同体"为主题，致力于推动网络空间安全协同创新体系建设，构建协同创新的互联网安全新生态。

三、举办国际会议搭建沟通桥梁

2018 年，我国积极举办各类网络安全会议，搭建政府政策宣传平台，为业内专家、学者、企业代表等多方人士的交流搭建舞台，推动网络安全技术交流和经验分享。5 月，2018 中国国际大数据产业博览会在贵阳召开，围绕"数据安全"主题，从大数据国家治理、数据安全保障等角度，邀请了全球顶级大数据企业和大数据领军人物同台论道。8 月，首届中国国际智能产业博览会在重庆举行，有国内外 500 多家相关领域的知名企业和权威机构参加，9 月，2018 互联网安全大会（ISC 2018）在北京召开，集聚了全球安全机构和安全专家，围绕全球网络空间安全政策、城市安全、政企安全、网络反恐和犯罪治理、工业互联网安全、金融安全、关键信息基础设施保护、区块链与安全等话题举行了 33 场分论坛。12 月，第五届世界互联网大会在乌镇举行，大会聚焦人工智能、5G、大数据、网络安全、数字丝路等热点议题，邀请了来自 76 个国家和地区的约 1500 名嘉宾分享观点。

第三章

2018 年我国网络安全发展主要特点

    2018 年，我国网络安全领域呈现出四大特点。一是个人信息保护成为各方关注的焦点。国家加紧推进个人信息保护制度和法规的制定和出台，开展专项治理行动，规范运营者收集使用个人信息的行为，并不断完善个人信息保护相关标准。二是网络空间环境治理成果显著。通过一系列政策法规的出台不断明确治理思路，针对涉及老百姓切身利益的电信诈骗等网络犯罪行为打击力度不断增强，并配合建设公共服务平台收集举报信息。三是网络可信体系建设日趋完善。网络可信技术快速更新以适应新业务、新应用需要，网络可信的服务范围不断扩大，服务模式不断丰富，多因素身份识别模式广泛应用。四是网络安全力量逐渐"走出去"。国家在高度重视网络安全力量培养的同时，积极发挥"一带一路"作用，鼓励和支持网络安全企业走出去，联合开展网络安全人才培训等交流合作项目。

第一节　个人信息保护成为关注焦点

一、个人信息保护法规加紧制定和出台

    为加强个人信息保护，规范网络经营者收集使用个人信息的行为，营造良好的个人信息保护环境，2018 年，我国出台了一系列个人信息保护相关制度和法规，共同推动全社会形成个人信息保护的良好氛围。6 月，市场监督管理总

局等部门印发 2018 年网络市场监管专项行动（网剑行动）方案的通知，提出要加大对未经同意而收集、使用、泄露、出售或者非法向他人提供消费者个人信息行为的处罚力度，依法打击惩处窃取或者以其他非法方式获取、出售或者向他人提供个人信息的犯罪行为。11 月，为指导互联网企业建立健全公民个人信息安全保护管理制度和技术措施，有效防范侵犯公民个人信息的违法行为，保障网络数据安全和公民合法权益，公安部网络安全保卫局发布《互联网个人信息安全保护指引（征求意见稿）》向全社会征求意见。

二、系列行动推动运营者规范收集使用行为

为规范运营者收集使用个人信息行为，2018 年，中央网信办、工信部、公安部等部委开展了众多个人信息保护的相关行动。2018 年年初，工信部约谈了百度、今日头条、蚂蚁金服等互联网企业，就用户协议默认勾选、个人信息收集目的告知不明确等问题进行了通报并要求限期整改，维护用户的合法权益。7 月，公安部网络安全保卫局集中约谈境内 WiFi 分享类网络应用服务企业，要求相关企业采取措施，切实加强公民个人信息保护。8 月，中央网信办启动第二期隐私条款专项工作，对出行旅游、生活服务、影视娱乐、工具资讯和网络支付五大类 30 款产品进行了隐私条款审查。8 月，工信部依据《电信和互联网用户个人信息保护规定》等法规，组织开展了 2018 年电信和互联网行业网络安全检查工作。9 月，2018 年国家网络安全宣传周"个人信息保护日"活动在成都举行，大力普及网络安全知识，树立良好的网络安全意识和提升网络安全防范技巧，教育引导广大网民。

三、个人信息保护标准体系逐渐完善

为配合推进个人信息保护工作，全国信息安全标准化委员会等标准机构也加紧制定和出台个人信息保护相关标准，标准制定工作稳步推进。5 月，《信息安全技术　个人信息安全规范》正式实施，该标准对企业收集、使用、共享个人信息等行为、个人信息安全事件处理及组织的管理等提出了较为详细、明确的指引和参考，其附录也对企业在保障个人信息主体选择权及制定隐私政策等方面提供了相应的模板，对企业的合规工作具有较高的参考价值。同月，《信息安全技术　移动智能终端个人信息保护技术要求》也正式实施，该标准规范了全部或部分通过移动智能终端进行个人信息处理的过程，根据移动智能终端个人信息的分类和不同的处理阶段，对相应的个人信息保护提出了技术要求，适用于指导公共及商业用途的移动智能终端进行个人信息的处理。

第二节　网络空间环境治理成果显著

一、网络空间环境治理法规陆续出台

为了净化网络空间，中央网信办、工信部、公安部等部委制定出台了多部网络空间环境治理法规，建立网络综合治理体系，营造清朗的网络空间。2 月，中央网信办颁布了《微博客信息服务管理规定》，要求微博客服务提供者应当落实信息内容安全管理主体责任，建立健全用户注册、信息发布审核、跟帖评论管理、应急处置、从业人员教育培训等制度及总编辑制度，具有安全可控的技术保障和防范措施，配备与服务规模相适应的管理人员。5 月，工信部印发《关于纵深推进防范打击通讯信息诈骗工作的通知》，明确了包括加强实人认证工作、规范重点电信业务、加强钓鱼网站和恶意程序整治、开展网上诈骗信息治理、强化数据共享和协同联动、严控新兴领域通讯信息诈骗风险、完善举报通报机制、强化企业责任落实、加强宣传教育九项重点任务。

二、电信诈骗等网络犯罪打击力度不减

通过开展专项治理行动，工信部、公安部等部委开展了一系列打击电信诈骗等网络犯罪行为，取得了良好效果。1 月，由国务院打击治理电信网络新型违法犯罪部际联席会议办公室指导、腾讯公司主办的主题为"开放共享，携手共治"的 2018 年守护者计划大会在北京召开，工信部、公安部、最高人民法院、最高人民检察院等部门共同参与。2 月，公安部在全国范围内召开了会议，部署全国公安机关深入开展打击整治网络违法犯罪"净网 2018"专项行动，重点针对群众反映强烈的侵犯公民个人信息犯罪，坚决捣毁窃取、贩卖公民个人信息的公司、平台，坚决打击窃取、贩卖公民个人信息的企事业单位内部人员，摧毁利用公民个人信息实施诈骗、盗窃、敲诈勒索等犯罪团伙组织体系。6 月，工信部部署推进防范打击通讯信息诈骗工作，以"400"为代表的重点电信业务整治成效明显，涉案"400"号码数量大幅下降，依法配合关停涉案号码超 10 万个，配合查处案件近万起。

三、各类公共服务平台发挥重要作用

在网络空间环境治理过程中，各类公共服务平台发挥了重要作用，公民可以在 12381 等服务平台进行举报，充分调动和发挥了群众的积极性，参与共同打击网络犯罪行为，形成全民共同营造清朗的网络空间的良好局面。9 月，工

信部 12381 公共服务电话平台（简称"12381"）正式开通运行，主要负责受理并办理公众就工信部相关工作提出的咨询、建议和投诉。公安部网络违法犯罪举报网站 2018 年累计受理网民举报 48.3 万条，举报网站新增注册用户 261218 个、发送注册激活邮件 350310 条。经逐条核实，梳理有效举报 11.7 万条。其中，网络赌博类有效举报 48777 条，占 41.4%；淫秽色情类有效举报 39548 条，占 33.6%；网络诈骗类有效举报 20593 条，占 17.5%。

第三节　　网络可信体系建设日趋完善

一、网络可信服务技术快速发展

随着密码、身份认证等技术的快速发展，我国网络可信技术也取得了长足的进步，以生物识别、大数据行为分析、量子加密等技术为代表的第三代网络可信技术获得广泛的研究和应用。在指纹识别技术方面，北大高科等对指纹识别技术的研究开发处于国际先进水平，已推出多款产品；汉王科技公司在一对多指纹识别算法上取得重大进展，达到的性能指标中拒识率小于 0.1%，误识率小于 0.0001%，居国际先进水平。在用户行为分析方面，阿里巴巴和腾讯通过淘宝、天猫、QQ、微信等应用积累了大量用户行为数据，并提取了上万个行为维度，通过建立自学习的风险控制引擎（Risk Engine）实现对用户异常行为（可疑登录、转账）的质疑和阻止。

二、网络可信服务范围不断扩大

2018 年，我国网络可信服务产业快速成长，服务范围进一步扩大，尤其是电子政务领域和公共服务领域。在电子政务领域，截至 2018 年年底，应用在电子政务领域的有效数字证书已超过 1300 万张，分布非常广泛，包括税务、工商、质监、组织机构代码、社保、公积金、政务内网、采购招投标、行政审批、海关、房地产、民政、财政、计生系统、公安、工程建设、药品监管等领域。在公共服务领域，据统计，有超过 10 万个第三方应用已经接入或已提交接入腾讯开放平台的申请，有 3 万家网站已经使用了 QQ 互联的登录系统；接入新浪微博开放平台的连接网站已超过 18 万家；接入支付宝和淘宝开放平台的第三方应用已超过 20 万个，网站超过 5 万个。

三、网络可信服务模式不断丰富

2018 年，网络可信服务模式也在与时俱进、不断更新，以适应新技术、新应用、新业务的发展需要，尤其是电子商务和公共服务领域。在电子商务领域，多维度融合的身份认证方式得到广泛应用，据统计，有 78.3% 网购用户在进行网络支付中使用两种以上身份认证方式，其中又有 80% 以上的用户经常使用"指纹识别 + 手机验证码"的组合认证方式。在公共服务领域，以社交应用为代表的公共服务应用形成了以第三方账号授权登录为主的身份认证方式。主流的第三方授权登录服务平台有腾讯的 QQ 互联、新浪微博的微连接、淘宝 / 支付宝账号登录和人人账号登录等，普遍使用 OAuth 和 OpenID 技术，据公开资料显示，85% 以上的网民使用过第三方授权登录服务，50% 的网民经常使用该服务。

第四节　网络安全力量逐渐"走出去"

一、积极参与网络安全国际交流与合作

随着我国网络安全产业的快速发展，网络安全也跟随国家"一带一路"倡议走出国门，与俄罗斯、泰国、东盟等国家和地区，在技术交流、产品研发、威胁信息共享等方面开展了务实合作。国家计算机网络应急技术处理协调中心（以下简称"中心"）积极与日本、韩国、德国、欧盟、东盟等在威胁信息共享、网络安全应急演练方面开展交流合作，3 月，中心参加了亚太地区计算机应急响应组织（APCERT）发起举办的 2018 年亚太地区网络安全应急演练；8 月，中心与日本计算机应急响应协调中心（JPCERT/CC）和韩国计算机应急响应协调中心（KrCERT/CC）共同召开了第六届中日韩互联网应急年会，并同意在削减 DDoS 攻击方面加强合作；10 月，中心在上海举办中国—东盟网络安全应急响应能力建设研讨会，东盟国家信息通信主管部门和国家级 CERT 组织的 21 名代表参会。

二、推动网络安全人才联合培养和交流

网络安全产业发展离不开人才队伍建设，依托与俄罗斯、欧盟等国家和地区的网络安全交流合作，我国积极推动网络安全人才联合培养和交流活动，以提升我国网络安全人才的专业能力和水平。9 月，中俄工科大学联盟在中俄信息与通信技术分委会会议上，从人才培养、科学研究和未来工作计划三个方面，

就中俄高校在 IT 和通信领域合作提出建议，并与卡巴斯基实验室等企业代表探讨建立知名校企联合培养模式，建立学生实习实训基地，举办中俄大学生创新创业大赛等多种合作模式。11 月，"人才引领·智创未来——'一带一路'中俄信息技术交流与人才培养论坛"在北京召开，论坛以"一带一路"全球经济新格局的发展趋势为指引，加强中俄信息技术交流和人才培养。此外，武汉大学、北京邮电大学等高校也积极探索与国外高校联合培养网络空间安全人才。

三、鼓励网络安全企业"走出去"

在"一带一路"倡议的推动下，我国与东盟、中亚等"一带一路"沿线国家和地区在网络安全领域的合作交流变得更为频繁，网络安全合作进一步加深。依托中俄总理定期会晤机制信息与通信技术分委会会议，9 月，国家工业信息安全发展研究中心与卡巴斯基签署战略合作协议，在工控安全技术支持、产业发展等方面开展合作。双方将建立工控安全联合实验室，共同提升工控安全技术研究水平，在工控安全培训、漏洞研究、威胁情报、安全竞赛等多个领域建立战略合作伙伴关系，共同推进工业信息安全产业持续发展。11 月，中国网安与俄罗斯卡巴斯基实验室在乌镇共同签署战略合作备忘录，深化工控安全、威胁情报、安全培训等方面合作。此外，绿盟科技等网络安全公司也积极拓展海外市场，陆续在美国、日本、新加坡、英国设立海外分公司，深入开展全球业务。

第四章

2018 年我国网络安全存在的问题

第一节　急需建立高效的网络信息安全管理体制

我国互联网管理部门存在各自为政的现实问题，导致出现多头管理、职能交叉、权责不一、效率不高的不利局面。并且，随着互联网媒体属性越来越强，以及移动互联网、自媒体的普及，网络媒体和产业管理远远跟不上形势的发展变化。中央网络安全和信息化领导小组宣告成立，有助于解决我国网络安全管理中各自为政、"九龙治水"的问题。但是，现行互联网管理体制与科学管网、严格执法的要求相比，还有很大差距。互联网管理体制的改革，迫切需要真正落实法治化。

因此，要通过网络信息安全立法，整合互联网管理机构职能，以法律形式明晰各管理职能部门权责，尤其要明确网络信息安全的执法部门；完善各主管部门在维护网络信息安全工作中的协同配合机制，明确规定各部门在中央的统一领导下，各司其职，密切配合，形成从技术到内容、从日常安全到打击犯罪的互联网管理合力。在法律具体条文中，要对技术管理和内容管理划定明确的法律界限，并对不同的管理部门规定明确具体的法定职责。

第二节　信息技术产品自主可控生态亟待建立

我国对国外信息技术产品的依赖度较高，CPU、内存、硬盘和操作系统等核心基础软硬件产品严重依赖进口。如 CPU 主要依赖英特尔和 AMD 等厂商；内存主要依赖三星、镁光等厂商；硬盘主要依赖东芝、日立和希捷等厂商；操作系统则被微软所垄断。2017 年，欧美跨国企业提升了核心技术的开放程度，国内信息技术产业曾出现新一轮引进式的创新热潮。然而，2018 年，随着中兴事件和中美贸易战的持续发酵，各界人士逐渐在构建信息技术产品自主可控生态方面达成共识。一方面是急需研发出可用乃至好用的核心信息技术产品，另一方面是急需对自主可控的网络产品和服务进行评估、扶持和推广，进而构建良好自主的可控生态。

第三节　新技术网络安全问题尚未解决

我国 5G、IPv6 规模部署和试用工作逐步推进，关于 5G、IPv6 自身的安全问题及衍生的安全问题值得关注。5G 技术的应用代表着增强的移动宽带、海量的机器通信及超高可靠低时延的通信，与 IPv6 技术应用共同发展，将真正实现让万物互联，互联网上承载的信息将更为丰富，物联网将大规模发展。但重要数据泄露、物联网设备安全问题目前尚未得到有效解决，物联网设备被大规模利用发起网络攻击的问题也更加突出。同时，区块链技术也受到国内外广泛关注并快速应用，从数字货币到智能合约，并逐步向文化娱乐、社会管理、物联网等多个领域延伸。随着区块链应用的范围和深度逐渐扩大，数字货币被盗、智能合约、钱包和"挖矿"软件漏洞等安全问题更加凸显。

第四节　关键基础设施安全保障体系有待完善

网络关键基础设施安全问题关系到国家稳定、经济命脉和个人切身利益，其重要性不言而喻。美国利用其掌握的互联网核心技术和垄断地位，对网络设备预置"后门"，并大量窃取我国政治、军事、经济、社会等方面情报，对我国国家安全构成严重威胁。从网络拓扑结构上看，我国的因特网实际上是接入美国因特网的一个分支，在网络技术、网络资源和网络控制权受制于人的情况下，需要明确坚定地划定我国网络关键基础设施的领域范围，有针对性、有重点地加强网络安全保障。

在网络信息安全立法中，应建立关键基础设施保护制度。一方面，国家要对电信终端设备、无线电通信设备和涉及网间互联的设备实行进网许可制度，接入公用电信网的网络设备，必须符合国家规定的标准并取得进网许可证。另一方面，国家要对各类网络终端、存储设备以及操作系统、应用软件、安全软件等实行进口审查制度，进口网络设施和软件必须符合国家规定的标准并取得进口许可证。

第五节   网络可信身份战略需加速实施

2018 年，多数互联网企业安全和隐私保护能力不足，导致用户个人信息泄露事件频发。许多互联网企业为降低成本，或安全意识薄弱，对用户个人信息的保护不够重视。企业关注点主要在自身提供的网络产品和服务的发展方面，部分企业大量收集甚至超范围收集用户的个人信息，却对用户数据缺乏必要的保护，如直接明文存储用户个人信息等。我国诸多网民的身份信息处于"裸奔"状态，迫切需要相关企业采取安全措施保护用户隐私，相关技术要求标准和规范亟待制定。对大多数组织来讲，正确管理身份信息对于保持组织业务过程的安全至关重要；对于个人来讲，正确的身份管理对于隐私保护十分重要。实施网络可信身份战略，是《中华人民共和国网络安全法》对保障国家网络安全提出的重要战略部署，对于构建我国网络空间秩序，推动我国网络快速发展具有非常重要的意义。

第六节   网络安全领域人才缺口较大

2018 年，在严峻的网络安全内外部形势下，我国国内的网络安全制度建设、标准体系建设、技术保障体系建设步伐加快，网络安全人才、安全专职人员作为基础支撑，在各行业的人才招聘市场上愈显"紧俏"。内部业务的数字化、外部监管合规压力倍增，都催生国内政企机构对网络安全人才的需求持续增长。同时，网络空间安全学科与专业建设不能及时跟上，导致网络空间安全人才培养模式不成熟、体系不完善等矛盾较为突出。权威数据显示，网络空间安全人才数量缺口高达 70 万，预计到 2020 年将超过 140 万。

要持之以恒抓好网络安全人才培育。网络空间的竞争归根到底是人才的竞争，要加强网络安全人才培养，实施好网络安全示范项目，加快推进国家网络安全人才与创新激励体系建设，努力形成人才培养、技术创新、产业发展的良好生态。

专题篇

第五章

云计算安全

　　云计算作为计算机、互联网出现之后信息技术领域的又一次革新，以提供资源服务、托管服务和外包服务为核心，迅速成为信息领域发展的热点。它的出现，使得互联网信息领域实现了真正意义上的按需服务。云计算服务商通过将多种分布式资源整合的方式，建立满足各种应用服务需求的资源环境，以满足各种用户的不同需求。然而云计算在以前所未有的速度改变企业和政府的同时，也带来新的安全挑战。数据泄露、凭证、身份等权限管理上的缺陷、系统漏洞、Dos 攻击等云计算安全问题的出现，很可能会弱化云计算技术带来的好处，成为制约云计算发展的重要因素。为此，政府相关部门颁布和制定一些政策来保障云计算安全，云安全相关研究人员和企业也在云计算安全方面进行了不同层面的研究，云计算服务提供商和一些安全的厂商合作，开发了一些云计算安全方面的产品和应用，促进云计算安全的发展，进而推动云计算技术快速发展。

第一节　概述

一、相关概念

（一）云计算

　　云计算（Cloud Computing）是由分布式计算（Distributed Computing）、网格计算（Grid Computing）和并行计算（Parallel Computing）融合发展而来的，

是一种通过互联网获取运行某个应用所需要的软件资源、硬件资源和平台资源，而提供这些资源的网络就被称为"云"。站在使用者的角度来看，"云"中的资源是无限的，既无地域限制又无时间限制，可随时随地获取，就如同我们使用水电一样，可对这些软件资源、硬件资源及平台资源，按需购买和使用。

从狭义上讲，云计算是指云计算服务提供商通过使用虚拟化技术和分布式技术建设自己的超级计算中心或数据中心，然后通过免费或者某种商业上的方式为一些中小企业和工程开发人员提供计算、存储、分析等云服务。广义的云计算是指云计算服务提供商使用自己的资源建设服务器集群，向许多不同类型的用户提供服务，提供的服务也可以是多种多样的，比如硬件资源的租借、软件资源的在线服务、计算分析、存储等服务。广义的云计算覆盖的用户和服务类型更为广泛。

对云计算的定义没有一个统一标准，美国国家标准技术研究院（NIST）对于云计算的定义为：云计算是一种使用方便、获取容易、可按需配置的计算资源，通过网络访问的方式使用这些资源，包括存储资源、网络资源、硬件资源、软件资源、计算分析和应用等资源。云计算可以通过少量的管理工作及与服务供应商互动实现资源的迅速供给和释放。

通过上述对云计算的了解，云计算技术中融合运用了多种核心技术，包括：

① MapReduce 编程模型，该模型将需要解决的问题分成 Map 和 Reduce 两步，首先使用 Map 将要处理的数据分割成多个不同的 Block，分发到多个不同的单元去处理。然后 Reduce 再将多个 Map 的处理结果汇总处理，得出一个结果。

② 分布式存储技术，云计算中使用最多的分布式存储技术是 HDFS 和 GFS。

③ Big Table、Hbase 海量数据管理技术，BT（Big Table）是一个分布式的大型数据库，将数据作为对象来处理。

④ 云平台管理技术，为了提供云服务，需要建立一个庞大的云服务资源池，而这些服务器分布在不同的地方，为用户提供实时的服务，对这些资源的管理就是通过云计算平台管理技术完成。通过该技术可方便、高效实现对云计算资源的运维和管理。

（二）云计算安全

云计算的概念出现后就与云计算安全有着密不可分的关系，百度百科中对云计算安全的定义为：云计算安全指一系列用于保护云计算数据、应用和相关结构的策略、技术和控制的集合，属于计算机安全、网络安全的子领域，或更广泛地来说属于信息安全子领域。对于云计算安全的定义还没有一个统一的标准，一般情况下可从以下两方面理解。一方面是云计算本身所涉及的可能存在的安全问题，对于这一方面的问题需要研究相关安全保护措施和对应的解决方案，包括云计算安全框架、云计算环境下的数据保护措施等。另一方面是使用云计算资源具体应用的安全问题，对于这方面的安全问题，可以考虑使用云计算安全框架、提供安全服务的模式，对整个云实施统一安全管理和监控。

云计算安全从本质上来看，与传统的信息安全是一致的，都包括保密性（Confidentiality）、完整性（Integrity）、可用性（Availability）。但由于云计算具有虚拟化、服务化等特点，云计算安全也有自身所存在的一些特点，如下：

① 安全边界模糊，传统的信息安全的安全域可以从逻辑上和物理上进行划分，安全边界清晰，但云计算虚拟化及按需服务的特点，安全边界模糊。

② 动态性，云计算会向不同用户提供不同类型的服务，会经常变化，具有动态性的特点，因此安全防护措施也需要具有动态性。

③ 服务安全性，云计算按需服务的特点，包括服务的设计、开发和交付。依赖于数据、服务和网络，云计算服务商一旦发生安全问题，会直接对云计算用户产生影响，因此需要提供服务安全性保障，来保证云计算的安全。

④ 数据安全，云计算中数据不存储在本地，数据的完整性、数据加密、数据恢复等方法对于云计算中数据安全保护都非常重要。

⑤ 需要第三方的监管和审计。由于云计算自身的特点，云计算服务提供商拥有很大的权力，这样可能会导致用户的权力得不到保证。为平衡两者之间的权力，需要有第三方的监管和审计平台。

二、云计算面临的网络安全挑战

随着云计算应用越来越广泛，云计算安全问题也逐渐凸显出来，下面几个方面是云计算安全面临的主要挑战。

（一）虚拟化安全问题

云计算的核心技术是虚拟化技术，由于云计算按需提供服务的特点，需要提高服务器的利用率，单台服务器的利用率会比较低，需要将多台服务器做一个集群，这时并不是所有的服务器配置都一样，在这样的环境下，可以使用虚拟技术来提高服务器利用率。在云计算中多个虚拟机作用于同一个物理机上，传统基于硬件的安全措施和物理隔离的方法，并不适用于虚拟机之间的相互隔离和攻击。Hypervisor 和 VMM 为每个操作系统提供硬件支持，是虚拟化技术的关键，使硬件资源实现复用和虚拟机间的隔离。因为 Hypervisor 和 VMM 的特殊性，使它们成为黑客攻击最直接的也是最首要的目标。同时，虚拟机系统都是通过 HTTP/HTTPS 来远程管理的。VMM 想要接受 HTTP 连接则必须运行服务器，这样黑客就会通过 HTTP 漏洞进行恶意攻击。

虚拟化技术另一方面的安全问题是虚拟机操作系统安全问题，在云计算中，云计算服务提供商需要管理很多的虚拟机，如果其中一台虚拟机系统被攻击，一旦各个虚拟机之间的安全防护措施做得不够好，那相关的大批虚拟机都会受到攻击，在严重的情况下，就是如果有恶意代码植入，就很有可能会使云计算服务提供商所设置的安全防护机制失效，进而导致云计算网络环境不可信。此外，如果物理服务器受到攻击，出现安全问题，那么该服务器上的所有虚拟机都存在安全隐患。

（二）云计算的数据安全问题

在云计算中，用户都会把自己的数据放到云计算数据中心，拥有权限的用户就可以共享这些数据，可随时随地对这些数据进行操作。然而这样一来，用户不能对物理上的数据存储进行控制，也就不能控制其物理安全，例如，公有云中很多用户共享云计算资源，但是用户并不知道资源在哪里，也就不能在物理上对其进行任何控制。

从数据保密性角度来看，对静态数据可进行加密存储，但在云计算中，一旦对静态数据进行加密后，对数据的查询、索引等数据处理操作将无法实施，这就表明在整个数据生命周期的某些阶段中，至少数据处理阶段中的数据都是明文的。假如数据可以加密，那密钥是由云服务提供商还是由用户来控制仍然是个问题。即使解决了数据加密问题，那还需保证数据的完整性，完整性的认证需要消息认证码，又需要大量的加解密，涉及密钥的管理问题。在云计算中的数据是海量的，云计算用户希望能够直接在云计算环境中对数据的完整性进行验证，而不是先下载下来验证，然后再上传。况且数据完整性的验证需要对全部数据集有全面的了解，然而在云计算中，云计算用户一般不会知道他们的数据具体存在哪个实际的物理机器上，而且云计算中数据集是时刻变化的，这样，传统的数据完整性验证技术就完全不适用了。此外，从云计算的运营模式来看，各个云计算服务提供商提供的服务大部分都相互不兼容，因此如果用户想要更换服务提供商的话，很有可能会导致数据丢失。而且用户在更换服务提供商的时候，也有可能将部分数据残留在原平台，这时数据安全性就受到了威胁。在任何领域，一旦发生数据安全问题，后果将非常严重。

（三）云计算中应用的安全问题

云计算服务提供商会提供 API，IT 团队对云计算资源包括管理、镜像等云服务的使用和管理都是通过 API 和接口去管理的。而这些服务的安全性取决于这些 API 和接口的安全性，云计算的用户引入越多的认证或服务，安全风险就会越高。此外，若用户想要在云计算环境下开发软件，就要考虑代码兼容性问题，多种开发技术的融合很容易引入安全漏洞。

随着云端应用越来越多，云计算服务提供商必须给用户提供一些日志，这些日志中有很多内容可能会涉及客户隐私，日志是云计算服务提供商内部的，用户不能够直接访问，对于这些日志的监控管理，避免被恶意使用又是一个安全挑战。

（四）云计算用户的安全问题

云计算提供服务的特点是数据集中管理和资源共享，为不同用户提供服务，必须做到不同用户间数据隔离。用户共享云计算中的各种资源，但他们的数据是相互隔离的，私有的数据不会被其他用户非法访问。

云计算服务提供商首先要解决的问题是如何通过虚拟化技术、访问控制、网络隔离和安全审计等技术来实现云计算用户间数据的隔离。其次，还需考虑数据残留问题，例如一个用户之前使用过的一块存储区域，之后又通过资源分配的方式提供给其他用户使用，这块区域上很有可能有上一个用户未擦除的数据，这样就会导致上一个用户的数据泄露。

其实最重要的是云计算服务提供商如何向用户证明所提供的用户数据隔离机制是安全有效的，这对云计算的推广有很重要的影响。

（五）云计算服务使用的安全问题

云计算服务的租用成本较低，用户可以租用云计算服务提供商提供的存储资源、网络资源、平台资源及计算资源等。由于现在云计算服务提供商在管理控制上还不是很严格，会出现一些资源滥用的现象，如果一旦对租用者的租用目的审核疏忽、不严谨，就可能会被黑客利用，例如对密钥进行破解、发起 DDoS 攻击、发送钓鱼邮件和垃圾邮件及恶意内容托管等。

三、云计算安全防护的重要性

云计算的应用领域及用户类型一直在不断扩展，云计算安全成为业界的关注点，云计算用户最关心的是自己的隐私数据和机密数据放在云端是否安全，是否会出现数据泄露等安全问题，这是云计算用户和企业是否选择云计算服务的一个最重要考量点。

云计算服务使用者只是使用服务，不关心也不知道提供服务的服务器具体在什么地方，再由于云计算本身的复杂性及系统的庞大性，增加了整个系统出现问题的可能性，一个很小的问题都可能导致整个云计算服务系统崩溃，而且很难定位问题出现在什么地方，这对云计算安全体制提出了新的挑战。因此，迫切需要构建可信的云计算环境，确保云计算服务的安全，进而促进云计算安全健康发展。

第二节 发展现状

全球云计算安全事件时有发生，2017 年 3 月，Microsoft Azure 公有云服务出现故障直接导致八个多小时的业务受到影响；2017 年 6 月，Amazon AWS 共和党数据库中两亿美国选民的数据信息被泄露；2018 年 2 月，GitHub 网站受到了 1.35T 的 DDoS 攻击；2018 年 11 月，网宿科技的云计算安全平台防御一起 1.02T 的 DDoS 攻击事件等。全球每年都会发生一些云安全事件，给企业或个人带来严重损失，云计算安全领域已经成为全球各界所关注的热点问题。

一、云计算安全国际发展现状

针对云计算安全问题，各国政府都给予了高度重视，美国规定提供给联邦政府的云计算服务一定要通过安全检查。在相关法律法规及政策的指引下，美国通过评估、授权、建设对云计算安全进行监管。随着安全工作逐步展开，美国云计算安全技术水平越来越高，规模越来越大，例如 FocePoint、CipherCloud 等云计算安全领域的优秀企业应运而生。成立于 2011 年的 CipherCloud 是美国一个独立的第三方数据安全公司，主要为 Microsoft Office365、Salesforce 提供服务，用户数据先加密后再存储到云端。FocePoint 是美国安全加密技术的领先企业，主要解决军事领域的安全问题。

为推进云计算安全发展，欧盟也采取了相关政策，出台了一些云计算安全的相关监管政策，制定一些指南、协议来规范云计算服务提供商的行为，确保云计算安全的发展。《安全港协议》是欧盟为确保其他国家和地区都能达到欧盟的要求而制定的，同时也能够推动数据共享，限制云计算服务信息的跨境传播。在欧盟对云计算安全的努力推进下，欧盟的云计算安全技术水平有了很大程度提升，同时成立了 ENISA ——欧洲网络与信息安全管理局，其中，云计算中的风险管理和评估等是其主要关注的领域。

在信息产业领域，随着云计算安全的发展，出现了许多云计算安全相关的产品和方案。比如，Sun 公司发布的一些云计算安全工具，OpenSolaris VPC 能够帮用户建立到 Amazon 虚拟私有云的多条安全通信通道。VMIs 是为 Amazon EC2 设计的，包含加密交换、非可执行堆栈，默认的启用审核等。Cloud safety box，通过 Amazon S3 接口对内容进行加密等管理。Microsoft 为云计算平台 Azure 做了一个安全计划，用于解决多租户、虚拟化环境中的安全问题。还有其他一些云计算安全领域的工具。

从全球云计算安全市场方面来看，Garthner 研究表明，全球云计算的安全服务将会持续增长，云计算安全服务的市场规模增长速度要比全部信息安全市场规模增速高。2020 年云计算安全的市场规模很有可能会达到 90 亿美元，2022 年云计算安全的市场规模将会增长到 110 亿美元。

从国际上来看，云计算安全的发展将会持续推进，相关的云计算安全技术发展得也会越来越好，在一定程度上促进云计算健康、安全发展。

二、云计算安全国内发展现状

近年来，云计算、大数据、社交等，以移动核心技术为中心进行数字化转型的方式被许多企业应用来保障各自的可持续发展，作为核心技术，云计算在国内得到迅猛发展，中国的云计算市场，阿里云、腾讯云、金山云等云计算服务提供商纷纷开始布局自己的云计算产业。随之而来的就是很多企业、机构将系统放到云上，一些具有高价值的数据都存储在云上，这些数据逐渐成为网络攻击者的目标。云计算面临着许多安全问题，包括数据泄露、身份及权限管理、数据丢失、网络攻击、系统漏洞等。

随着云计算技术被广泛应用，云安全事件频频发生。2018 年 6 月 27 日 16：21 分左右，阿里云出现将近 30 分钟的故障，在这段时间内，用户使用一些产品功能和访问阿里云控制台时出现问题，这次故障被阿里云定为 S1 级别，即核心业务主要功能无法使用，给部分用户带来影响，在一定程度上造成了损失。2018 年 7 月 20 日，腾讯云的云硬盘发生故障，导致一家创业公司千万元级的平台数据全部丢失。腾讯云在监控到异常后，虽然第一时间通知了客户，并组织专家和厂商尝试修复数据，但最后还有部分数据无法恢复。7 月 24 日，腾讯云的部分用户出现控制台登录异常、访问资源失败等异常情况。经过一番故障排查后发现，原因是运营商的两台主备链路同时中断所导致的故障，然而这种运营商两条主备网络同时中断的情况非常少。这些云安全事故发生的原因有运维方面的，也有物理方面的。此外，产品方面、网络攻击等其他方面的云安全事故也有发生，所以说云计算绝对的安全是不可能的。

面对频繁发生的云计算安全问题，许多云计算提供商都拿出了自己的云计算安全解决方案和云计算安全产品。以阿里云和腾讯云为例，阿里云提出了一种安全责任共担模型，其负责防护云计算平台的基础安全，为云计算用户提供系统安全、业务和内容安全及安全管理方面的安全，用户负责虚拟化层和虚拟化层之上的组件、业务安全。阿里云还推出了其安全产品——云盾，能够很好地防御 DDoS 攻击和 OWASP 攻击。腾讯云在"云管端"的基础上做了安全措施，并且已经和一百多家生态伙伴合作，为用户提供云端的解决方案和安全产品。腾讯云在 2018 年 5 月 29 日，宣布其贵安七星数据中心开始试运行。未来，那里会成为存放 30 万台服务器的灾备数据中心。

此外，党中央、国务院对云计算的安全问题也十分关注。云计算安全方面的法律法规逐渐完善，例如，2015 年发布了《国务院关于促进云计算创新发展培育信息产业新业态的意见》、中央网络安全和信息化领导小组办公室发布了《关于加强党政部门云计算服务网络安全管理的意见》，2016 年国家互联网信息办公室正式发布《国家网络空间安全战略》，2017 年工业和信息化部发布了《云计算发展三年行动计划（2017—2019 年）》，2018 年我国首批发布了两个云安全国家标准《信息安全技术云计算服务安全指南》与《信息安全技术云计算服务安全能力要求》。这些政策为我国云计算安全的发展起到了很大的推进作用，增强了我国云计算安全产业影响力。

第三节　面临的主要问题

一、云计算安全相关制度和标准还需完善

我国云计算安全的相关法律法规及标准还不是很完善，云计算安全相关制度及标准的建立滞后于其他国家。云计算安全防护标准还需不断完善，要逐步

完善不同行业的云计算安全防护体系，建立完整的安全检查体系，规范云计算服务提供商的云安全体系，以保障云计算用户的数据安全。

二、云计算安全的核心技术需要提升

近年来，我国云计算企业的技术虽然有很大程度提升，数据安全技术、虚拟化技术、访问权限控制技术等都取得了很大提升，但与国际上一流的云计算安全技术相比，还存在一些差距。并且拥有核心高尖技术的企业和人才很少，云计算的安全事件时有发生。即使是能够提供 99.9% 可靠性的阿里云，也发生了云计算安全事件。所以云计算安全不存在绝对的安全，云计算安全技术的发展无"上限"。为了在最大程度上保证云计算服务提供商及用户的安全，需要不断提升云计算安全的核心技术。

三、云计算安全专业人才需要加大培养力度

随着云计算技术广泛应用于各个领域，对云计算安全的要求也越来越高，对云计算安全专业技术人才的要求也越来越高。我国要在云计算安全领域处于领先地位，就一定要培养一批专业的云计算安全人才。具备良好的学习、实践和专业能力，可以从事云计算及云计算安全相关工作的高品质人才是我国急需的。拥有越多这样的人才，就越能够促进我国云计算安全越来越好的发展。

第六章

大数据安全

随着网络深刻融入经济社会生活，大数据安全风险伴随大数据运用而生，大数据不仅面临传统安全挑战，而且由于自身特点面临多重挑战，如大数据平台安全面临架构、软件的安全风险，传统安全防护措施不能满足大数据安全防护需求，大数据挖掘技术带来的安全风险等。加强大数据安全建设意义重大，不仅有助于保障国家重要数据安全、护航行业和企业数据安全，还有助于保护公民个人信息和隐私安全。我国高度重视大数据安全法律法规建设，加快制定大数据安全相关国家标准，产业界积极投身于大数据安全发展。然而，我国大数据还面临一些主要问题，如我国大数据安全标准有待进一步加强，大数据核心技术受制于人，大数据安全产业发展滞后等。

第一节　概述

一、相关概念

大数据安全包括多层面，大数据平台和技术安全、大数据本身安全、大数据服务安全、大数据行业应用安全等。其中，大数据平台和技术安全涵盖大数据基础平台安全、大数据基础平台安全运维、大数据安全相关技术；大数据本身安全涵盖重要数据安全、数据跨境安全、个人信息安全；大数据服务安全涵盖大数据服务安全能力、大数据交易服务安全；大数据行业应用安全涵盖政务大数据安全、健康医疗大数据安全及其他行业大数据安全。

国内对大数据的相关定义。《促进大数据发展行动纲要》（国发〔2015〕50号）提出，大数据是以容量大、类型多、存取速度快、应用价值高为主要特征的数据集合，正快速发展为对数量巨大、来源分散、格式多样的数据进行采集、存储和关联分析，从中发现新知识、创造新价值、提升新能力的新一代信息技术和服务业态。《大数据产业发展规划（2016—2020 年）》（工信部规〔2016〕412 号）提出，大数据产业指以数据生产、采集、存储、加工、分析、服务为主的相关经济活动，包括数据资源建设、大数据软硬件产品的开发、销售和租赁活动，以及相关信息技术服务。

国际对大数据的相关定义。大数据是一个宽泛的概念，业界对大数据的定义见仁见智。2012 年达沃斯世界经济论坛发表的《大数据，大影响》报告认为，数据成为一种新型的经济资产，大数据将像土地、石油和资本一样，成为经济运行中的稀缺战略资源。美国白宫的"大数据开发计划"中认为大数据开发是"从庞大而复杂的数字数据中发掘知识及现象背后本质的过程"。亚马逊公司认为大数据是"任何超过了一台计算机处理能力的数据量"。研究机构 Gartner 认为大数据是"需要新处理模式才能具有更强的决策力、洞察发现力和流程优化能力的海量、高增长率和多样化的信息资产"；维基百科将大数据定义为那些"无法在一定时间内使用常规数据库管理工具对其内容进行抓取、管理和处理的数据集"；Apache 公司认为大数据是指"为更新网络搜索索引需要同时进行批量处理或分析的大量数据集"。麦肯锡认为大数据是"大小超出了典型数据库软件工具获取、存储、管理和分析能力的数据集"；野村综合研究所认为广义的大数据"是一个综合性概念，它包括难以进行管理的数据，对这些数据进行存储、处理、分析的技术，以及能够通过分析这些数据获得实用意义和观点的人才和组织"。

二、大数据面临的网络安全挑战

（一）大数据自身面临的安全挑战

随着大数据技术的不断发展，个人数据、工业数据等快速汇聚成为常态，数据泄露、数据窃取呈现出高发态势，大数据自身面临的安全风险不断加大。数据泄露频发，个人大数据成为重灾区，一些黑客首先利用撞库等手段窃取个人数据，然后将个人数据放在暗网中兜售，黑色产业链已经逐渐形成。6 月，AcFun 弹幕视频网发公告称，平台有 800 万～1000 万左右的用户数据被黑客窃取。随后，该网站用户数据被销售的信息在暗网中出现，共计泄露 900 万条用户数据；前程无忧网站 195 万用户的求职简历在暗网中被销售，原因是遭到撞库攻击；圆通超过 10 亿条快递数据在暗网上被兜售，据悉，相关数据为

2014年下旬采集，包括快递寄（收）件人姓名、电话、地址等信息。8月，顺丰快递数据在网上被销售，涉及3亿条用户数据，售价2个比特币。12月，网传陌陌3000万数据在暗网被售卖，以50美元的价格出售。

（二）大数据平台安全面临架构、软件的安全风险

大数据清洗、存储、分析、挖掘相关的平台和软件近年来漏洞频出，引发安全风险。1月，Hadoop大数据平台的YARN被发现存在信息泄露漏洞，黑客能够利用该漏洞获取平台上的应用密码。2月，Cisco Spark账户服务的某些验证控件中存在安全漏洞，可使经身份验证的远程攻击者利用此漏洞查看受影响设备的信息。5月，我国研究人员发现，一些俄罗斯黑客利用Hadoop Yarn资源管理系统REST API未授权访问漏洞进行网络攻击。11月，研究人员发现Apache Spark存在安全漏洞，攻击者可通过发送特制的请求，利用该漏洞在服务器上执行代码。

（三）大数据挖掘技术带来的安全挑战

一是传统安全防护难以满足大数据时代隐私保护需求。传统隐私安全保护技术以匿名化技术为主，如K匿名、L多样性等，但相关技术在大数据挖掘技术下可能失效，大数据挖掘和分析能够对匿名化数据进行重新识别，引发隐私安全担忧。例如，2018年8月，澳大利亚某政府部门将部分匿名化交通数据向社会开放，但由于安全风险未做到位，导致交通数据经分析和挖掘后能够重新识别，个人交通出行隐私因此被泄露，给政府部门敲响了开放数据风险的警钟。

二是大数据挖掘技术带来数据滥用风险，如大数据杀熟、价格歧视等。3月，携程等互联网公司被质疑利用用户的行为、喜好等数据，在同一产品上对不同用户区别定价，由此引来网友一片声讨；滴滴则被网友发现同一出发点和目的地，不同账户面对的估价不同的现象，因此怀疑滴滴在定价方面存在大数据杀熟和价格歧视，滴滴对此回应称估价是实时变化的，因此出现该现象。

三、加强大数据安全建设的重要性

（一）保障国家重要数据安全

国家的能源、金融、通信、交通等重要领域的关键信息基础设施都依赖信息网络，各领域国家重要数据的汇集，无疑形成一个国家最为宝贵的数据资源，

在数据挖掘等分析工具下，这些重要数据能够分析出一个国家政治、经济、科技、文化等多方面的信息。因此，应提高大数据安全技术能力，加强大数据安全管理，加强大数据平台安全建设，提升国家网络安全态势感知预警能力，保障关键信息基础设施中流动的海量数据免受网络攻击，防止国家重要数据资源被非法窃取、非法利用，保障国家安全。

（二）护航行业和企业数据安全

各个行业和企业在利用大数据获得信息价值的同时，大数据安全风险也不断累积。一方面，加强企业提高大数据安全技术能力建设，加强大数据安全管理，防止大数据平台和各类应用服务系统被入侵，防止大数据在信息系统上传、下载、交换的过程中被攻击，保障数据安全，减少大数据安全影响行业和企业的品牌信誉、研发、销售、服务等。另一方面，能够支撑行业大数据在行业之间或组织之间的安全交换与共享，并能指导电子政务、电子商务、健康医疗等行业大数据安全建设和运营。

（三）保护公民个人信息和隐私安全

大数据的汇集加大了个人信息和隐私数据信息泄露的风险。电子邮件、微信、微博、购物网站、论坛等已进入人们生活，成为人们日常使用的平台。而这些平台中的数据涉及大量的个人信息和隐私数据，通过关联分析和数据挖掘，可分析出公民个人身份、账户、位置、轨迹等敏感或隐私信息，这些数据的非法采集和利用，侵犯公民的个人信息和隐私。提高大数据安全技术能力建设和加强大数据安全管理，注重个人数据收集、传输、存储、处理、共享，有利于保护公民个人信息和隐私安全。

第二节　发展现状

一、大数据安全法律政策加紧出台

大数据安全受到国家和部委的高度重视。中共中央政治局 2017 年 12 月 8 日下午就实施国家大数据战略进行第二次集体学习。中共中央总书记习近平在主持学习时强调，"要切实保障国家数据安全。要加强关键信息基础设施安全保护，强化国家关键数据资源保护能力，增强数据安全预警和溯源能力。要加强政策、监管、法律的统筹协调，加快法规制度建设。要制定数据资源确权、开放、流通、交易相关制度，完善数据产权保护制度。要加大对技术专利、数字版权、数字内容产品及个人隐私等的保护力度，维护广大人民群众利益、社会稳定、国家安全。要加强国际数据治理政策储备和治理规则研究，提出中国方案。"[①]

大数据安全相关的法律政策加紧制定出台。一是出台地方层面大数据安全法律法规。2018年10月1日，《贵阳市大数据安全管理条例》正式实施，这是全国第一部大数据安全管理地方法规，对于保障大数据安全，促进贵阳大数据产业安全发展具有重要意义。该条例将促进贵阳市国家大数据及网络安全示范试点城市和大数据安全靶场等一系列工作顺利开展。二是出台行业层面大数据安全法律法规。医疗大数据安全方面，国家卫生健康委员会研究制定了《国家健康医疗大数据标准、安全和服务管理办法（试行）》，在医疗大数据的保护、医疗大数据应用监管方面制定了一系列管理办法。

二、大数据安全相关国家标准加快制定

全国信息技术标准化技术委员会为推动和规范我国大数据产业的快速发展，培育大数据产业链，并与大数据安全标准化国际标准接轨。2014年12月，全国信息技术标准化技术委员会成立了大数据标准化工作组（BDWG），工作组主要负责制定和完善我国大数据领域标准体系，组织开展大数据相关技术和标准的研究，推动国际标准化活动，对口ISO/IEC JTC1 WG9大数据工作组。2016年4月，为了加快推动我国大数据安全标准化工作，全国信息安全标准化技术委员会成立大数据安全标准特别工作组，主要负责制定和完善我国大数据安全领域标准体系，组织开展大数据安全相关技术和标准研究。

截至2018年12月，我国在大数据安全标准建设方面情况如表6-1所示。

表6-1 大数据安全标准

标准类型	序号	标准名称（中文）	立项年份	所属工作组	所处阶段
制定	1	信息安全技术 大数据安全管理指南	2016	SWG-BDS大数据安全标准特别工作组	报批稿阶段
	2	信息安全技术 个人信息安全规范	2016	SWG-BDS大数据安全标准特别工作组	报批稿阶段

---

① 《习近平：实施国家大数据战略加快建设数字中国》，http://www.xinhuanet.com/politics/leaders/2017-12/09/c_1122084706.htm。

标准类型	序号	标准名称（中文）	立项年份	所属工作组	所处阶段
制定	3	信息安全技术　大数据交易服务安全要求	2017	SWG-BDS 大数据安全标准特别工作组	
	4	信息安全技术　大数据安全能力成熟度模型	2017	SWG-BDS 大数据安全标准特别工作组	
	5	信息安全技术　大数据服务安全能力要求	2016	SWG-BDS 大数据安全标准特别工作组	征求意见稿阶段
	6	大数据基础平台安全要求	2017	SWG-BDS 大数据安全标准特别工作组	
	7	电信大数据安全指南	2017	SWG-BDS 大数据安全标准特别工作组	
	8	信息安全技术　大数据业务安全风险控制平台安全能力要求	2017	SWG-BDS 大数据安全标准特别工作组	
	9	信息安全技术　个人信息去标识化指南	2017	SWG-BDS 大数据安全标准特别工作组	报批稿阶段
	10	信息安全技术　数据出境安全评估指南	2017	SWG-BDS 大数据安全标准特别工作组	送审稿阶段
	11	信息安全技术　个人信息安全影响评估指南	2018	SWG-BDS 大数据安全标准特别工作组	征求意见稿阶段
修订	1	信息安全技术　网络安全等级保护基本要求　第 6 部分：大数据安全扩展要求	2017	WG5 信息安全评估工作组	
研究	1	大数据平台安全管理产品安全技术要求研究	2014	WG5 信息安全评估工作组	
	2	大数据安全防护标准研究	2015	SWG-BDS 大数据安全标准特别工作组	征求意见稿阶段
	3	大数据交易服务平台安全要求	2016	SWG-BDS 大数据安全标准特别工作组	
	4	大数据安全能力成熟度评估模型	2016	SWG-BDS 大数据安全标准特别工作组	征求意见稿阶段
	5	大数据安全标准体系研究	2016	SWG-BDS 大数据安全标准特别工作组	草案阶段
	6	信息安全技术　大数据安全参考框架	2018	SWG-BDS 大数据安全标准特别工作组	草案阶段

资料来源：赛迪智库网络安全研究所。

三、大数据安全技术不断发展

大数据框架层面，Hadoop 开源系统中提供了身份认证、访问控制、安全审计和数据加密等功能，如基于 Kerberos 机制的身份认证、POSIX 权限和访问控制、Hadoop 开源系统各组件的日志和审计功能。同时，商业化的大数据平台安全组件也不断发展，此类组件适用于原生或二次开发的 Hadoop 平台，通过在原功能组件上部署安全插件对数据操作指令进行解析和拦截，进而实现身份认证、访问控制、权限管理等功能。

数据和隐私保护层面，数据发布匿名保护技术、社交网络匿名保护技术、数据水印技术和数据溯源技术等不断发展。但总体来看，现有技术仍难以满足数据保护的要求。主要体现在下列几个方面。在大数据信息庞大架构复杂的环境下，攻击者能够从多个渠道得到各类信息，数据信息发布匿名保护技术的实现有较大困难；社交网络中数据信息多为图结构，攻击者一般情况下会使用点和边的一些属性，经过相应的分析与信息整合从而确定用户的身份信息，社交网络匿名技术需要切实结合图结构的特点，才能对用户进行标识和属性的匿名保护；大数据环境下频繁发生数据的复制、传输和多源信息融合，对数据追溯技术的研发带来很大困难。另外，多方大数据需要进行融合才能凸显出大数据挖掘和分析的价值，为了保证多方数据在融合时不被泄露，近年来多方计算技术、同态加密技术、零知识证明技术等不断发展，但距离大规模商业化应用还有一定差距。

四、大数据安全产业加快发展步伐

产业界积极举办参与大数据安全峰会。大数据安全引起了政产学研等社会各界的关注，信息安全类企业积极参与大数据安全峰会。2018 年 5 月 25 日，2018 年中国大数据产业博览会大数据安全高峰论坛在贵阳召开，此次论坛探讨了大数据背景下的数据安全和社会治理能力现代化发展，以及推动大数据安全技术研发、数据资源保护、专业人才培养等方面研究的对策建议。2018 年 4 月 24 日，国家超级计算机天津中心联合英国标准协会举办了大数据时代信息安全管理与隐私保护主题峰会，围绕互联网安全法规与政策发布、网络信息安全、云服务下的个人隐私与数据治理、信息安全防护能力与应急管理、IT 运维服务管理的标准、企业信息安全管理实施方法等展开了研讨。2018 年 7 月 29 日，2018 首届公共大数据安全技术大会在成都举办，大会以"新时代，新技术，新应用"为主题，旨在引入并借鉴国内外大数据安全领域最前沿的理论与技术成果、洞悉全球公共大数据安全最新发展趋势、聚焦探讨公共大数据技术与应用热点话题，与国际公共大数据安全创新防护理念同步，从而推动我国大数据安全保障体系建设，提升国家重点行业大数据安全防护水平。

大数据安全产业自身加快发展步伐。大数据安全技术囊括了基础设施安全、应用安全、数据安全、身份与访问管理、云安全等多个方面。阿里巴巴、启明星辰、华为、腾讯等分别在云安全、物联网终端安全和身份访问控制实现技术突破，同时我国网络安全企业呈现出相互合作应对大数据环境下安全服务需求的趋势，2018 年 3 月，华为主导发起"华为安全商业联盟"，通过联合安全解决方案深度整合联盟伙伴的安全服务，解决单一厂商较难为用户提供全面完整大数据安全解决方案的问题。2018 年 8 月，腾讯联合启明星辰、卫士通、立思辰等在内的 15 家上市公司，成立上市企业协作共同体，旨在搭建中国互联网安全企业的协同平台。

产业界开展大数据安全攻防演练助推健康发展。2018 年，大数据安全竞赛如火如荼地开展。2018 年 8 月，由公安部和国家密码管理局指导的"网鼎杯"大赛顺利举行，大赛吸引了超过两万名选手参赛。2018 年 11 月，由中央网信办指导的"湖湘杯"网络安全技能大赛顺利开展，该比赛是 2018 中国（长沙）智能制造大会的重要组成部分，目的是发现和培养高端网络安全人才。

第三节 面临的主要问题

一、大数据安全标准有待进一步加强

一是我国信息安全技术并不能满足大数据应用的安全需求，需要加强大数据安全核心技术标准研究。

二是为提高大数据产品和服务的安全可控水平，防范大数据应用中的各种数据安全和隐私安全风险，维护国家安全和公众利益，依据《网络安全法》和《网络安全产品和服务审查办法》，急需加快大数据安全审查支撑性标准研制。

三是数据共享缺乏安全标准、技术手段和管理能力，严重阻碍了数据共享进程，急需建立与数据共享相关的数据安全管理办法，加快数据交易安全相关标准的制定工作。

二、大数据核心技术受制于人

一方面，大数据硬件、软件、服务供应链的安全问题严重。大数据安全涉

及从底层芯片、基础软件到应用分析软件及服务等全产业链的安全支撑。我国大数据底层的核心技术基础薄弱，处理芯片、存储设备、大数据软件等方面多受制于人。硬件方面，甲骨文公司、IBM 占据中国服务器市场，搭载英特尔芯片的联想、惠普和戴尔占据我国电脑市场。软件方面，微软的 Windows 操作系统占据我国操作系统市场，与数据处理密切相关的基础软件更是由国外主导。服务方面，思科把持 163 骨干网所有的超级核心节点。

另一方面，我国缺乏大数据的系统开发核心技术。我国缺乏对大数据技术研发的整体设计框架，Hadoop 分布式数据处理技术、nosql 数据库及流式数据处理技术等分别被 Cloudera、IBM 及亚马逊等国外企业掌控，国内使用的数据挖掘、关联分析等大数据关键技术大多来源于他国。

三、大数据安全产业人才匮乏

我国大数据安全产业发展较为滞后，国内仅有瀚思等少数企业专门发展大数据安全。究其原因，我国大数据安全产业研发能力不足，大数据安全人才稀缺。大数据安全属于"跨界"的前沿领域，要求人才既懂"大数据"，又懂"安全"，要求人才的知识结构具有前沿性，要求有实作能力的综合性，在客观上决定了大数据安全人才是比较缺乏的。从高校人才培养来看，网络空间安全刚刚兴起，只是作为高校信息学科的一个方向，培养人数远远不够，网络空间安全一级学科的设立也是最近几年才开始，大数据安全企业所用的安全人才大都属于"半路出家"，在工作岗位上逐步成长成熟，缺乏完善的人才培养体系。

第七章

物联网安全

　　全球物联网正处于飞速发展阶段，已经在多个领域取得了显著成果，从技术积累到产业实践均展现了广阔的应用前景。但是，物联网在发展过程中也暴露出了各种安全问题。服务端、终端及通信网等物联网应用模型各主要环节，仍然存在网络安全管理和检测工作不规范、传统的安全防护技术不能适应网络安全新形势、尚未建立起有效的安全防护防御体系和安全生态等诸多问题，对国家关键信息基础设施建设安全、企业生产业务安全和用户个人隐私安全等方面造成严重影响。如 2018 年 1 月，英特尔公司遭遇史诗级 CPU 芯片漏洞 Meltdown（幽灵）和 Spectre（熔断）的冲击，该漏洞影响了全球所有桌面系统、电脑、智能手机及云计算服务器；6 月，网络安全初创公司 Armis 披露，一种名为 DNS 重新绑定的古老网络攻击的出现，导致全球企业有近 5 亿个物联网设备容易遭受网络安全攻击；8 月，大批医疗器械企业，包括美敦力、GE、雅培等，因其存在安全漏洞，极易遭受黑客攻击，从而危及用户身体健康乃至生命，故被国家药监局发布主动召回；9 月，比利时 KU Leuven 大学研究人员发现，特斯拉、迈凯伦等汽车采用的 Pektron 遥控钥匙系统存在安全缺陷，使得利用无线电和树莓派等设备可在 2 秒内盗走汽车；10 月，亚马逊修复了物联网操作系统 FreeRTOS 及 AWS 连接模块的 13 个安全漏洞，该漏洞可能导致入侵者破坏设备，泄露内存中的内容和远程运行代码，让攻击者获得设备完全的控制权；11 月，黑客利用全球数十万台打印机的开放式网络端口，用时不到 30 分钟，成功控制了 5 万台打印机，访问其内部网络并控制其打印功能。物联网设备已被广泛应用于各个领域，一旦发生安全事故，影响将会是巨大的、不可控的，比如 2016 年 Mirar 僵尸网络通过控制大量的物联网设备对美国域名解析服务提供商

Dyn 公司发动 DDoS 攻击，造成美国东部大面积断网，这个重大事件给全世界的物联网安全敲响了警钟，因此，全面加强物联网安全防护势在必行。

近年来，我国对物联网安全的重视程度日渐提高，在顶层设计方面，国务院及各部委均出台了相关文件推进物联网行业的健康有序发展；在安全技术方面，我国科研人员除在传统的网络防火墙技术、加密技术、密钥管理和认证技术方面不断加强了研究外，在物联网、区块链、人工智能的新兴融合技术方面也展开了研究；在标准制定方面，全国信息安全标准化技术委员会归口的 27 项国家标准正式发布，其中有 5 项标准涉及物联网安全，标志着我国物联网安全政策法规的逐步健全。但不可否认的是，在我国物联网安全取得显著成效的同时，也面临着诸多挑战，如关键核心技术基础薄弱，高端产品研发能力不强；产业链薄弱，与行业融合不足；产业领域、区域发展不平衡；数据隐私和物联网安全问题突出等。

我国下一步仍需健全完善物联网安全标准体系，加快推动相关技术标准落地实施，并配合物联网安全新技术研究和应用，进一步促进物联网产业健康良性发展。同时，从规范行业安全管理、制定行业安全检测标准、构建新型有效的安全防护体系、探索和研究新技术新应用等多个维度着手。在技术方面，国内安全企业还要在物联网安全技术的不同层面进行技术攻克，加快探索物联网安全新技术新应用，满足不断发展的物联网安全防护新需求。

第一节　概述

一、相关概念

（一）物联网

物联网是新一代信息技术的重要组成部分，也是"信息化"时代的重要发展阶段。其英文名称是：Internet of things（IoT）。顾名思义，物联网就是物物相连的互联网。这有两层意思：其一，物联网的核心和基础仍然是互联网，是在互联网基础上的延伸和扩展的网络；其二，其用户端延伸和扩展到了任何物品与物品之间，进行信息交换和通信，也就是物物相息。国际电信联盟（ITU）发布的 ITU 互联网报告，对物联网做了如下定义：通过二维码识读设备、射频识别（RFID）装置、红外感应器、全球定位系统和激光扫描器等信息传感设备，按约定的协议，把任何物品与互联网相连接，进行信息交换和通信，以实现智能化识别、定位、跟踪、监控和管理的一种网络。物联网主要解决物品与物品（Thing to Thing，T2T），人与物品（Human to Thing，H2T），人与人（Human to Human，H2H）之间的互联。但是与传统互联网不同的是，人与物品（H2T）是指人利用通用装置与物品之间的连接，从而使得物品连接更加简化，而人与人（H2H）是指人之间不依赖于 PC 而进行的互连。物联网是互联网的延伸，它包括互联网及互联网上所有的资源，兼容互联网所有的应用，但物联网中所有的元素（所有的设备、资源及通信等）都是个性化和私有化。物联网包含以下技术架构、重要技术和相关概念。

1. 物联网技术架构

从技术架构上来看，物联网可分为三层：感知层、网络层和应用层。

感知层由各种传感器及传感器网关构成，包括二氧化碳浓度传感器、温度传感器、湿度传感器、二维码标签、RFID 标签和读写器、摄像头、GPS 等感知终端。感知层的作用相当于人的眼耳鼻喉和皮肤等神经末梢，它是物联网识别物体、采集信息的来源，其主要功能是识别物体，采集信息。传感器网络组网和协同信息处理技术实现传感器、RFID 等数据采集技术所获取数据的短距离传输、自组织组网及多个传感器对数据的协同信息处理过程。感知层主要技术有轻量级加密认证技术和感知节点鉴别技术。

网络层由各种私有网络、互联网、有线和无线通信网、网络管理系统和云计算平台等组成，相当于人的神经中枢和大脑，负责传递和处理感知层获取的信息。网络层实现更加广泛的互联功能，能够把感知到的信息无障碍、高可靠性、高安全性地进行传送，需要传感器网络与移动通信技术、互联网技术相融合。经过十余年的快速发展，移动通信、互联网等技术已比较成熟，基本能够满足物联网数据传输的需要。

应用层是物联网和用户（包括人、组织和其他系统）的接口，它与行业需求结合，实现物联网的智能应用。主要包含应用支撑平台子层和应用服务子层。其中应用支撑平台子层用于支撑跨行业、跨应用、跨系统之间的信息协同、共享、互通的功能。应用服务子层包括智能交通、智能医疗、智能家居、智能物流、智能电力等行业应用。

2. 感知和识别技术

物联网要实现真正的"物物相连"，用于识别物体的电子标签技术（RFID

射频识别）和感知物体的传感器技术至关重要。RFID 是通过空间电磁耦合技术利用射频信号实现无接触信息传递的一项技术，最终能够通过所传递的信息识别物体。传感器是一种检测装置，能感知到被测量的信息，并能将感知到的信息，按一定规律变换成为电信号或其他所需形式的信息输出，以满足信息的传输、处理、存储、显示、记录和控制等要求。

3. 网络通信技术

RFID 射频识别、传感器等信息采集技术为客观存在的物体和虚拟网络之间提供了沟通的桥梁。通过感知和识别技术对物体进行信息采集之后，采集到的信息数据需要通过有线网络或无线网络进行快速、安全的运输，实现自下而上地传输感知信息、自上而下地传输控制指令，从而达到信息的实时交互性。

4. 数据处理技术

由于物联网中包含有大量的传感器节点，在信息采集过程中，每个节点都会提供一定的感知信息，如果这些数据分别进行单独处理将会造成通信带宽和资源的严重浪费，这样势必会大大降低信息收集效率，从而影响数据的实时性。另一方面，物联网规模的迅速增长也给数据处理带来了巨大的压力和挑战。因此利用并行计算（云计算）等智能计算技术来提高数据处理效率无疑是一个较好的解决办法。

5. 信息安全技术

物联网的安全问题和互联网的安全问题同样重要，都是被广泛关注的话题。由于物联网处理的对象主要是人或物的相关数据，其"所有权"特性导致物联网比以"文本"为主的互联网的安全性要求要高，对保护"隐私权"的要求也更高。物联网系统的安全和一般 IT 系统的安全基本一样，主要有以下 8 个属性：读取控制、隐私保护、用户认证、不可抵赖性、数据保密性、通信层安全、数据完整性、随时可用性。

6. 嵌入式系统技术

嵌入式系统技术是综合了计算机软硬件、传感器技术、集成电路技术、电子应用技术为一体的复杂技术。经过几十年的演变，以嵌入式系统为特征的智能终端产品随处可见。嵌入式系统正在改变着人们的生活，推动着工业生产及国防工业的发展。如果把物联网用人体做一个简单比喻，传感器相当于人的眼睛、鼻子、皮肤等感官，网络就是神经系统用来传递信息，嵌入式系统则是人的大脑，在接收到信息后进行分类处理。

7. 物联网与移动互联网、大数据融合关键技术

面向移动终端，重点支持适用于移动终端的人机交互、微型智能传感器、MEMS 传感器集成、超高频或微波 RFID、融合通信模组等技术研究。面向物联网融合应用，重点支持操作系统、数据共享服务平台等技术研究。突破数据采集交换关键技术，突破海量高频数据的压缩、索引、存储和多维查询关键技术，研发大数据流计算、实时内存计算等分布式基础软件平台。结合工业、智能交通、智慧城市等典型应用场景，突破物联网数据分析挖掘和可视化关键技术，形成专业化的应用软件产品和服务。

8. 传感网

传感网的定义：随机分布的，集成了传感器、数据处理单元和通信单元的微小节点，通过自组织的方式构成的无线网络。

9. M2M

简单地说，M2M 是将数据从一台终端传送到另一台终端，也就是机器与机器（Machine to Machine）的对话。但从广义上说 M2M 可代表机器对机器（Machine to Machine）、人对机器（Man to Machine）、机器对人（Machine to Man）、移动网络对机器（Mobile to Machine）之间的连接与通信，它涵盖了所有实现在人、机器、系统之间建立通信连接的技术和手段。

10. 两化融合

两化融合是信息化和工业化的高层次的深度结合，是指以信息化带动工业化、以工业化促进信息化，走新型工业化道路；两化融合的核心就是信息化支撑，追求可持续发展模式。

（二）物联网安全

物联网的安全形态主要体现在其体系结构的各个要素上，主要包括物理要

素、运行要素、数据要素三个方面。物理安全是物联网安全的基础要素，主要涉及感知控制层的感知控制设备的安全，主要包括对传感器及 RFID 的干扰、屏蔽、信号截获等，是物联网安全特殊性的体现；运行安全，存在于物联网的各个环节中，涉及物联网的三个层次，其目的是保障感知控制设备、网络传输系统及处理系统的正常运行，与传统信息系统安全基本相同；数据安全也存在于物联网的各环节中，要求在感知控制设备、网络传输系统、处理系统中的信息不被窃取、篡改、伪造、抵赖等性质，其中传感器与传感网所面临的安全问题比传统的信息安全更为复杂，因为传感器与传感网可能会因为能量受限的问题而不能运行过于复杂的保护体系。物联网除面临一般信息网络所具有的安全问题外，还面临物联网特有的威胁和攻击，相关威胁有物理俘获、传输威胁、自私性威胁、拒绝服务威胁、感知数据威胁等，相关攻击有阻塞干扰、碰撞攻击、耗尽攻击、非公平攻击、选择转发攻击、陷洞攻击、女巫攻击、洪范攻击、信息篡改等。

二、物联网面临的网络安全挑战

物联网是互联网的延伸，所以物联网的安全也是互联网安全的延伸，物联网面临的网络安全挑战既有来自传统互联网的通用安全问题，同时又有自身架构带来的特有性问题。我国物联网产业已拥有一定规模，设备制造、网络和应用服务具备较高水平，技术研发和标准制定取得突破，物联网与行业融合发展成效显著，但我国物联网面临的网络安全挑战依然突出。

（一）通用安全问题

物联网由传统互联网发展而来，继承了传统互联网时代遗留的安全问题，这些问题成为物联网和互联网都存在的通用安全问题，主要包括以下三个方面。

一是终端弱口令。如简单的数字组合、账号相同、键盘邻近键、常见姓名构成的密码、终端设备的出厂默认配置等，黑客利用物联网设备终端弱口令的特点，对物联网设备进行暴力攻击撞库从而获得系统控制权。

二是不安全终端 Web 访问接口。如 HTTP 简单连接、没有数字签名、没有接口验证参数、没有身份验证等不安全 Web，造成信息传输交互易被攻击。

三是不安全网络服务。如恶意 URL、未经用户授权安装应用甚至是木马病毒等，极大破坏了物联网系统的安全。

（二）物联网专有安全问题

物联网专有安全问题主要包含以下五个方面。

一是无线数据传输链路的脆弱性。物联网的数据传输一般借助无线射频信号进行通信，无线网络固有的脆弱性使得系统很容易受到各种形式的攻击。攻击者可以发射干扰信号使读写器无法接受正常电子标签内的数据，或者使基站无法正常工作，从而造成通信中断。此外，无线传输网络还容易导致信号在传输过程中难以得到有效防护，易被攻击者劫持、窃听甚至篡改。

二是网络环境的复杂性。物联网将组网的概念延伸到了现实生活的物品当中，从某种意义上来说，现实生活将建设在物联网中，从而导致物联网的组成非常复杂。主流的物联网应用多采用 MESH 网结构，任一节点被攻击将导致整个网络被攻破，安全防护人员无法保证物联网信息传输的各个环节均不被未知的攻击者控制，其复杂性可以说是安全的最大障碍。

三是无线信道的开放性。为了满足物联网终端自由移动的需要，物联网边缘一般采用无线组网的方式。但是，无线信道的开放性使其很容易受到外部信号干扰和攻击；同时，无线信道不存在明显边界，外部观测者可以很容易监听到无线信号。

四是物联网终端的局限性。一方面，无线组网方式使物联网面临着更为严峻的安全形势，使其对安全提出了更高要求；另一方面，物联网终端一般是一种微型传感器，其处理、存储能力以及能量都比较低，从而导致一些对计算、存储、功耗要求较高的安全措施无法加载。

五是物联网系统的外露性。大量的物联网设备及云服务端直接暴露于互联网，这些设备和云服务端存在的漏洞（如破壳、心脏滴血等漏洞）一旦被利用，可以导致设备被控制、用户隐私泄露、云服务器端数据被窃取等安全问题，甚至会对基础通信网络造成严重的影响。

三、加强物联网安全防护的重要性

物联网作为通信行业新兴应用，在万物互联的大趋势下，市场规模将进一步扩大。随着行业标准完善、技术不断进步、国家政策扶持，我国的物联网产业呈现出良好的发展态势，为经济持续稳定增长提供新的动力。移动互联向万物互联的扩展浪潮，将使我国创造出相比于互联网更大的市场空间和产业机遇。物联网在快速发展的同时，也带来了一系列安全问题，尤其是在线监控设备数量增长迅速，一方面可能会被黑客利用作为海量攻击源；另一方面，隐私泄露、身份伪造、弱口令、漏洞利用等也是物联网自身面临的安全威胁。从物联网的普及程度来看，一旦出现安全性问题，将会对国家网络安全、企业业务安全和用户个人隐私安全造成重大影响，全面加强物联网安全防护势在必行。

在关键信息基础设施防护方面，物联网技术已经在航空航天、装备制造、石油化工、电力运行、市政管理等涉及国计民生的重要行业广泛运用，美国网络瘫痪事件、美国交通指示牌被攻击事件、迈凯伦和特斯拉车联网被攻破事件、成都双流机场无人机黑飞事件、智慧城市安全漏洞事件、VPNFilter 感染全球路由器事件、IoT 设备 Telnet 密码列表遭泄露事件等等，都为政府敲响了警钟，随着国际安全形势的日益严峻，网络空间主权的争夺日趋激烈，黑客利用物联网技术对他国关键信息基础设施的远程攻击形势愈演愈烈，并且日益组织化、产业化，政府有必要在重要行业全面加强物联网安全防护。在企业生产安全和信息安全方面，许多企业，包括工控系统，考虑到升级系统带来的兼容性等影响，仍然使用存在漏洞的主机及系统进行工作，带来非常大的安全隐患。2018 年 8 月，知名芯片代工厂台积电遭遇 WannaCry 病毒入侵，导致三大工厂生产线停摆，预估损失高达约 17 亿元。在这起事件中，最突出的问题便是台积电内网设备没有及时更新安全补丁。因此加强物联网安全防护对保障企业的运营安全具有重要意义。在用户个人隐私保护方面，由于缺乏安全措施保护用户数据安全，导致用户信息泄露十分严重，比如智能玩具泄露 200 万父母与儿童的语音信息、Avanti Markets 自动售货机泄露用户数据等，都是因为用户数据被保存在未经密码保护的公开数据库当中，导致黑客轻易攻破。因此，全面加强物联网产品设备的信息安全管理对用户具有重要意义。

第二节　发展现状

一、物联网安全顶层设计进一步完善

随着网络空间安全形势的日益严峻，全球范围内的物联网安全事件频发引起各国政府的高度重视。2018 年，国务院、工信部、中医药局、卫健委等中央部委在《推进互联网协议第六版（IPv6）规模部署行动计划》《关于深化"互联网＋先进制造业"发展工业互联网的指导意见》《关于加快安全产业发展的指导意见》《智能光伏产业发展行动计划（2018—2020 年）》《促进大中小企业融通发展三年行动计划》《关于推进中医药健康服务与互联网融合发展的指导意见》《进一步改善医疗服务行动计划（2018—2020 年）的通知》中均明确提出

了物联网安全保障的工作要求。

国务院的《推进互联网协议第六版（IPv6）规模部署行动计划》明确提出"支持地址需求量大的特色 IPv6 应用创新与示范，在宽带中国、'互联网 +'、新型智慧城市、工业互联网、云计算、物联网、智能制造、人工智能等重大战略行动中加大 IPv6 推广应用力度。加强 IPv6 环境下工业互联网、物联网、车联网、云计算、大数据、人工智能等领域的网络安全技术、管理及机制研究，增强新兴领域网络安全保障能力。开展 IPv6 环境下工业互联网、物联网、云计算、大数据、人工智能等领域网络安全技术、管理及机制研究工作"。

国务院的《关于深化"互联网 + 先进制造业"发展工业互联网的指导意见》明确提出"到 2020 年，基本完成面向先进制造业的下一代互联网升级改造和配套管理能力建设，在重点地区和行业实现窄带物联网（NB—IoT）、工业过程 / 工业自动化无线网络（WIA—PA/FA）等无线网络技术应用；初步建成工业互联网标识解析注册、备案等配套系统，形成 10 个以上公共标识解析服务节点，标识注册量超过 20 亿"。

工信部、应急部、财政部、科技部的《关于加快安全产业发展的指导意见》明确提出"在规范发展安全工程设计与监理、标准规范制订、检测与认证、评估与评价、事故分析与鉴定等传统安全服务基础上，积极发展安全管理与技术咨询、产品展览展示、教育培训与体验、应急演练演示等与国外存在较大差距的安全服务，重点发展基于物联网、大数据、人工智能等技术的智慧安全云服务"。

工信部、住建部、交通部、农业农村部、能源局、国务院扶贫办的《智能光伏产业发展行动计划（2018—2020 年）》明确提出"运用互联网、大数据、人工智能、5G 通信等新一代信息技术，推动光伏系统从踏勘、设计、集成到运维的全流程智能管控。加大信息技术应用，通过大数据、物联网等技术手段实现光伏扶贫数据采集、系统监控、运维管理的智能化"。

工信部、国家发改委、财政部、国资委的《促进大中小企业融通发展三年行动计划》明确提出"实施中小企业信息化推进工程，推动大型信息化服务商提供基于互联网的信息技术应用。推广适合中小企业需求的信息化产品和服务，提高中小企业信息化应用水平。鼓励各地通过购买服务等方式，支持中小企业业务系统向云端迁移，依托云平台构建多层次中小企业服务体系。推动实施中小企业智能化改造专项行动，加强中小企业在产品研发、生产组织、经营管理、安全保障等环节对云计算、物联网、人工智能、网络安全等新一代信息技术的集成应用"。

中医药局的《关于推进中医药健康服务与互联网融合发展的指导意见》明确提出"基于移动互联网、物联网开展划价缴费、报告查询、健康咨询、药品配送、随访等便捷服务""鼓励养老机构应用基于物联网、移动互联网的便携式体检、紧急呼叫监控等设备，向老年人提供中医药养生保健、医疗、康复、护理的线上商务、线下实体服务，采集、存储和管理老年人体征和行为监测、健康档案、慢性病管理、中医养生保健等数据，推动中医特色养老服务信息化发展""落实《网络安全法》和信息安全等级保护制度，重视云计算、大数据、物联网、移动互联网、人工智能等技术应用带来的安全风险，加强信息基础设施安全防护，完善信息共享、数据利用等安全管理和技术措施"。

卫健委、中医药局的《进一步改善医疗服务行动计划（2018—2020年）的通知》明确提出"以'互联网+'为手段，建设智慧医院。医疗机构加强以门诊和住院电子病历为核心的综合信息系统建设，利用大数据信息技术为医疗质量控制、规范诊疗行为、评估合理用药、优化服务流程、调配医疗资源等提供支撑；应用智能导医分诊、智能医学影像识别、患者生命体征集中监测等新手段，提高诊疗效率；应用互联网、物联网等新技术，实现配药发药、内部物流、患者安全管理等信息化、智能化"。

二、物联网安全技术研究多点开花

物联网安全技术是保障物联网健康快速发展的基石，近年来，物联网安全技术研究进展迅速呈现多点开花的局面，多种传统的信息安全技术与物联网技术相结合，极大程度保证了物联网系统的信息安全。

一是网络防火墙技术。无线射频技术是物联网最主要的支撑技术，绝大部分RFID电子标签在接收到阅读器的查询指令时会自动应答，而不会向其所有者发出警告信息。由于RFID无线电波可轻易穿透建筑物和金属，网络防火墙技术将RFID电子标签数据库和其他信息系统及数据库隔离开来，只允许已经授权的用户查询标签信息，未授权用户将被阻止读取信息，从而有效降低物联网设备的攻击风险。

二是加密技术。物联网的RFID电子标签被非法读取时，储存于标签里的信息会被窃取或篡改，个人的位置和行为轨迹也会被监控。高级加密算法在RFID电子标签和读写器之间建立安全通信，提高破解和伪造RFID电子标签的难度，从而保证物联网信息采集层的安全性。同时，消费品识别标签领域采用的加密解锁标签技术，通过在RFID标签中安装一次性开关，消费品被出售时自动闭合开关，确保RFID标签中存储的信息不被非法采集，从而保证消费品信息的安全。

三是密钥管理和认证技术。物联网采用先进的密钥管理和认证技术，可以有效保护物联网的传感器网络节点之间的信息安全。物联网的密钥管理和认证技术采用基于 Internet 的集中管理模式，以 Internet 为核心的集中管理模式由可信任的互联网认证中心负责密钥的生成、分发、更新管理，进行身份认证和信息认证。例如，物联网感知层的各种传感器通过网络进入 Internet，互联网认证中心能与传感器网络进行交互认证，从而保证物联网中传感器节点的信息安全管理和认证。

除了加强物联网传统安全技术研究外，基于区块链、人工智能、物联网融合技术的研究也竞相迸发。2018 年，我国区块链行业相关公司注册 3000 多家，全球范围内数字货币超 1500 种，总市值达 7000 亿美元。与此同时，我国迎来了以一个智能终端作为中枢控制，连接所有家用电器的智能生活时代，从 PC 端到移动端再到现在的万物互联，物联网技术的应用几乎覆盖了所有行业。物联网技术借助区块链应用于实体，再结合人工智能技术，万物互联的时代即将到来。于是，深度结合人工智能的物联网区块链项目（简称"深物链"）在不断研发。深物链将区块链、物联网、人工智能等技术相结合，把传统物联网设备中的模块栈换成支持以太坊协议的模块，设备即可接入深物链。设备无须大的调整和更改，厂商也无须做太多改动，但是设备的后台技术已经升级成了区块链技术，验证、加密、设备分享、设备配置，全都是使用区块链的核心技术。在此基础上，深物链将传统的物联网升级成去中心化的区块链物联网，所有搜集到的数据在后台的人工智能大数据平台处理后再呈现给用户，加强了物联网系统的安全性、可靠性、稳定性。

三、物联网安全标准研制工作实现突破

我国政府将物联网定义为国家战略性新兴产业，"十三五"规划、工业 4.0 等一系列国家发展规划都以物联网作为重要基点。由于我国物联网的研究起步较晚，在相关政策法规和标准化制定方面，经历了漫长的推进过程。直到 2018 年，我国始终在积极推动物联网的建设和发展，已发布的物联网安全标准包括物联网安全的通用模型、数据传输、终端安全、网关等方面的内容，在传感网、通信网也有相应的安全标准，并且有相当一部分标准已成为国际标准，比如 NB-IoT 标准核心协议、TRAIS-X 物联网安全协议关键技术、NEAU-TEST 近场通信安全测试技术等。但我国还没有明确提出针对物联网安全方面的相关标准，从覆盖面上看，还未能满足全方位安全保障的要求，缺乏系统规划和针对物联网安全新特性、新需求的标准。

2018 年 12 月 28 日，全国信息安全标准化技术委员会归口的 27 项国家标准正式发布，涉及物联网安全的内容包括相关的参考模型及通用要求、感知终端应用安全、感知层网关安全、数据传输安全、感知层接入通信网安全等，具体标准分别为 GB/T 37044—2018《信息安全技术　物联网安全参考模型及通用要求》、GB/T 36951—2018《信息安全技术　物联网感知终端应用安全技术要求》、GB/T 37024—2018《信息安全技术　物联网感知层网关安全技术要求》、GB/T 37025—2018《信息安全技术　物联网数据传输安全技术要求》、GB/T 37093—2018《信息安全技术　物联网感知层接入通信网的安全要求》。这五项国家标准从 2019 年 7 月 1 日开始实施，给设备厂商、服务提供商、安全企业等开展物联网相关工作提供了技术要求和参考规范。自此，物联网安全有关政策法规逐步健全，IoT 安全从此有据可循。我国下一步更要健全完善物联网安全标准体系，加快推动相关技术标准落地实施，并配合物联网安全新技术研究和应用，进一步促进物联网产业健康良性发展。

第三节　面临的主要问题

一、关键核心技术基础薄弱，高端产品研发能力不强

核心技术是物联网产业发展的重要支撑，我国物联网关键核心技术仍显不足，高端产品研发能力不强，产业生态竞争力不强。推动物联网产业升级与发展的大部分核心技术，包括 RFID 关键技术、传感器关键技术、云计算技术、关键设备制造技术、智能通信与控制技术、海量数据处理技术等，大多为发达国家所掌握，或者原始创新能力与发达国家存在较大差距。同时，物联网技术应用成本过高，难以将技术推广应用。我国企业与研究机构需要突破核心技术瓶颈，加大企业研发投入，提高创新能力，完善创新体系。

二、物联网产业链薄弱，物联网与行业融合不足

物联网产业链主要包括芯片与技术提供商、应用设备提供商、系统集成商、软件与应用开发商、网络提供商、运营商及服务提供商、用户等环节。我国物联网产业链还不够完善，产业链的上、中、下游企业发展不平衡。传感器、FRID、芯片厂商等上游企业规模普遍偏小，层次偏低，核心技术仍缺乏。中游的中间件、应用开发等企业的职能划分不清晰，各企业往往要面临多领域同时着手、提供全套方案的难题，不利于企业的专业化、精尖化发展。从物联网

产业链上最初的设备到最后的应用终端,电信运营商起着承上启下的关键作用,产业链上的其他环节相对薄弱。同时,物联网与行业融合发展在一定程度上有待进一步深化,成熟的商业模式仍然缺乏,部分行业存在管理分散、推动力度不够的问题,发展新技术新业态面临跨行业体制机制障碍。

三、物联网产业的领域、区域发展不平衡

从现阶段的发展来看,行业应用将成为未来几年物联网产业发展的主要方向。我国已在很多领域开展了一系列试点和示范项目,如智能交通、城市安防、智能物流、节能环保、医疗卫生、精细农牧业和公共安全等。由于技术标准、行业保护及产品不成熟等因素,一些领域内的物联网项目出现了周期长、回报低和评估不全面等问题,另外,也出现了一些忽视行业实际需求与技术实力不匹配而盲目开发的现象。

物联网产业在我国的发展存在地域差别。信息产业较为发达的省市纷纷制订物联网产业发展规划,打造特色产业集群,而中西部地区的产业基础相对较弱,相关应用需求较少,物联网产业的发展也相对缓慢。物联网产业发展的不平衡,直接导致了全国物联网产业布局的不平衡。物联网产业集群密集分布在东部沿海经济发达地区,形成一个个分散的"信息孤岛",而物联网产业发达地区之间的合作交流、协同创新较少,发达地区对周边不发达地区的引领、带动作用也较为有限。

四、数据隐私和物联网安全问题仍然突出

物联网安全问题威胁用户隐私保护,冲击关键信息基础设施安全,网络与信息安全形势依然严峻,设施安全、数据安全、个人信息安全等问题亟待解决。智能家居设备部署在私密的家庭环境中,一旦设备存在的漏洞被远程控制,将导致用户隐私完全暴露在攻击者面前。例如,智能家居设备中摄像头的不当配置(默认密码)与设备固件层的安全漏洞可能导致摄像头被入侵,进而引发摄像头采集的视频隐私遭到泄露。早在 2017 年 11 月,Check Point 研究人员表示 LG 智能家居设备存在漏洞,黑客利用该漏洞可以完全控制用户账户,然后远程劫持 LG SmartThinQ 家用电器,包括冰箱、干衣机、洗碗机、微波炉、吸尘机器人等,通过私自开启智能家居的监控或录像功能,获取用户大量隐私信息。同时,当物联网控制现实生活中电器运行时,如果缺乏足够的安全机制和防护措施,不但会导致用户的隐私被泄露,甚至物联网很可能成为国内外各种敌对势力肆意活动的场所。

第八章

移动互联网安全

第一节　概述

一、相关概念

（一）移动互联网

移动互联网是指互联网的技术、平台、商业模式和应用与移动通信技术结合并实践的活动总称。4G 技术与以智能手机为代表的智能终端的广泛应用极大地推动了移动互联网的发展。移动互联网主要涉及以下几类重要概念：一是通过社交网络平台开展电商活动的社交化电商，如各类微商等；二是不同类型的移动互联网商业模式，如 O2O、B2B、B2C、C2C 等；三是近距离无线通信技术，如 NFC、蓝牙等；四是 LBS，即通过运营商网络、GPS 定位等技术提供位置信息服务；五是 VR、AR 等新兴的人工智能技术。移动互联网的应用已深入到我们的日常工作、生活、社交等各个方面。

（二）移动互联网安全

移动互联网与传统互联网及通信网络相比，终端、网络结构、业务类型等都已发生了重大变化，在带来极大便利的同时，也带来了更多的安全威胁。移动互联网主要面临以下几个方面的安全威胁。

一是移动智能终端问题，新型手机、平板电脑、智能可穿戴设备等层出不穷，智能终端功能日益强大，能够提供通信、搜索、支付、办公等多样化的服务。因此，由智能终端"后门"、操作系统漏洞、API 开放、软件漏洞等所带来的安全威胁不断增多。

二是接入网络安全。传统有线网络传输具有等级保护和边界防护等安全机制，而移动互联网更加扁平、开放，网络边界不再明显，传统安全措施的防护能力大大下降。而且，由于移动互联网增加了无线接入和大量的移动通信设备，以及 IP 化的电信设备、信令和协议存在可被利用的软硬件漏洞，接入网络面临着新的安全威胁，例如通过破解空中接入协议非法访问网络等。

三是应用及业务安全威胁。移动互联网业务是指与网络紧密绑定的、向用户提供的服务，随着移动互联网应用日渐广泛，移动互联网的业务提供、计费管理、信令控制等都面临着严峻的安全威胁，主要包括 SQL 注入、拒绝服务DDoS 攻击、非法数据访问、非法业务访问、隐私敏感信息泄露、移动支付安全、恶意扣费、业务盗用、强制浏览攻击、代码模板、字典攻击、缓冲区溢出攻击、参数篡改等。而对于移动应用，可导致信息泄露的攻击面则在与日俱增，例如使用不安全的通信协议、使用不安全的加密算法、应用提交数据时未对目标域名进行校验、无断网和网络异常提示等应用程序漏洞是引发信息泄露的风险来源。

二、移动互联网安全面临严峻挑战

（一）网络支付存在诸多风险

网络支付主要面临数据传输与信息泄露的风险。短信验证码被劫持、短信支付密码被破译、客户真实身份验证都是支付应用的主要技术难题。当手机仅仅用作通信工具时，相关账户密码保护相较而言优先级并不高，但当做支付工具时，短信验证码劫持，病毒挂马等问题都可能会造成用户财产损失。

据 360 互联网安全中心统计显示，2018 年全年共截获移动端新增恶意程序样本约 434.2 万个，平均每天新增约 1.2 万个，新增恶意程序类型主要有资费消耗（63.2%）、隐私窃取（33.7%）和恶意扣费（1.6%）等。中国银联表示，通过社交网络平台、欺诈 APP 软件、恶意二维码等进行诈骗的案件频发，移动支付安全已经成为用户最担心的问题之一。中国支付清算协会表示，移动支付风险正逐渐成为主要支付风险类型，并呈现出隐蔽性、复杂性、交叉性等新趋势，移动手机端发生的账户盗用和欺诈呈现高发态势，给用户资金造成了严重损失。

2018 年 8 月初，"截获短信验证码盗刷案"在网上引起人们关注。手机有时无缘无故地收到短信验证码，但是本人并未进行任何操作，但是支付宝或银行卡的钱却被转走。这是一种新型伪基站诈骗，利用"GSM 劫持 + 短信嗅探技术"，犯罪分子可实时获取用户手机短信内容，进而利用各大知名银行、网站、移动支付 APP 存在的基础漏洞和缺陷，实现信息窃取、资金盗刷和网络诈骗等。

（二）钓鱼挂马网站在移动端持续增长

网络钓鱼是一种通过网络进行诈骗的手段。因为通常是用一个诱饵来欺骗用户，比如一个恶意网站，吸引不知情的用户点击进入而上当受骗，这和现实生活中的钓鱼活动相似，所以叫作网络钓鱼。随着移动互联网的高速发展，很多网站都开发了针对移动设备优化的网站，部分客户在使用过程中，极有可能误点进入"李鬼"网站。

据 360 互联网安全中心统计显示，2018 年全年，360 的 PC 端与移动端共为全国用户拦截钓鱼网站攻击约 369.3 亿次，其中移动端拦截量约为 28.8 亿次，占总拦截量的 7.8%，平均每日约拦截 787.4 万次。在移动端钓鱼网站拦截类型中，赌博色情网站比重最高，为 93.3%。其他包括境外彩票（4.1%）与诈骗（2.6%）某网站。据 360 金融研究院携手 360 集团联合发布的《2018 智能反欺诈洞察报告》显示，以移动网络为"温床"的金融诈骗，呈现受骗报案量占比高、受骗金额高、受害者低龄化的"两高一低"趋势。报告数据显示，2018 年 360 手机卫士先赔接到的诈骗举报投诉案件中，金融诈骗损失金额占比高达 35%，报案量在全部诈骗类型中占比 14.9%。腾讯发布的《2018 年手机安全报告》显示，腾讯手机管家在 2018 年共拦截恶意网站次数达 5554.07 亿次。

（三）通信信息诈骗亟待整治

据 360 互联网安全中心统计结果显示，在骚扰电话方面，从拦截量上看，2018 年全年，360 手机卫士共为全国用户识别和拦截各类骚扰电话约 449.3 亿次，平均每天识别和拦截骚扰电话约 1.2 亿次；360 手机卫士标记各类骚扰号码约 1.21 亿个，平均每天被用户标记的各类骚扰电话号码约 33.2 万个。360 手机卫士先赔共接到手机诈骗举报 7716 起，其中诈骗申请为 3380 起。在垃圾短信方面，2018 年全年，360 手机卫士共为全国用户拦截各类垃圾短信约 84.0 亿条，平均每天拦截垃圾短信约 2301.4 万条，对诈骗短信做进一步分类，其中广告推销最多，占比为 98.7%，诈骗短信占比 0.8%，违法短信占比 0.5%。腾讯发布的《2018 年手机安全报告》显示，2018 年腾讯手机管家用户举报的垃圾短信高达 18.21 亿条，举报骚扰电话 3.70 亿次。垃圾短信中诈骗短信占比为 2.81%，用户举报数量高达 5109.37 万条，而诈骗电话举报量为 6137.04 万个，用户平均每月标记 511.42 万个诈骗电话。

（四）公民隐私信息泄露严重

相较传统互联网时代，移动互联网的高速发展使得个人隐私泄露的途径更加复杂，泄露原因更加多样。个人隐私窃取泄露有三大风险原因：木马病毒、恶意网址和风险 WiFi。

第一种，木马病毒。手机应用市场蓬勃发展，大量 APP 端也是潜藏大量木马病毒风险的聚集地，勒索类恶意软件、新型挖矿类恶意软件等影响极为严重，轻则遭遇广告骚扰，如手机频繁出现广告弹窗，重则可能会窃取用户的个人信息，造成财产损失，此前曾有用户因感染木马病毒，导致银行卡内存款被盗刷。

第二种，恶意网站。一些打着色情和博彩类的名义诱导用户访问的恶意网站，极容易造成账号密码丢失或者隐私信息泄露等。

第三种，风险 WiFi。风险 WiFi 包括未加密、未经验证的低风险 WiFi 和以 ARP 攻击为主的高风险 WiFi。公共场所下的公共 WiFi 热点属于未加密、未经验证的低风险 WiFi，不法分子搭设风险 WiFi，以免费 WiFi 名义诱导用户连接，给隐私安全和财产安全带来隐患。腾讯发布的《2018 年手机安全报告》显示，2018 年公共 WiFi 数量近 7.37 亿，而风险 WiFi 占比高达 46.08%；以 ARP 攻击为主的高风险 WiFi 主要存在于局域网环境中，如果一台计算机感染 ARP 木马，则感染该 ARP 木马的系统将会试图通过"ARP 攻击"手段截获所在网络内其他计算机的通信信息，造成大范围的信息泄露。

三、移动互联网的安全具有重要意义

移动互联网已广泛应用在人们生产生活中的方方面面，无论是国家、企业还是个人都面临着无法回避的信息安全挑战，保卫移动互联网安全具有重要意义。

对于个人用户，个人银行卡、信用卡、通讯录、账号密码、相册照片、地理位置等隐私信息大量存储在智能终端中，伪基站、恶意软件等导致用户隐私信息泄露、通话被窃听、信息被盗用等情况日益严重，个人信息、隐私和财产安全在移动端受到严重威胁。2018 年全年，360 互联网安全中心共截获移动端新增恶意软件样本约 434.2 万个，平均每天新增约 1.2 万个。新增恶意软件类型主要为资费消耗，占比高达 63.2%；其次为隐私窃取（33.7%）、恶意扣费（1.6%）、流氓行为（1.2%）、远程控制（0.3%）。累计监测移动端恶意软件感染量约为 1.1 亿人次，平均每日恶意软件感染量约为 29.2 万人次。尤其 2018 年恶意软件使用了多种新技术，分别是利用调试接口感染传播，首次出现 Kotlin 语言开发的恶意软件，劫持路由器设置，篡改剪贴板内容，滥用 Telegram 软件协议，恶意软件适配高版本系统及针对企业和家庭的网络代理攻击。2018 年 10 月支付宝检测到部分苹果用户的 ID 绑定的支付工具遭到资金损失。因此，全面加强用户移动端安全防护能力刻不容缓。

对于企业用户，智能手机、平板电脑等设备在工作中逐渐普及，大量的企业经营信息通过移动互联网传输，由于企业自身防护力度不够，移动互联网安全问题引发的企业商业秘密被窃取、商业活动被破坏情况不断出现，数据泄露给广大企业和用户造成的损失不可估量。例如：金融行业信息泄露隐患严重，2018 年度金融类应用数量约为 14 万款，较年初增幅超过 20%，同时金融行业由于其业务的特殊性及敏感性，也是我国信息安全重点关注行业。Testin 云测安全实验室 2018 年度累计扫描金融应用 36742 款，共发现漏洞 1102160 个，平均每个金融应用存在 30 个漏洞；电商行业应用因涉及线上交易等业务且与用户账户资金密切相关，往往易成为黑灰产行业攻击对象，恶意刷券、虚假注册套取平台奖励等事件屡见不鲜，一旦应用潜在的漏洞隐患被加以非法利用，造成的损失将难以估量。2018 年度经由 Testin 云测漏洞扫描引擎扫描的 80796 款电商应用中，共发现漏洞 3071250 个，其中高危漏洞 1074587 个，所占比例高达 35%，最为严重，平均每个电商应用存在 38 个漏洞。生活服务类应用同时也是安全事件爆发的重灾区，恶意插件、恶意病毒窃取隐私信息、信息打包倒卖等行为频发不止，存在的漏洞数量最多，2018 年度扫描的 81258 款生活服务类应用共发现漏洞 3490097 个，平均每个应用存在 43 个漏洞，安全缺口数量远高于行业平均水平。

对于国家，由于通过移动互联网传输个人、企业乃至政府大量信息，有些信息被存储在云中，通过窃取信息或者依靠云计算能力进行大规模分析，可以获取国家经济、社会各个方面的重要信息，而 GPS 全球卫星定位技术在移动互联网中的广泛应用，致使不法组织机构可以通过对重点和特殊用户进行定位，获取一些安全保密的基础信息，多数用户会允许软件 APP 获取自己的地理位置等信息，这就为精准广告轰炸、精准诈骗提供了便利条件，造成严重的社会问题。

第二节 发展现状

一、相关政策标准陆续出台

一是移动互联网安全的政策体系不断完善。网络安全是事关国家安全的重大战略问题，2014 年 2 月，成立了中央网络安全和信息化领导小组，习近平总书记提出"没有网络安全就没有国家安全，没有信息化就没有现代化"。我国网络安全领域的基本法律《中华人民共和国网络安全法》于 2017 年 6 月 1 日正式施行，相关配套规定，比如《关键信息基础设施安全保护条例》《个人信息和重要数据出境安全评估办法》《网络产品和服务安全审查办法》等规范性文件，以及《数据出境安全评估指南》《个人信息安全规范》《关键信息基础设施网络安全保护基本要求》等规定指导性文件，正在陆续制定和发布，国家网络空间治理在法治化轨道上一步步地留下了坚实的足迹。2019 年 2 月 1 日，全国信息安全标准化技术委员会发布了《信息安全技术 个人信息安全规范（草案）》，面向全社会公开征求意见。本次规范于 2018 年 12 月开始修订工作，距离 2018 年 5 月正式实施过半年，该规范已经被各个行业和企业在数据合规工作中广泛采用，为企业落地《网络安全法》提供了良好的实践指引，也成为监管部门管理和执法的重要参考依据。更为重要的是，本次修订也是对于过去两年《网络安全法》执法成果的回应，结合了 2017 年、2018 年的隐私评审工作成果，并总结了近一年来规范适用中的经验，对市场上比较集中的几类违反个人信息保护原则的现象，如过度收集用户个人信息，强制授权、"一揽子授权"等突出问题提出了相应的合规标准。

二是持续开展移动互联网治理专项行动。《网络安全法》正式实施，为打击网络犯罪提供了有力的法律保障。国家层面高度重视打击网络犯罪，维护网络安全，各部委联合组织了多个专项行动全面治理网络乱象。2019 年 3 月 12 日至 2019 年 4 月 12 日在全国范围内组织开展"第十八次计算机病毒和移动终端病毒疫情调查报告"，由公安部网络安全保卫局指导，国家计算机病毒应急处理中心主办。调查显示，2018 年我国计算机病毒感染率和移动终端病毒感染率均呈现上升态势。网络安全问题呈现出易变性、不确定性、规模性和模糊性等特点，网络安全事件发生成为大概率事件，信息泄露、勒索病毒等重大网络安全事件多有发生。在利益的驱使下，更多领域的犯罪分子投入到了"挖矿"病毒与勒索病毒领域，为扩大传播范围、对抗安全产品的检测，病毒持续更新迭代，导致病毒数量的增长和感染率的提升。针对网络生态问题频发、各类有害信息屡禁不止等突出问题，国家网信办于 2019 年 1 月正式启动网络生态治理专项行动，持续开展 6 个月，分为启动部署、全面整治、督导检查、总结评估 4 个阶段，对各类网站、移动客户端、论坛贴吧、即时通信工具、直播平台等重点环节中的负面有害信息进行整治。

二、技术应用不断发展

用户对移动互联网产品的安全性愈发重视，移动网络运营商、智能终端制造商、应用服务提供商等都不断进行技术和应用创新，努力提高产品的安全性。

在终端安全方面，2018 年 9 月 15 日，国内企业通付盾自主研发的行业首款便携式智能终端安全检测产品——"鹰眼"全新升级发布，此次升级从设备服务方式、用户体验、检测效率、结果处理等方面进行了全面优化，为用户提供更加灵活、稳固、方便、高效的用户个人信息安全防护能力。

在移动操作系统方面，国内企业努力打破国外操作系统技术垄断。例如，华为公司于 2019 年 8 月 9 日正式发布"鸿蒙"操作系统。众所周知的是，安卓系统有 root 权限，用户可以完全掌控经过 root 之后的安卓系统。而鸿蒙则没有 root 这一选项。鸿蒙基于微内核技术的可信执行环境，通过形式化方法显著提升了内核的安全等级，全面提升全场景终端设备的安全能力。微内核可以把每一个单独加锁，不可能一个钥匙攻破所有地方。而外核的相互隔离更加安全也更加高效。

在应用方面，企业将先进身份认证技术结合到具体应用，以提升应用安全性。例如，北京数字认证股份有限公司推出的可信身份解决方案，针对不同业务方式提供兼容 PC 和移动终端认证方案、多认证方式组合认证方案、设备认证方案、多业务应用环境认证方案、远程开户认证方案、多 CA 证书认证方案等。

三、产业规模持续扩大

随着移动互联网的高速发展，移动应用服务（以下简称"APP"）已成为互联网重要的信息传播渠道和公众服务平台，据工信部数据显示，2018 年年底我国移动应用数量达 449 万，应用数量净增 42 万。而截至 2018 年 11 月底，我国移动互联网用户总数达 13.9 亿，我国手机上网用户数达 12.6 亿，自 2018 年下半年起维持稳定，市场用户增量基本饱和。大量的用户基数及与日俱增的市场规模，为不法分子及恶意攻击等行为提供了前提条件。据中国人民银行发布的《2018 年支付体系运行总体情况》报告统计数据显示，移动支付业务交易笔数持续稳定增长，2018 年移动支付业务 605.31 亿笔，金额 277.39 万亿元，同比分别增长 61.19% 和 36.69%；第三方研究机构易观发布的《中国第三方支付移动支付市场季度监测报告 2018 年第 4 季度》数据显示，2018 年第四季度，中国第三方支付移动支付市场交易规模达 47.2 万亿元。伴随着移动互联网产业的持续快速增长，我国移动互联网安全产业也迅速崛起并不断扩大，2018 年移动平台黑灰产业生态也发展起来，根据结构划分为流量获取分发、流量变现盈利和数据信息安全三个方面。2018 年是信息泄露严重爆发的一年，诸如用户隐私信息在暗网公开售卖、上市公司窃取用户隐私牟利超千万元、数十亿公民虹膜扫描和指纹信息外泄、新生婴儿信息非法倒卖等事件屡见不鲜。

四、安全协同共治业态逐渐形成

移动互联网安全问题并非单个企业、机构所能解决的，需要政府、行业协会、开发者、终端企业、安全服务提供商、应用商店、消费者等多方面的共同努力。

在政府层面，我国已经构建了移动互联网安全监测平台，例如：国家互联网应急中心（CNCERT）组织通过监测与共治，加强恶意程序防控，营造安全应用开发、传播的良好环境；国家信息安全漏洞共享平台（CNVD）实时监控移动互联网漏洞，2018 年全年共发现应用漏洞 118957 个。据 Testin 云测安全实验室发布的《2018 年度移动应用安全报告》称对 2018 年度扫描的 573652 款应用分析后共计发现漏洞 10794512 个，仅有 0.3% 的应用不存在漏洞，平均每个应用存在 19 个漏洞，其中 20% 属于高危漏洞，39% 属于中危漏洞，41% 属于低危漏洞。2018 年 12 月，上海警方成功捣毁一个利用网上银行漏洞非法获利的犯罪团伙，这个团伙发现某银行 APP 软件中的质押贷款业务存在安全漏洞，遂使用非法手段获取了 5 套该行的储户账户信息，在账户中存入少量金额后办理定期存款，后通过技术软件成倍放大存款金额，借此获得质押贷款，累计非法获利 2800 余万元。

在行业协会层面，中国互联网协会反病毒联盟（ANVA）发起了"移动互联网应用自律白名单"行动，推动 APP 开发者、应用商店、终端安全软件企业共同打造"白应用"开发、传播、维护的良性循环。

在开发者层面，APP 开发者逐渐对二次打包应用不再冷漠，对盗版、破解应用已经尝试使用法律武器维护自己的合法权益。

在终端企业层面，智能终端提供商已经逐渐提高操作系统维护频度，及时修补重大系统漏洞，并减少出厂捆绑软件数量。

在安全服务提供商层面，很多企业已经组建了开放的移动安全平台和移动安全漏洞播报平台，如百度手机卫士通过开放接口，接入应用商店、开发者、垂直领域（银行、支付、游戏）等产业链条上的各参与方，提供支付安全保护、骚扰拦截、病毒查杀及漏洞检测三大移动安全技术。

在应用商店层面，各大主流应用商店正逐渐提高 APP 内容与安全审核，防止再度出现类似苹果 X-code 开发工具污染情况，严格把控上架软件产品质量，对包含恶意后门、非法篡改的软件及时下架并通知用户。

在消费者层面，主流消费者移动安全意识已经较去年有显著提高，iOS 用户已经逐渐接纳付费购买高质量安全软件的商业模式，iOS 系统越狱现象大幅下降；安卓用户在下载软件时也逐渐选择国内主流大型应用商店，下载前认真核实软件发布者。在日常使用过程中，定期使用手机杀毒软件进行系统杀毒和隐私清理。

第三节　面临的主要问题

一、相关法律法规需进一步完善

《国家网络安全法》对企业保障用户安全、网络安全都进行了明确规定。相关部门应制定符合各地实际的网络安全等级法规，将网络信息安全管理的相关条例精细化并予以落实，给违法企业及个人以强有力的威慑。我国还没有专门针对移动互联网信息安全的法律法规，没有明确界定移动互联网相关各方的职责范围、责任主体。同时移动互联网业务涉及领域众多，存在多个部门对移动互联网进行监管及职责交叉等问题。因此，需要制定针对移动互联网的法律法规，在法律层面界定移动互联网使用者、接入服务商、业务提供商、监管者的权利和义务，加强应用商店、终端厂商的安全管理和日常监督监测，落实安全责任。

二、核心技术受制于人

尽管我国的智能终端产量和用户量都居世界之首，但不论是处理芯片、操作系统，还是移动通信网络的制式、技术体制和标准及其生态环境等核心技术都未能实现自主可控，Apple、三星等国际大牌在我国的移动智能终端市场依然占据大量的份额，智能终端操作系统被谷歌安卓和 Apple iOS 等垄断，核心处理芯片市场被高通、Intel、AMD 等占据。对我国网络空间安全造成巨大隐患，我国急需研发出拥有自主知识产权的核心硬件产品，开发出通用、易用的操作系统，以实现我国网络安全强国目标，更好地保障我国数亿网民的上网安全。

三、个人信息保护力度不够

移动互联网的高速发展给人们的工作和生活带来了极大的便利，如"互联网＋"助推下的滴滴专车、拼车等网约车服务方便了人们的出行，但伴随着众多 O2O 应用及大数据等新技术的爆发式发展，平台运营商可以随时随地在用户不知情的情况下搜集、抓取、分析日常行为数据，这使我们逐渐成为"透明人"，与此同时，接二连三的个人隐私泄露事件也成为网络晴朗天空中的一朵乌云，不时给人们的互联网生活投下阴影。刚刚发布的《中华人民共和国网络安全法》及《关于促进移动互联网健康有序发展的意见》虽然从顶层设计层面提到了保护用户的个人隐私数据安全，但仍急需一部专门的个人信息保护法律明确相关各方的数据保护责任、政府部门协调联动机制、违法处罚力度等。只有通过政府、社会、行业企业的共同努力，全面提高用户个人隐私保护力度，才能提升普通用户的移动互联网使用信心。

第九章

工业互联网安全

2017 年，我国出台了《工业控制系统信息安全事件应急管理工作指南》《工业控制系统信息安全防护能力评估工作管理办法》《工业控制系统信息安全行动计划（2018—2020 年）》《国务院关于深化"互联网＋先进制造业"发展工业互联网的指导意见》和《"十三五"信息化标准工作指南》等多项政策法规，继续推动工业控制系统信息安全（以下简称"工控安全"）保障体系建设，工业控制系统信息安全政策环境进一步优化；GB/T 26804.7—2017《工业控制计算机系统　功能模块模板　第 7 部分：视频采集模块通用技术条件及评定方法》标准正式发布，《信息安全技术　工业控制系统安全管理基本要求》《信息安全技术　工业控制系统安全分级指南》《信息安全技术　工业控制系统风险评估实施指南》等 9 项标准进入报批阶段，工业控制系统信息安全领域的标准建设取得了突破性进展；在网信办、工信部和公安部等主管部门统筹指导下，全国各地的工信主管部门开展了多种形式的工控安全防护检查工作，稳步推进工业控制系统信息安全监管能力和水平；工控安全领域各协会、联合会、联盟等行业组织组织召开了各种形式的企业座谈会、研讨会，积极推动工控安全发展，工业控制系统信息安全产业实力得到提升。2018 年被业界称为工业互联网"元年"，由于工业互联网能解决工业中的痛点问题，从而提升生产效率，使其成为振兴实体经济的重要抓手。工业互联网近些年逐渐在全球均受到了各主要国家的高度重视。工信部发布《关于加强工业互联网安全工作的指导意见（征求意见稿）》（以下简称《指导意见》）向社会公开征询意见，该文件的目的是为了贯彻落实《国务院关于深化"互联网＋先进制造业"发展工业互联网的指导意见》，加快构建工业互联网安全保障体系，护航制造强国和网络强国战略实施。

第一节　概述

一、工业互联网相关概念

（一）工业互联网内涵

工业互联网是互联网和新一代信息技术与工业系统全方位深度融合所形成的产业和应用生态，是工业智能化发展的关键综合信息基础设施，是制造业数字化、网络化、智能化的重要载体。其本质是以机器、原材料、控制系统、信息系统、产品及人之间的网络互联为基础，通过对工业数据的全面深度感知、实时传输交换、快速计算处理和高级建模分析，实现智能控制、运营优化和生产组织方式变革[①]。

工业互联网可以从网络、数据、安全三方面来理解。网络是基础，即通过物联网、互联网等技术实现工业系统的互联互通，促进工业数据的充分流动和无缝集成；数据是核心，即通过工业数据全周期的感知、采集和集成应用，形成基于数据的系统性智能，实现机器弹性生产、运营管理优化、生产协同组织与商业模式创新，推动工业智能化发展；安全是保障，即通过构建涵盖工业全系统的安全防护体系，保障工业智能化的实现。

工业互联网涉及工业控制系统、工业大数据等诸多技术应用，为便于理解，我们给出相关概念定义如下：

工业控制系统，也称工业自动化与控制系统，是由计算机设备与工业过程控制部件组成的自动控制系统，是工业生产中所使用的多种控制系统的统称。国际自动化协会（ISA）与 IEC/TC65/WG 整合后发布 IEC 62443《工业过程测量、控制和自动化网络与系统信息安全》将工业控制系统定义为"对制造及加工厂站和设施、建筑环境控制系统、地理位置上具有分散操作性质的公共事业设施（如电力、天然气）、石油生产及管线等进行自动化或远程控制的系统。"典型工业控制系统包括数据采集与监视控制系统（SCADA）、分布式控制系统（DCS）、可编程逻辑控制器（PLC）、远程终端单元（RTU）、安全仪表系统（SIS）等。

工业云，是以云计算、物联网、大数据等新一代信息技术为基础，结合"资源及能力整合"的业务手段，汇集各类加快新型工业化进程的成熟资源，面向工业企业，通过网络将弹性的、可共享的资源和业务能力，以按需自服务方式

---

① 中国工业互联网产业联盟，《工业互联网体系架构报告（版本 1.0）》，2016 年 8 月。

供应和管理的新型服务模式[①]。

工业大数据，泛指工业领域中的数据，包括围绕客户需求、设计、研发、制造、销售、服务、回收等整个产品全生命周期各环节所产生的各类数据，按其主要来源分为内部数据和外部数据。其中，内部数据包括生产经营相关业务数据和设备物联数据；外部数据主要来自企业外部互联网，包括市场预测等与工业企业生产经营活动相关的数据。

（二）工业互联网框架

工业互联网的核心是基于全面互联而形成数据驱动的智能体系，其中包括网络、平台、安全三大功能体系，如图9-1所示。

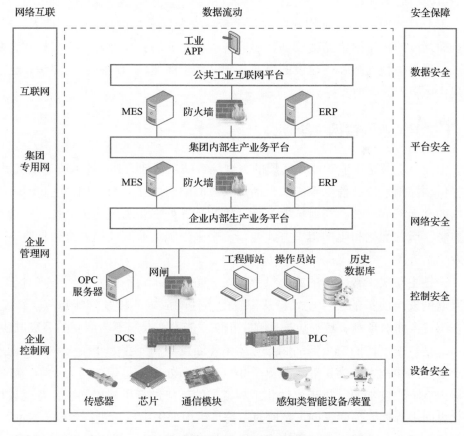

图 9-1　工业互联网框架图

（资料来源：赛迪智库网络安全研究所）

---

① 国家工业信息安全发展研究中心，工业信息安全发展报告（2017—2018）。

网络体系实现网络互联，是数据流动的基础。工业互联网将工业系统各元素相连，实现生产设备、控制系统、工业物料、工业产品和工业应用等的泛在互联，数据在其中的无缝传递，形成工业数据跨系统、跨网络、跨平台流通。

平台体系为数据汇聚、建模分析、资源调度、监测管理等提供支撑，是数据流动的载体。工业互联网通过平台汇聚工业生产、制造、管理、销售等各环节的设备、系统、数据等资源，对资源部署与生产管理进行动态优化，提升生产制造的高效化、智能化水平。

安全体系识别和抵御风险，是数据流动的前提和保障。工业互联网的信息安全保障覆盖工业设备、网络、平台和数据各层面，涉及工业控制系统安全、工业网络安全、工业大数据安全、工业云安全等相关内容，是工业企业生产安全的重要组成部分。

工业互联网通过系统构建网络、平台、安全三大功能体系，打造人、机、物全面互联的新型网络基础设施，形成智能化发展的新兴业态和应用模式，是推进制造强国和网络强国建设的重要基础，是全面建成小康社会和建设社会主义现代化强国的有力支撑。

（三）工业互联网安全

工业互联网是工业智能化发展的关键综合信息基础设施，其本质是以机器、原材料、控制系统、信息系统、产品及人之间的网络互联为基础，通过对工业数据的全面深度感知、实时传输交换、快速计算处理和高级建模分析，实现智能控制、运营优化和生产组织方式变革。未来中国工业互联网安全包括以下六个发展趋势：

一是主动式、智能化的威胁检测与安全防护技术将不断发展。未来对于工业互联网安全防护的思维模式将从传统的事件响应式向持续智能响应式转变，旨在构建全面的预测、基础防护、响应和恢复能力，抵御不断演变的高级威胁。

二是自主可控的安全产品和服务体系不断发展和完善。基于大数据处理的工业态势感知技术成为工业大数据采集、存储、处理和呈现的有力武器，能够对标识态势、攻击源、攻击事件和工控资产的态势进行可视化展示，并通过可视化界面进行数据关联查询，及时对工控环境中的未来风险进行预测、预防。

三是工业互联网安全标准将逐步推出并引导安全产业发展。2018 年，很多部门包括 AII 联盟标准组、CCSA 标准组及国标相关部门，都已经对工业互联网的标准提出了体系化的建设意见，并已经着手编撰相关标准。

四是内生安全防御成为未来平台发展的重点。在工业领域，尤其是控制系统、现场设备及其之间采用了专用的工业协议，这些协议设计之初最初主要考虑功能实现及实时性保证，安全性较弱，从而给攻击者以可乘之机。

五是设备上云、数据采集与互通逐步推进并形成安全方案。工业设备上云作为一种先导性、引领性、示范性应用，将牵引工业互联网平台技术和商业模式的迭代升级，带来工业互联网平台的功能演进和规模商用。

六是跨部门、跨行业、跨平台信息共享和联动处置机制推进。随着我国工业互联网的发展，将有大量的工业企业接入公共互联网。

二、工业互联网面临的安全挑战

（一）互联互通扩大安全边界，网络攻击路径不断增加

工业互联网安全边界模糊，边界安全防护困难重重。随着工业互联网的深入发展，业务通道间的信息壁垒被打通，导致工业网络与企业内网和互联网的界限越来越模糊，工业控制系统的采集执行层、现场控制层、集中监控层、管理调度层以及企业内网和互联网等都有可能成为网络攻击的潜在发起点，大大增加了工业互联网的受威胁面，给边界安全带来极大挑战。此外，互联互通也为木马、病毒等传统网络安全威胁向工业互联网渗透提供了可能。

（二）系统漏洞数量猛增，极大推高安全风险

近年来，工控系统漏洞数量持续快速增长，对业务连续性、实时性要求较高的工业控制系统造成了极大的安全威胁，极大推高了工业互联网的安全风险。据国家信息安全漏洞共享平台发布的数据显示，截至 2019 年 1 月，与工业控制系统相关的漏洞数量高达 1877 个，涉及国内外厂商 120 个，其中，公开漏洞所涉及的工业控制系统厂商排名前四的分别为西门子（占比 39.84%）、铂勒睿斯（占比 32.05%）、研华科技（占比 15.93%）和罗克韦尔（占比 6.41%），均为国际著名的工业控制系统生产厂商。从漏洞等级来看，将近八成为高、中危漏洞，其中，高危漏洞高达 907 个（占比 33.07%），中危漏洞为 1163 个（占比 42.4%），低危漏洞仅 461 个（占比 16.81%）。

（三）广泛采用传统 IT 产品，引入更多安全隐患

随着工业互联网的快速发展，能源、石化、电力等关键信息基础设施领域

的工业系统越来越多地使用通用的操作系统、芯片、数据库和服务器。但是，这些开放和通用的技术和产品存在大量的漏洞，为恶意攻击者利用已有的入侵工具实施攻击创造了条件。典型的是，2010 年的震网病毒事件，攻击者利用了微软 Windows 操作系统的多个漏洞，实现了病毒在工程师站和操作站之间的持续传播。早在 2008 年，美国 NSA 的"量子"项目就实现了借助安装在电脑中的微电路板以及 USB 连接线等装置发送秘密无线电波传递情报，成功对离线的计算机进行监控。2018 年 1 月，谷歌安全团队披露的"熔断""幽灵"漏洞，波及 Intel、AMD 等厂商的 CPU 产品，导致任何云租户或不法分子可利用漏洞获取跨虚拟机企业的其他用户资料，对工控系统、云服务平台及工业互联网平台造成严重影响。

（四）组织化网络攻击日益猖獗，网络安全事件连年攀升

近年来，针对工业互联网的网络攻击逐步由个人或黑客团体发起的"零星攻击"上升为国家支持的"组织化攻击"。据专家分析，美国和以色列的情报部门是"震网"、Duqu 等一系列针对工控系统的木马、病毒的幕后黑手，俄罗斯支持的黑客组织也被认为是蜻蜓病毒和乌克兰电网受攻击事件的始作俑者。据美国工业控制系统应急响应小组（ICS-CERT）的统计报告显示，从 2009 年到 2015 年，美国关键基础设施公司报告的网络安全事件的数量急剧上升。2009 年，经过 ICS-CERT 确认的网络安全事件仅有 9 起；但 2010 年，这个数字上升到 41 起；2011 年和 2012 年，经确认的网络安全事件均达到了 198 起；2013 年和 2014 年，该数字又有上升，超过了 250 起；2015 年，这个数字已经上升到 295 起。2016 年，ICS-CERT 处理的网络安全事件也达到了 290 起。制造、通信和能源行业是网络攻击的重灾区，据 ICS-CERT 公布的数据显示，关键制造业（63 起）、通信行业（62 起）和能源行业（59 起）发生的网络安全事件占全部网络安全事件数量的 60% 以上。急剧增多的网络攻击事件，严重威胁着工业互联网的安全。

三、加强工业互联网安全保障能力的重要意义

作为新一代信息技术与制造业深度融合的产物，工业互联网正在成为新工业革命的关键支撑和深化"互联网 + 先进制造业"的重要基石，工业互联网安全成为推进制造强国和网络强国建设的重要前提和保障。工业互联网一旦遭到破坏，轻则可能造成人员伤亡、环境污染、停产停工等严重后果，重则将严重

威胁经济安全、政治安全和社会稳定，甚至是国家安全。随着"震网""乌克兰电网遭遇网络攻击"及"以色列电力局的网络攻击事件"等一系列工业互联网安全事件的发生，越来越多的国家已经充分意识到确保工业互联网安全的重要性。众多工业互联网网络攻击的案例也已经充分证明，通过对工控系统实施定向网络攻击，从而导致一个国家的关键信息基础设施全面瘫痪是可行并且十分可能的。因此，我国十分有必要建立、健全工业互联网安全防护体系，进一步增强工业互联网安全保障能力。

第二节　发展现状

一、工业互联网安全政策环境显著优化

我国高度重视加强工业互联网安全顶层设计。2018年6月，工信部印发《工业互联网发展行动计划（2018—2020年）》（工信部信管〔2018〕188号），将"初步建立工业互联网安全保障体系"作为推进工业互联网发展的重要目标，并提出要"出台工业互联网安全指导性文件，健全安全管理制度机制""初步建立工业互联网全产业链数据安全管理体系""推动加强国家工业互联网安全技术保障手段及数据安全防护技术手段建设"等。7月，工信部印发《工业互联网平台建设及推广指南》（工信部信软〔2018〕126号），强调制定完善工业信息安全管理的政策法规，建设国家工业信息安全综合保障平台，强化企业平台安全主体责任，以完善工业互联网平台安全保障体系。12月，工信部发布《工业互联网网络建设及推广指南》（工信部信管〔2018〕301号），明确提出加强网络资源管理和安全保障，指导相关企业在进行网络化改造的同时落实网络安全标准相关要求，提升标识解析顶级节点、二级节点的安全防护能力。

二、工业互联网安全相关法律法规逐步完善

我国加快工业互联网安全相关法律法规出台步伐，致力于建立健全工业互联网安全法律体系。2018年6月，公安部发布《网络安全等级保护条例（征求意见稿）》。作为《网络安全法》的重要配套法规，《保护条例》对网络安全等级保护的适用范围、各监管部门的职责、网络运营者的安全保护义务及网络安全等级保护建设提出了更加具体、操作性也更强的要求，并强调网络运营者应当按照网络安全等级保护制度要求，采取措施，管控云计算、大数据、人工智能、物联网、工控系统和移动互联网等新技术、新应用带来的安全风险，消除安全

隐患。

三、工业互联网安全标准体系加速形成

2018 年，我国工业互联网安全领域的标准建设取得了重大进展。在国家标准方面，GB/T 36323—2018《信息安全技术　工业控制系统安全管理基本要求》、GB/T 36324—2018《信息安全技术　工业控制系统信息安全分级规范》、GB/T 36466—2018《信息安全技术　工业控制系统风险评估实施指南》、GB/T 36470—2018《信息安全技术　工业控制系统现场测控设备通用安全功能要求》4 项工业互联网安全相关国家标准已于 2018 年 6 月 7 日正式发布，并于 2019 年 1 月正式实施。《信息安全技术　工业控制系统安全防护技术要求和测试评价方法》《信息安全技术　工业控制系统网络审计产品安全技术要求》等 5 项国家标准也在加速研制过程中。在联盟标准方面，工信部正在加快编制工业信息安全标准体系建设指南，并于 2018 年 2 月指导工业互联网产业联盟发布了《工业互联网安全总体要求》《工业互联网平台安全防护要求》等联盟标准。

四、工业互联网安全产业实力快速提升

2018 年，我国工业互联网安全产业实力得到快速提升，企业技术实力不断增强，产品和服务种类不断增多，产值规模持续增加。

一是工信部等行业主管部门积极支持工业互联网安全技术产业发展。2018 年 6 月，工信部通过 2018 年工业互联网创新发展工程遴选出 29 个工业互联网安全项目落地实施。

二是工业互联网安全领域的行业协会、联盟等组织积极推动工业互联网安全发展。在 2019 年 2 月 21 日至 22 日召开的 2019 工业互联网峰会上，中国信息通信研究院华东分院等 25 家单位获全国首批工业互联网安全测评机构资质，未来将开展工业互联网安全测评工作，帮助工业企业提升相关安全水平。

三是相关科研机构、企业正在积极建设工业互联网安全试验验证、监测预警、检测评估、攻防测试、安全公共服务等产品和平台，引领工业互联网安全防护能力不断提升。蓝盾推出基于人工智能的工控安全平台，具备强大的智能分析、深度学习和决策进化能力；威努特发布工业安全大数据产品——生产安全集中监测平台，实现工控安全异常发现、问题定位和事件通告等；新华三发布鹰视 2.0 系统，能敏锐感知网络连接、主动识别接入设备，实现物联网的便捷、高效、合规保证。

第三节　面临的主要问题

一、工业互联网安全政策法规有待完善

2018 年，我国工业互联网相关政策密集出台，发展环境持续优化。为深入贯彻落实国务院《关于深化"互联网＋先进制造业"发展工业互联网的指导意见》，工信部发布了《工业互联网发展行动计划（2018—2020 年）》《工业互联网专项工作组 2018 年工作计划》《工业互联网平台建设及推广指南》《工业互联网平台评价方法》《工业互联网 APP 培育工程方案（2018—2020 年）》。但是，我国工业互联网安全发展的指导性政策文件仍缺乏，我国工业互联网安全管理相关的法律法规也存在较大缺失。如缺乏对工业互联网安全责任主体的划分和界定；缺乏指导开展工业互联网网络安全审查的制度文件，难以防范由不安全可控的工控设备引发的工业互联网安全风险。

二、工业互联网安全标准规范体系缺失

工业互联网要对工厂内外的各种物品与服务进行联网，那么，通信方式、数据格式等许多内容都需要标准化。如今，在国际标准化舞台上，美国、德国、日本等发达国家之所以能够长期保持主导地位，是因为有强大的制造业综合实力，而我国在国际标准化舞台上仍然扮演"听众"角色，侧面反映了我国制造业整体水平与国外存在的差距。我国制造业在产品设计和生产流程控制方面一直比较薄弱，缺少标准化思维，更缺少国际标准化的思维。在《工业互联网综合标准化体系建设指南》的指导下，需要针对主要问题，强化顶层设计和政策引导，加强组织协调和协同管理，狠抓标准研制与应用评测，完善保障体系和配套政策，探索出一条具有中国特色的工业互联网标准化道路，为支撑网络强国和制造强国建设、支撑经济高质量发展、促进经济社会全面发展提供重要基础和关键支撑。

三、工业互联网安全监管能力尚需加强

首先，我国工业互联网安全监管支撑队伍力量不足，缺乏技术过硬的工业互联网安全研究人员，难以支撑开展大范围、常态化的安全检查，大量工控系统、平台、设备等的信息安全隐患长期存在。

其次，我国工业互联网安全监管技术支撑能力不足，工业信息安全信息报送平台、在线监测平台等共性技术支撑能力建设尚未完成，工业互联网安全信

息共享能力还需提升；工控系统仿真测试、威胁预警等工业互联网安全相关的威胁和漏洞检测技术能力建设尚处于起步阶段，漏洞分析、芯片级硬件安全分析、态势感知、协议分析等技术能力明显不足。

四、公共服务平台支撑能力尚待强化

我国已在工业互联网顶层规划设计、网络体系构建、平台培育建设、安全能力强化、软硬件核心技术攻关、新型基础设施部署、与传统产业融通发展等领域同步发力，在各方面的共同努力下，成效较为显著，形成良好开局。

针对强化提升工业互联网公共服务能力，建设公共服务平台：第一是建设工业数据管理服务平台；第二是建设工业互联网评估服务平台；第三是建设工业互联网产业监测服务平台；第四是建设工业互联网检测认证服务平台。

五、工业互联网安全保障能力有待提升

一方面，现有的安全产品和技术措施，无法完全覆盖工业互联网安全需求，难以有效防范工业互联网安全威胁。工业互联网安全包括设备安全、控制安全、网络安全、平台安全、数据安全等方面，在网络安全、数据安全方面，传统网络安全工作多有涉及，但仍需结合工业互联网特性进一步完善升级相关安全防护手段。在设备安全、控制安全、平台安全等方面，受限于工业互联网架构中的通信和计算资源，传统安全防护设备可能不再适用。

另一方面，工业互联网安全产业支撑能力比较薄弱。工业互联网安全基础研究不够，颠覆性安全技术有待突破，安全防护策略尚不完善；安全产品国产化程度低，产业生态还未建立健全；工业互联网安全教育和培训力度不足，专业安全技术人才缺失。

第十章

区块链安全

　　继大数据、云计算、物联网、人工智能之后，区块链技术已成为业内公认的又一颠覆性的新兴技术，并被一些国家列为国家级战略发展技术。随着技术不断地积累和发展，越来越多的中国城市开始鼓励区块链产业落户并引入初步的区块链创业支持政策。与此同时，相对成熟的外资市场也在不断完善区块链衍生品加密数字货币的相关规定。安全问题一直是信息化社会的主旋律，随着区块链技术的广泛应用，区块链领域的安全问题日益突出，与区块链相关的欺诈、盗窃、传销等社会安全问题逐渐凸显。合同机制的自然缺陷和发展过程中产生的漏洞正逐步成为犯罪分子的攻击点。由于区块链具有去中心化、匿名性等特点，区块链在资本行业被大量应用，其中用于投资的情况也越来越多。由于这一系列功能和场景的结合，随之而来的各种类型的攻击已经开始出现，比如之前的区块链底层安全技术研究被曝光，越来越多的虚拟货币被盗、交易所被攻击等事件。这些只是被曝光的一部分，随着区块链技术价值的增加，所面临的安全威胁将更加严重。

　　随着区块链的经济价值持续上升，一些不法分子利用各种攻击手段获取更多敏感数据、盗窃虚拟货币，区块链安全形势变得更加严峻。据了解，在 2018 年上半年，网络安全公司 Carbon Black 价值约 11 亿美元的数字加密货币被盗，而且全球区块链安全事件造成的损失仍在上升。

　　区块链技术自身尚处于快速发展的初级阶段，面临的风险不仅来自外部实体的攻击，也有可能来自内部参与者的攻击，应对区块链技术的安全特点和缺陷，需要围绕物理、数据、应用系统、密钥、风险控制等构建安全体系。与此同时，区块链技术的普及应用对数据存储、数据传输和数据应用等多个方面的安全和隐私保护带来了全新的挑战。

第一节　概述

一、概念与内涵

（一）区块链

区块链的概念起源于 2008 年年末中本聪（Satoshi Nakamoto）发表在比特币论坛中的论文 Bitcoin: A Peer-to-Peer Electronic Cash System。区块链的定义可从狭义和广义两个维度来阐述。从狭义上来说，区块链是一种按照时间顺序将数据区块以链条的方式组合成特定数据结构，并通过密码学方式保证数据不可篡改和不可伪造的去中心化的互联网公开账本。从广义上来说，区块链是利用链式数据区块结构验证和存储数据，利用分布式的共识机制和数学算法集体生成和更新数据，利用密码学保证了数据的传输和使用安全，利用自动化脚本代码（智能合约）来编程和操作数据的一种全新的去中心化的基础架构与分布式计算范式。

区块链是分布式存储、共识机制、点对点通信、加密算法等计算机技术在互联网时代的创新应用模式，区块链数据由所有节点共同维护，每个参与维护节点都可通过复制获得一份完整记录的拷贝，可以实现在没有中央权威机构的弱信任环境下，分布式地建立一套信任机制，保障系统内数据公开透明、可溯源和难以被非法篡改。

区块链的发展主要经历了两个阶段，即以比特币为代表的区块链 1.0 和以智能合约为代表的区块链 2.0，现在正逐步走向区块链 3.0 阶段。根据区块链参与对象可以将区块链划分为三类，分别是公有链、联盟链和私有链。根据区块链的服务架构可以将区块链划分三类，分别是基础链、许可链、BaaS 平台。

（二）区块链安全

根据区块链的整体架构部署，可以将区块链安全分为三个维度：应用服务的安全性、系统设计的安全性（包含智能合约和共识机制）、基础组件的安全性（包含网络通信、数据安全和密码学）。以下分别从这三个维度提供区块链安全性的简要说明。

1. 应用服务的安全性

区块链的应用层包含了各种复杂的业务场景和业务逻辑，为用户提供各类应用服务，容易成为被攻击对象。突出的安全问题包括：数字钱包安全、应用软件漏洞、被植入病毒程序风险、使用安全等。

2. 区块链系统设计的安全性

尽管区块链系统本身提供了许多安全机制，但如果设计不合理，则仍有可能被利用和攻击。例如，共识机制的不恰当设计可能会导致诸如分叉和双花攻击等问题；智能合约实施逻辑的漏洞可能会导致非法交易合法化问题。

智能合约本质上是一份代码程序，难免会有因为考虑不周导致出现漏洞的情况。如果在发布一份智能合约之前，没有进行大量的模糊测试与白盒审计，那么就很可能受到攻击。另外合约虚拟机运行在区块链的各个节点上，接受并部署来自节点的智能合约代码，若虚拟机存在漏洞或相关限制机制不完善，很可能运行来自攻击者的恶意的智能合约。比如虚拟机在发现数据或代码不符合规范时，可能会对数据做一些"容错处理"，这就导致可能会出现一些逻辑问题，最典型的是"以太坊短地址攻击"。

共识机制赋予了区块链技术灵魂，使它与其他的 P2P 技术存在差异。常用的共识机制有 PoW（工作量证明机制）、PoS（权益证明机制）、DPoS（股份授权证明机制）等，然而它们也存在一定的缺陷。比如 PoW 共识机制容易产生分叉，需要等待多个确认，存在算力的消耗与浪费；PoS 共识机制没有最终一致性，仍需要完善。

3. 基础组件的安全性

区块链系统提供了芯片增强安全、硬件钱包、非对称加密算法、分布式账本等基本组件以确保其安全性。一些公司也积极为可信的执行环境提供解决方案，例如 Intel 公司的 SGX 解决方案。基本组件的安全风险可以分为：网络安全（信息传播）、加密安全（身份验证加密）和数据存储安全（记录）。

区块链的信息传播主要依赖于其点对点传输的特性，采用 P2P 式的网络架构，寻找合适的节点进行信息传播。P2P 网络依赖附近的节点来进行信息传输必须互相暴露对方的 IP，若网络中存在一个攻击者，就很容易给其他节点带来安全威胁。中心化的网络组织中心的安全性是极高的，即使暴露也不会有太大问题。但去中心化的公链网络节点可能是云服务器，也可能是普通家庭 PC 等，其安全性参差不齐，其中必有安全性较差的节点，对其进行攻击将直接威胁节点的安全。

加密技术作为一个区块链整体的支柱，其安全性显得尤为重要，例如前些年所流行的 MD5 和 sha1 摘要算法，已经证明其安全性不足，现在不能被商用。公认的高强度加密算法在经过长时间的各方面实践与论证后，虽然已被大家所认可，但不代表其不存在漏洞、不可被破解。

随着时间的推移，区块数据可能会指数级增长（节点之间恶意频繁交互），也可能会呈线性增长，这主要取决于此区块链应用的设计。依赖现有的计算机存储技术，区块数据若发生爆炸式增长，可能导致节点无法容纳或者使区块链运转缓慢等问题，从而使稳定运行的节点越来越少，从而越趋于中心化，引发区块链危机。

二、区块链面临的安全挑战

随着区块链技术在各个行业的不断应用，区块链面临的安全挑战主要来源于两个方面。一方面，其共识机制、私钥管理、智能合约等存在的技术局限性和漏洞是一项重大挑战。例如，2018 年 3 月，Binance 交易所遭到网络攻击，造成约 4.2 亿元的损失；2018 年 5 月，EOS 智能合约曝出严重安全漏洞，攻击者可利用漏洞控制和接管其上运行的所有节点等。

另一方面，区块链去中心、自治化的特点给现有网络和数据安全监管手段带来了新的挑战（如 GDPR 中关于数据主体、数据删除权的要求）。区块链安全问题也引起了政界、业界和研究界的广泛关注。全球主要国家和地区纷纷聚焦区块链安全，并在政策指导、加强监督和技术应对方面做出回应。

第二节 发展现状

一、国际区块链安全发展现状

（一）区块链安全问题日益突出

《区块链产业安全分析报告》显示，自 2011 年到 2018 年 4 月，全球范围内因区块链安全事件造成的损失多达 28.64 亿美元。损失金额从 2017 年开始呈现出指数级上升的趋势，仅 2018 年前四个月，损失金额就高达 19 亿美元。

随着数字货币的价值得到市场的认可以及各种数字货币的出现，数字货币交易平台也随之出现。从数字货币攻击事件来看，数字货币被盗金额从几百万美元到几千万美元不等，2018 年 1 月，日本一家大型数字货币交易平台甚至发生了超过亿万美元的被盗事件，层出不穷的区块链平台攻击事件也从侧面反映出，随着区块链热度的增加，区块链安全问题也日益突出。

各类安全事件的频繁发生，给区块链在新模式下的应用管理敲响了警钟。从 2018 年起，以电子存证、电子发票等为代表的行业落地项目逐渐增多，区块链将向垂直行业深入融合，并逐步形成各个行业区块链应用的生态圈。在落地项目快速推进的同时，区块链在节点权限控制、私钥管理、智能合约代码漏洞、共识机制的选择等方面仍有诸多安全隐患。

有机构统计发现，自 2011 年到 2018 年 9 月，智能合约和业务应用的安全事件所占比重一直稳定在 90% 以上，但进入 2018 年后，由于智能合约的快速应用，其对应的安全事件所占比重呈现出一定的上涨态势。智能合约的应用还处在初级阶段，难以保证合约编写的规范性和严谨性，智能合约的开发和审计都缺乏行业标准，成为区块链安全风险的"重灾区"。

（二）持续推进区块链安全标准化

在区块链技术的发展过程中，区块链各技术分支和应用领域发展程度不均衡，缺乏统一的概念术语、架构及测评标准，技术和机制特性给法律和监管带来挑战，在不同程度上对技术的发展应用和产业化形成了阻碍。围绕技术架构规范、开发规范、身份认证等相关标准化、合规化问题，国际标准化组织和开源组织已开始启动区块链安全标准化工作，规范区块链技术的应用发展。ITU、ISO、W3C、GSMA、IRTF/IETF 等国际标准化组织已在区块链技术参考架构、智能合约安全等相关方面开展了大量的标准化工作，如表 10-1 所示。

表 10-1　安全标准化相关工作

分　　类	组织名称	相关工作
国际化标准组织	ITU	同步推进区块链技术安全和场景安全分析相关议题
	W3C	聚焦从细分技术层面创建安全规范的区块链标准
	ISO	设立多个研究组和工作组，推进区块链安全标准研究
	GSMA	关注区块链技术在通信和安全领域应用
	IRTF/IETF	研究区块链安全和隐私保护技术方案
开源组织和联盟	以太坊	发布了以太坊开发指南、fabric 协议规范等，提出区块链开源框架、开发规范等，指导用户安全开发区块链相关程序，推动区块链技术的安全发展和应用
	R3 CEV	
	Hyperledger-fabric	

二、我国区块链安全发展现状

（一）区块链安全产品和服务前景可期

由于我国区块链发展多集中于行业应用模式的探索，多数区块链技术开发者、平台运维者、用户等安全意识普遍较低，区块链安全产品和服务的需求驱动尚不明显。尤其是中小企业、创业团队等受人财物等资源的限制，开发和项目管理人员往往不具备专业的区块链安全知识，更鲜有设置专门的区块链安全管理和技术人员从事安全开发控制、安全测试和安全管理相关工作。多种因素导致我国区块链安全产品和服务市场尚未形成规模。

随着近年来区块链平台、应用、智能合约安全事件频发，国内已有企业开始注意到区块链安全问题。一方面，传统安全企业、安全团队逐渐开始布局区块链安全，在智能合约漏洞挖掘、区块链产品代码审计、业务安全监测等方面不断开展相关实践，致力于提升区块链产品应用安全水平和抗攻击能力；另一方面，部分企业和研究机构也在开始探索"区块链＋网络安全"的应用模式，致力于发掘区块链技术在提升数据安全存储、认证安全性等方面的应用价值。

（二）区块链安全政策指导

随着区块链安全问题的逐渐显现，在推动技术发展和应用落地的同时，我国在政策制定中也开始注意到区块链安全问题，针对区块链安全威胁描述、安全体系构建、安全应对建议等方面加强指导。2016 年 10 月，工信部信软司发布《中国区块链技术和应用发展白皮书》，明确指出了区块链技术面临的安全挑战与应对策略，针对区块链技术的安全特性和缺点，从数据安全、密钥安全、应用系统安全、物理安全、风控机制等五方面描绘了区块链安全体系的架构。

2018 年 5 月，工信部信息中心发布《中国区块链产业白皮书》，进一步分析了底层的代码安全性、密码算法安全性、共识机制安全性、智能合约安全性、数字钱包安全性等区块链面临的安全问题，梳理了通过技术手段、代码审计等方式提供安全服务的典型企业，并针对性地提出了各项应对措施。

在地方性的政策层面上，我国各地政府积极响应国家号召，高度重视区块链技术在当地的发展，积极推动应用落地，对区块链安全的重视程度也不断提升，逐渐将区块链安全作为保障区块链发展不可或缺的重要元素加以强化引导。2016 年 12 月，贵阳发布《贵阳区块链发展和应用》白皮书，提出通过区块链建立可信安全的数字经济，加强互联网治理，解决传统模式下数据与隐私保护难等问题。北京、深圳、上海、南京等市也相继出台政策，鼓励在金融领域开展对区块链等新兴技术的研究探索。

（三）区块链安全标准制定

为防范区块链技术应用过程面临的一系列安全风险，引导规范区块链平台、系统等相关产品的开发和部署，我国在国家标准、行业标准、产业联盟标准等不同层面上全面推进区块链安全标准化工作，致力于促进区块链技术的安全、有序和长效应用。

我国区块链安全标准化工作主要集中在安全体系架构、应用和平台安全要求等方面。其中，在国家标准方面，TC26016 的 WG517 致力于规范基于区块链的审计信息基础设施的设计和建设，以应对审计记录篡改、敏感信息泄露等安全威胁；TC26016 的 WG718 通过研究区块链应用安全管理的原则、角色、模型，提出区块链应用安全管理的内容，制定区块链应用安全管理的基本控制措施。在通信行业标准方面，区块链安全标准化工作主要由 CCSA TC8 WG420 负责推进，聚焦区块链安全，开展实施包括区块链开发平台网络与数据安全技术要求、区块链数字资产存储与交互防护技术规范等标准项目，以及基于区块链技术的数字证书管理技术研究、区块链平台安全机制与协议研究等研究项目。

第三节 面临的主要问题

从安全角度来看，主流的区块链技术架构包含六个层级：网络层、数据层、共识层、激励层、合约层和应用层，相应安全问题可分为六大类。

一、密码学

密码学是区块链底层的支撑技术，区块链基于的算法主要是公钥算法和哈希算法，其安全性来源于数学难度，相对是安全的。但是随着高性能计算和量子计算的发展和商业化，所有的加密算法均存在被破解的可能性，如果这些密码学技术存在问题或者漏洞，那么基于此的整个区块链构建的信任将会坍塌。虽然密码学技术已经颇为成熟，存在巨大漏洞的可能性比较小，但是仍然不能排除有些项目存在问题。

2017 年 7 月 15 日，具有"物联网世界第一币"之称的 IOTA 收到了麻省理工学院附属的学术研究组 DCI 的邮件，提醒 IOTA 团队，IOTA 的哈希算法 Curl-P 存在弱点，DCI 可以对该系统进行成功的攻击，窃取用户资金。虽然 IOTA 随后对 DCI 的邮件进行了质疑和反驳，也没有用户因为此漏洞而发生资金被盗的情况，但这一事件引起了大家对 IOTA 和其他项目在密码学技术安全上的关注。

二、私钥的生成、使用与保护

用户参与区块链的凭证是一对公私钥，每个人通过区块链产生交互行为的前提就是他拥有安全的私钥，并且能保管好自己的私钥。区块链无法篡改，不可伪造，计算不可逆的特点就是建立在私钥安全的前提之下的。但是针对密钥的攻击层出不穷，一旦用户使用不当，造成私钥丢失，就会给区块链系统带来危险。2018 年 7 月，EOS 就因私钥生成工具存在安全隐患，创建的私钥被黑客发现漏洞，并实施"彩虹"攻击，导致账户数字资产被盗，造成上千万美元的数字资产损失。

三、节点系统安全漏洞

在区块链的编码及节点系统中，不可避免地会存在一些安全漏洞。如果针对这些漏洞展开的攻击日益增多，这对区块链的应用和推广会带来极大的影响，比如区块链节点不能存在缓冲区溢出等传统的安全漏洞。另外，区块链节点的实现要能忠实地正确实现区块链的共识协议；节点不能暴露不该暴露的 API 接口，导致黑客可以无障碍地获取一些节点关键信息。无论是以太坊还是 EOS 都曾经被曝出过比较严重的安全漏洞。

四、底层共识协议

市场上主流的区块链共识协议有以下几种：POW、POS、DPOS、PBFT。底层共识协议决定了区块链整个架构是否可信，以及能不能真正做到形成一个具有共识的区块链。现在真正被证明安全的共识协议并不多，因为共识协议本身无论从理论还是从技术实现上都不简单。而经过长时间验证的共识协议是比较安全的，比如比特币的 POW。 共识协议有一个不可能实现的三角关系：安全、去中心化和效率，这三者只能同时实现两个。如果追求效率，要么牺牲去中心化，要么牺牲安全。一个区块链系统的共识协议是否安全，这个问题至关重要。理论上，基于底层共识协议创建的所有数字货币都存在 51% 算力攻击风险。2018 年上半年，就有至少 4 种数字货币分别受到了 51% 算力攻击，分别是 Monacoin、Bitcoin Gold、Verge 和 Electroneum，给用户造成数千万美元的损失。

五、智能合约

智能合约是一套以数字形式定义的承诺（promises），包括合约参与方可以在上面执行这些承诺的协议。任何参与方都能在应用层创建合约，也就是所谓的 DApp（去中心化应用），这也是出现安全问题最多的地方。智能合约的安全隐患包含在三个方面：第一，是否有漏洞，合约代码中是否有常见的安全漏洞；第二，是否可信，没有漏洞的智能合约不一定就安全，合约要保证公平可信；第三，是否符合一定规范和流程，由于合约的创建要求以数字形式来定义承诺，所以如果合约的创建过程不够规范，就容易留下巨大隐患。

市场上很多智能合约均存在安全漏洞问题，比如，6 月 3 日，安比实验室（SECBIT）发现 Ethereum 上出现 81 个合约带有相同错误，ERC20 Token 合约中的 transferFrom 函数存在巨大隐患，一旦部署后就会出现问题，将造成不可挽回的损失；6 月 6 日，安比实验室（SECBIT）发现 ERC20 代币合约 FXE 由于业务逻辑出现漏洞，任何人都可以随意转出他人账户中的 Token，Token 随时面临彻底归零风险。

六、激励机制设计

要使智能合约完成协作，通常需要设计相应的经济激励机制。经济激励是区块链技术里面非常有突破性的一个概念。一个真正健康有活力的区块链生态，需要一个很好的激励机制。如果经济激励设计得不够安全，生态就可能无法建立，比如典型的类庞氏游戏，这一点需要特别警惕。

政策法规篇

第十一章

2018 年我国网络安全重要政策文件

第一节 《2018 年教育信息化和网络安全工作要点》

一、出台背景

近年来，教育行业网络攻击事件频发，与高考入学、考生信息泄露相关的网络诈骗案件屡屡曝光，安全值公司发布的《2017 年教育行业网络安全报告》显示，重点高校面对的要挟相对较大，互联网风险不容忽视；该行业发现 605 个 CVE 安全漏洞，19% 机构受到影响；42% 机构遭 DDOS 拒绝服务攻击，其中重点高校成为黑客的主要目标。严峻的挑战促使其网络安全工作地位快速上升，也催生了相关文件的出台。2018 年 2 月 11 日，教育部办公厅印发《2018 年教育信息化和网络安全工作要点》(本节以下简称《工作要点》)。

二、主要内容

《工作要点》第八部分和第九部分围绕网络安全提出了很多具体举措，在第八部分"提升网络安全人才培养能力和质量"中提出。

一是要加强网络安全人才培养。继续加强网络空间安全学科建设和研究生培养工作，增设一批网络空间安全学位授权点；加强网络安全学科专业建设，推进新工科研究与实践，探索网络安全人才培养新思路、新体制和新机制，建设世界一流网络安全学院；强化网络安全宣传教育，对各高校网络安全和信息化分管负责同志、职能处室负责同志和专业技术人员以及地方教育行政部门网络安全和信息化分管负责同志开展培训；推进网络安全教育。研制《大学生网络素养指南》，引导师生增强网络安全意识和语言规范意识，遵守网络行为规范，养成文明网络生活方式。深化网络舆情工作机制建设，不断提升预警预判、舆论引导和应对处置能力，并联合网信、公安等部门加大网络监管力度，形成网络突发事件应对合力。

二是开展网络空间国际治理研究。启动实施"构建全球化互联网治理体系研究"重大攻关项目。在教育部人文社会科学研究项目中，设立网络安全和网络空间国际治理研究课题，以课题为纽带加强研究力量。督促有关研究平台，围绕网络安全和网络空间国际治理开展扎实深入的研究。

《工作要点》在第九部分"提高教育系统网络安全保障能力"中提出。

一是要健全完善教育系统网络安全制度体系。加强党对网络安全工作的领导，建立责任制度，明确主体责任，健全考核评价和监督问责机制。出台教育系统网络安全事件应急预案，建立健全教育系统网络安全事件应急工作机制，提高应对网络安全事件能力。

二是推进关键信息基础设施保障工作。研究制定教育系统关键信息基础设施保护规划，明确保护目标、基本要求、工作任务和具体措施。制定教育系统关键信息基础设施认定规则，开展关键信息基础设施认定工作。按照国家统一部署，开展关键信息基础设施现场检查检测和安全评估。

三是持续推进教育系统网络安全监测预警。健全网络安全威胁通报机制，优化监测服务流程，提高通报整改质量，强化数据统计分析能力。有序推进教育系统通用软件检测工作，建立常态化的通用软件检测机制。探索建立基于大数据的教育系统网络安全预警机制，提高信息收集、分析、研判能力。

三、简要评析

2018年，可以称得上是教育行业网络安全工作"发力"的一年，对比2017年的工作要点，2018年的《工作要点》把"网络安全工作"放在文件的标题上，首次将其与"教育信息化"并列提出，可见做好网络安全工作将成为教育信息化建设的重中之重。正如习总书记指出，"网络安全和信息化相辅相成，安全是发展的前提，发展是安全的保障，安全和发展要同步推进。网络安全和信息化是一体之两翼、驱动之双轮"。

同时，《工作要点》的实施和制定，将对类似2017年5月份爆发的

WannaCry 勒索病毒攻击高校电脑等事件发挥积极作用，在该事件中，我国大批高校众多师生的电脑文件被病毒加密，只有支付赎金才能恢复，为教育系统网络安全监测与应急机制带来了很大的挑战。《工作要点》提出要健全考核评价和监督问责机制，同时建立健全教育系统网络安全事件应急工作机制，以提高教育系统今后应对类似网络安全事件的能力。

第二节 《关于推动资本市场服务网络强国建设的指导意见》

一、出台背景

当今世界，以互联网为代表的网络信息技术已全面融入了人们的生产生活中，为各行各业的创新发展带来机遇，同时，作为经济发展、技术创新的重点，它也是世界各国谋求竞争新优势的战略方向。党的十八大以来，以习近平同志为核心的党中央高度重视网络安全和信息化工作，我国正从网络大国向网络强国迈进，大批创新型网信企业不断涌现，经济发展新空间得到有效拓展。在此背景下，为了进一步发挥资本市场服务实体经济功能，加强政策引导，促进网信企业规范发展。2018 年 3 月 30 日，中央网信办和中国证监会联合印发了《关于推动资本市场服务网络强国建设的指导意见》(本节以下简称《意见》)。

二、主要内容

《意见》从对网信事业的总体要求、政策引导、网信企业发展以及组织保障四个方面阐述了 15 条指导意见，其中与网络安全相关的主要集中在以下几点。

一是保障国家网络安全和金融安全。加强监管，完善网络安全风险防控体系，引导网信企业在利用资本市场发展过程中加强网络安全管理，规范和强化网信企业信息披露，加强互联网资本市场违法信息监测和处置，推动网信企业规范发展。

二是落实网络与信息安全保障措施。指导网信企业遵守《中华人民共和国网络安全法》等法律法规和制度，提高网络与信息安全意识，建立健全网络与信息安全保障措施，维护国家网络空间主权、安全和发展利益，积极参与国家关键信息基础设施安全保护，维护公民网络空间合法权益，保障个人信息和重要数据安全。

三是支持网信企业服务国家战略，建立工作协调机制。积极支持有利于提升网络安全保障能力的重点项目。积极支持遵守国家网络安全管理要求的企业做大做强。

三、简要评析

网络强国是国家战略，要想落实网络强国"战略清晰、技术先进、产业领先、攻防兼备"的要求，需坚定不移做强网络安全核心主业，把网络安全关键核心技术牢牢掌握在自己手中。没有网络安全就没有国家安全，就没有经济社会的稳定运行，广大人民群众利益也难以得到保障。制定出台《意见》，有助于激发网信企业遵守国家网络安全管理要求的自觉性与积极性，提高网信企业规范运作和公司治理水平，提升网信企业对个人信息及重要数据的保障能力。既能够提高网信企业的国际竞争力，促进网信企业的发展，又可以为我国网络空间营造安全有序的氛围，加固我国网络安全的防线。

第三节　《关于促进"互联网＋医疗健康"发展的意见》

一、出台背景

近年来，党中央和国务院越来越重视"互联网＋医疗健康"工作。习近平总书记指出，要推进"互联网＋医疗"等，让百姓少跑腿、数据多跑路，不断提升公共服务均等化、普惠化、便捷化水平。李克强总理强调，要加快医联体建设，发展"互联网＋医疗"，让群众在家门口能享受优质医疗服务。为贯彻落实党中央和国务院的精神，国家卫生健康委会同有关部门研究起草了《关于促进"互联网＋医疗健康"发展的意见》（本节以下简称《意见》）。2018 年 4 月 12 日，国务院常务会议审议原则通过《意见》，并于 4 月 28 日，以国务院办公厅名义正式印发。《意见》确定发展"互联网＋医疗健康"措施，强调加快发展"互联网＋医疗健康"，缓解看病就医难题，提升人民健康水平。

二、主要内容

《意见》要求加强行业监管和安全保障，与网络安全相关的主要集中在第十三部分和第十四部分。其中，在第十三部分"强化医疗质量监管"中提出。

一是要出台规范互联网诊疗行为的管理办法，明确监管底线，加强事中事后监管，确保医疗健康服务质量和安全。推进网络可信体系建设，加快建设全国统一标识的医疗卫生人员和医疗卫生机构可信医学数字身份、电子实名认证、数据访问控制信息系统、创新监管机制、提升监管能力。建立医疗责任分担机制，推行在线知情同意告知，防范和化解医疗风险。

二是要求"互联网＋医疗健康"服务产生的数据应当全程留痕，做到可查询、可追溯，满足行业监管需求。

《意见》在第十四部分"保障数据信息安全"中提出。

一是要研究制定健康医疗大数据确权、开放、流通、交易和产权保护的法规。严格执行信息安全和健康医疗数据保密规定，建立完善个人隐私信息保护制度，严格管理患者信息、用户资料、基因数据等，对非法买卖、泄露信息行为依法依规予以惩处。

二是要加强医疗卫生机构、互联网医疗健康服务平台、智能医疗设备及关键信息基础设施、数据应用服务的信息防护，定期开展信息安全隐患排查、监测和预警。患者信息等敏感数据应当存储在境内，确需向境外提供的，应当依照有关规定进行安全评估。

三、简要评析

《意见》通过健全和完善"互联网＋医疗健康"的服务和支撑体系，不仅可以满足群众多层次、多样化、个性化的健康需求，同时也能高度保障人民的生命数据安全。与《"健康中国 2030"规划纲要》和《国务院关于积极推进"互联网＋"行动的指导意见》这两个关于"互联网＋医疗"的文件相比，《意见》明确提出了一些规范性监管措施。尤其是在保障数据信息安全方面，强调"互联网＋医疗健康"服务产生的数据应全程留痕，要求研究制定与健康医疗大数据的开放、交易等有关的法规。并严格管理患者信息、用户资料、基因数据等。《意见》的出台进一步推动了互联网与医疗健康的深度融合发展。

第四节 《关于纵深推进防范打击通讯信息诈骗工作的通知》

一、出台背景

在 2018 年 4 月 20 日至 21 日召开的全国网络安全和信息化工作会议上，习近平总书记强调要依法严厉打击电信网络诈骗；同年"两会"期间，李克强总理在《政府工作报告》中也强调要整治电信网络诈骗等突出问题。由此可见，防范打击通讯信息诈骗，已然成为关乎国家网络信息安全和人民群众切身利益的大事。因此，为落实全国网络安全和信息化工作会议、中央经济工作会议和《政府工作报告》中提出的防范打击电信网络诈骗相关要求，工信部于 2018 年

5 月 18 日发布了《关于纵深推进防范打击通讯信息诈骗工作的通知》（本节以下简称《通知》），阐明了打击电信网络诈骗的各项任务。

二、主要内容

《通知》明确了以下九项重点任务。

一是切实加强实人认证工作，持续巩固电话用户实名登记成效。强化电话用户信息动态复核；对要求落实不到位的加大责任倒查力度。

二是持续规范重点电信业务，着力治理境外来源诈骗电话。《通知》明确了研判处置、境外来电提醒等工作要求，提出了联合公安机关建立健全国际诈骗电话研判和防范协作机制，并鼓励相关企业和机构等开展诈骗电话治理国际交流与合作。

三是加强钓鱼网站和恶意程序整治，有效降低网络诈骗威胁风险。加强对仿冒政府、教育、金融机构等钓鱼网站和涉嫌诈骗类恶意程序的监测分析、风险提醒、信息共享和依法处置。

四是依法开展网上诈骗信息治理，着力压缩诈骗信息传播渠道。《通知》要求即时通信、网络社交、搜索引擎、电子商务等重点平台企业建立完善本企业网络诈骗风险分析模型和网上巡查处置机制，加强账户管理，并将有关责任落实情况纳入本企业电信业务经营信息年报。要求互联网接入企业要强化对涉嫌诈骗网站和平台等的巡查处置。

五是强化数据共享和协同联动，有效发挥全国诈骗电话技术防范体系作用。全面提升全国诈骗电话防范系统监测防范、综合分析和预警处置能力，推动诈骗电话防范能力从电信网向互联网延伸覆盖；完善源共享与统一指挥平台，实现信息共享和协同联动；加强产学研合作。

六是密切关注新动态新趋势，严控新兴领域通讯信息诈骗风险。明确企业物联网行业卡分级审批制度，细化发卡管理要求；加强移动转售企业的事中事后监管措施。

七是不断完善举报通报机制，充分发挥关键抓手作用。进一步加强网络诈骗问题举报通报，建立完善企业内部的通讯信息诈骗举报通报工作责任制度和处置流程，形成管理闭环。

八是全面从严监督执法，切实强化企业责任落实。建立健全多层次的督导检查工作体系，对责任落实不到位或存在违法违规的企业进行严厉查处，充分利用好电信经营不良名单或失信名单，切实强化企业责任落实。

九是广泛加强宣传教育，切实提高用户防范意识。创新宣传方式；加强用户提示体系建设，实现对诈骗风险的有效提示和预警；汇聚社会各方力量，深入推进防范打击、群防群治。

三、简要评析

《通知》针对网络电信诈骗这一老问题，强调了新情况，提出了新措施。

一是在用户登记方面，由过去的强调用户实名制向如今的强调实人认证转变。《通知》要求电信企业组织开展用户实名登记人像比对试点工作，以防诈骗分子钻"假实名"的漏洞。

二是在治理方向方面，由过去境内治理向如今的境外治理延伸。《通知》进一步明确了境外诈骗电话的国际治理合作等工作措施，推动防范打击工作从单一的境内治理、境外拦截向境内境外综合治理延伸转变。

三是在治理范围方面，由过去以电话和短信为主的传统领域向如今的"互联网＋"等新兴领域扩展，据此，《通知》强调了企业主体责任，并结合行业职责提出了相应的诈骗风险防范措施。

总的来说，《通知》的发布是坚决贯彻落实党中央、国务院近期工作部署要求的重要举措，是进一步巩固和深化前期有效措施的迫切需求，也是积极应对防范打击工作面临新情况新问题的重要保障。

第五节　《网络安全等级保护条例（征求意见稿）》

一、出台背景

2018 年 6 月 27 日，公安部正式发布《网络安全等级保护条例（征求意见稿）》（本节以下称《等保条例》）。一方面，作为《网络安全法》的重要配套法规，《等保条例》对网络等级保护工作提出了更加具体、操作性也更强的要求，为开展等级保护工作提供了重要的法律支撑；另一方面，2007 年，公安部、国家保密局、国家密码管理局、国务院信息化工作办公室曾经发布并实施过《信息安全等级保护管理办法》，确立了等级保护 1.0 体系，但随着互联网这几年的发展，等级保护 1.0 体系已不能适应现阶段网络安全的新形势、新变化及新技术、新应用发展的要求，因此诞生了这份《等保条例》。

二、主要内容

《等保条例》由八大部分组成，分别是总则、支持与保障、网络的安全保护、涉密网络的安全保护、密码管理、监督管理、法律责任、附则，其中，主要内容如下：

一是对网络进行分级管理。根据网络在国家安全、经济建设、社会生活中的重要程度，以及其一旦遭到破坏、丧失功能或者数据被篡改、泄露、丢失、损毁后所造成的危害程度等因素，将网络分为五个安全保护等级，从第一级到第五级，网络的重要程度逐渐增强。同时规定了不同等级网络运营者应履行的职责。

二是对涉密网络进行分级管理。按照存储、处理、传输国家秘密的最高密级分为绝密级、机密级和秘密级，并规定相应网络运营者的职责。

三是制定了网络安全等级保护密码标准规范。根据网络的安全保护等级、涉密网络的密级和保护等级，将密码保护分为非涉密网络密码保护和涉密网络密码保护两类，并明确了相应密码的配备、使用、管理和应用安全性评估要求。

四是对网络运营者实行监督管理。《等保条例》指出，各级公安机关应依照国家法律法规规定和相关标准规范要求，对不同等级网络运营者在网络安全方面的工作实行监督管理，并根据出现的问题采取相应的措施。除公安机关外，各管理部门也应对工作进行监管，包括保密监督管理、密码监督管理、行业监督管理等。

三、简要评析

从整体来看，《等保条例》是对《网络安全法》的贯彻落实。《网络安全法》第二十一条明确提出，国家实行网络安全等级保护制度。网络运营者应当按照网络安全等级保护制度的要求，履行安全保护义务，保障网络安全，防止网络数据泄露。《等保条例》的公开发布，正是为其所确立的网络安全等级保护制度提供具体的实施依据。《等保条例》的发布也标志着等级保护2.0时代的到来。与1.0相比，《等保条例》的适用范围更大。等级保护的适用范围由"国家事务、经济建设、国防建设、尖端科学技术等重要领域的计算机信息系统"，扩大成"境内建设、运营、维护、使用网络的单位原则上都要在等保的使用范围"，这意味着所有网络运营者都要对相关网络开展等保工作。

第六节 《互联网个人信息安全保护指引（征求意见稿）》

一、出台背景

2018年10月，国泰航空940万用户隐私数据遭泄露；11月30日，万豪集团约 5 亿名客人的信息被泄露；12 月 3 日，陌陌 3000 万条用户数据遭泄露并在暗网出售，接踵而至的数据泄露安全事件，让个人信息安全保护成为我国互联网企业发展的核心问题。为了深入贯彻落实《网络安全法》，指导互联网企业建立健全公民个人信息安全保护管理制度和技术措施，有效防范侵犯公民个人信息违法行为，保障网络数据安全和公民合法权益，2018 年 11 月 30 日，公安部网络安全保卫局发布《互联网个人信息安全保护指引（征求意见稿）》（本节以下简称《指引》）。

二、主要内容

《指引》的主要内容共分为六个部分，分别是规范、范围性引用文件、术语和定义、管理机制、技术措施和业务流程。其中，主要内容如下：

一是对个人信息相关术语进行了定义。其中包括个人信息、个人信息主体、个人信息生命周期、个人信息持有者、个人信息持有、个人信息收集、个人信息使用、个人信息删除等专业名词的定义。

二是明确了管理机制。对管理制度的内容、制定发布、执行落实及评审改进提出了要求，对管理机构和管理人员也做了详细的建议，包括管理机构的岗位设置，管理机构的人员配置，管理人员的录用、离岗、考核、教育培训，以及外部人员访问。

三是明确了技术措施。《指引》中明确指出，互联网企业对个人信息的安全保护水平应至少达到《网络安全等级保护基本要求》中规定的第三级别的安全要求：在网络和通信安全、设备和计算、应用和数据方面采取访问控制、入侵防范、恶意代码和垃圾邮件防范、安全审计、备份恢复、剩余信息保护等措施；此外，互联网企业还应增强在云计算安全和物联网安全扩展方面对个人信息的安全保护能力，以保障个人信息的完整性和保密性。

四是明确了互联网企业对个人信息进行处理的流程中应达到的要求。从个人信息的收集、保存、应用、删除、第三方委托处理、共享和转让、公开披露、应急处置等方面提出了意见和要求，以保障个人信息的安全。

三、简要评析

《指引》具体描述了互联网中个人信息安全体系的保护防范轮廓，面向现实网络真实环境中存在的问题和特点提供了具有针对性的操作细则，并与网络安全法下的其他法律法规相辅相成，互相补充。

一是在个人信息相关术语的定义方面，《指引》增加了若干定义。比如相对于《个人信息安全规范》，《指引》在对"个人信息生命周期"的定义中增加了"销毁"。

二是在管理制度方面，《指引》中对管理制度的明确与要求，呼应了《网络安全法》网络安全等级保护制度中"制定内部安全管理制度和操作规程，确定网络安全负责人，落实网络安全保护责任"的内容。

三是在业务流程方面，《指引》详细列明了业务流程中的具体合规要求，补充了《个人信息安全规范》中对个人信息在收集、使用、保存等方面的内容。

第七节　《微博客信息服务管理规定》

一、出台背景

近年来，微博客成为广大网民获取资讯、娱乐休闲、进行交流的重要平台，极大地丰富了人民群众的精神文化生活。然而，由于部分服务提供者安全责任意识不强，管理措施和技术保障能力不健全、不到位，造成了一些涉嫌谣言诈骗、传销赌博等有害信息的传播扩散，严重损害了公民、法人和其他组织的合法权益，影响了健康有序的网络环境。这种问题亟待依法依规予以规范。为促进微博客信息服务的健康有序发展，保护公民、法人和其他组织的合法权益，维护国家安全和公共利益，依据《中华人民共和国网络安全法》等相关法律法规，国家互联网信息办公室制定了《微博客信息服务管理规定》（本节以下简称《规定》），并于2018年2月2日发布。

二、主要内容

《规定》共十八条，包含了微博客服务提供者主体责任、真实身份信息认证、分级分类管理、辟谣机制、行业自律、社会监督及行政管理等条款。其中与网络安全有关的主要内容如下：

一是微博客服务提供者要承担信息内容安全管理的主体责任。其中包括：建立健全用户注册审核、信息发布审核、跟帖评论管理、应急处置、从业人员教育培训等制度；具有安全可控的技术保障和防范措施；配备与服务规模相适应的管理人员；制定平台服务规则，并与微博客服务使用者签订服务协议，明确双方权利及义务，同时要求使用者遵守法律法规。

二是加强实名认证账号管理。《规定》要求平台对包括自然人和法人的账号主体，按照"后台实名、前台自愿"的原则，进行基于组织机构代码、身份证件号码、移动电话号码等方式的真实身份信息认证、定期核验。对不提供真实身份信息或提供虚假身份信息的使用者，不得为其提供信息发布服务。与此同时，各级党政机关、企事业单位、人民团体和新闻媒体等组织机构对所开设的前台实名认证账号发布的信息内容及其跟帖评论负有管理责任。

三是保障使用者个人信息安全。不得泄露、篡改、毁损使用者的个人信息，不得将其出售或者非法向他人提供。对于新的应用功能，应当报国家或省、自治区、直辖市互联网信息办公室进行安全评估。

四是内部管理与外部监督相结合。对内，微博客服务提供者应当建立健全辟谣机制，发现微博客服务使用者发布、传播谣言或不实信息，应当主动采取辟谣措施。对外，微博客服务提供者应当自觉接受社会监督，设置便捷的投诉举报入口，及时处理公众投诉举报。

三、简要评析

近两年是我国互联网立法的高峰期，一系列网络信息活动、社交活动等都相继被纳入合规轨道中。总的来看，此次《规定》的出炉，是对《网络安全法》《互联网新闻信息服务管理规定》等法律法规成果的具体运用，也是互联网法治成果运用到微博客的具体化体现。例如，《网络安全法》第二十四条明确规定了在网络真实身份信息管理实名制方面，网络运营者必须承担的责任和义务，以及相应的法律责任。而此次规定中，也强化了用户真实信息的认证与核实机制，明确了各部门的管理责任。能够有效防止假冒社会组织或官方机构等诈骗账号的出现，还用户一个安宁、安全的网络环境。可以认为，《规定》将成为新时代微博客健康有序发展的重要指引。

第十二章

2018 年我国网络安全重要法律法规

第一节　《区块链信息服务管理规定》

一、出台背景

区块链技术作为一种新兴的互联网应用技术，在带来发展机遇的同时，由于缺乏明确的法规监管而一度成为"法外之地"。区块链技术快速发展，相关应用蓬勃涌现，给国家经济社会带来巨大发展机遇，方便了人民群众的工作和生活，但同时，区块链技术被一些不法人员利用，作为存储、传播违法违规信息，实施网络违法犯罪活动的工具，扰乱互联网信息传播秩序，严重损害公民、法人和其他组织的合法权益，急需依法推动服务提供者主动健全安全保障措施，提升安全风险预警防范效果。《中华人民共和国网络安全法》《互联网信息服务管理办法》《互联网新闻信息服务管理规定》已经颁布实施，明确规定了网络运行和信息安全管理以及新技术新应用安全评估有关制度要求。2019 年 1 月 10 日,国家互联网信息办公室发布《区块链信息服务管理规定》(本节以下简称《规定》),自 2019 年 2 月 15 日起施行，结束了区块链信息服务无法可依的状态。

二、主要内容

《办法》共有 24 条，从监管体系、备案和身份认证制度、安全评估制度等方面构建了区块链信息服务管理的基本框架。

（1）明确基于区块链信息服务属于互联网信息服务的范畴。

区块链信息服务在《网络安全法》《互联网信息服务管理规定》的管辖范围之内，信息服务提供者对信息内容安全负主体责任。

一是技术保障。具备与其服务相适应的技术条件。

二是缔约义务。制定并公开管理规则和平台公约；与区块链信息服务使用者签订服务协议，明确双方权利义务，要求其承诺遵守法律规定和平台公约。

三是合法监督义务。不得利用区块链信息服务从事法律、行政法规禁止的活动或者制作、复制、发布、传播法律、行政法规禁止的信息内容，对违反法律、行政法规和服务协议的区块链信息服务使用者，应当依法依约采取处置措施等。

四是认证义务。依法对区块链信息服务使用者进行基于组织机构代码、身份证件号码或者移动电话号码等方式的真实身份信息认证。用户不进行真实身份信息认证的，不得为其提供相关服务。

（2）构建了区块链信息服务监管体系。

一是明确监管责任部门。由国家互联网信息办公室负责全国区块链信息服务的监督管理执法工作，省、自治区、直辖市网信办负责本行政区域内区块链信息服务的监督管理执法工作。

二是建立区块链信息服务备案制。区块链信息服务提供者应当在提供服务之日起十个工作日内，通过国家网信办区块链信息服务备案管理系统填报服务提供者的名称、服务类别、服务形式、应用领域、服务器地址等信息，履行备案手续；在变更服务项目、平台网址等事项、终止服务的情况下，还要及时备案，并要求其将备案编号向社会公示。

三是建立区块链信息服务安全评估制度。开发上线新产品、新应用、新功能的，应当按有关规定报国家和省、自治区、直辖市互联网信息办公室进行安全评估。

四是规定了配合监管义务。对信息服务的信息安全隐患进行整改；记录备份应当保存不少于六个月，并在相关执法部门依法查询时予以提供；配合网信部门依法实施监督检查，并提供必要的技术支持和协助。

五是设立投诉举报制度。接受社会监督，设置便捷的投诉举报入口，及时处理公众投诉举报。

（3）鼓励加强行业自律。

明确鼓励区块链行业组织加强行业自律，建立健全行业自律制度和行业准则，指导区块链信息服务提供者建立健全服务规范，推动行业信用评价体系建设，督促区块链信息服务提供者依法提供服务、接受社会监督，提高区块链信息服务从业人员的职业素养，以促进行业健康有序发展。

（4）明确对违法区块链信息服务提供者和使用者的处罚措施。

违反《规定》相关规定的，由国家和省、自治区、直辖市互联网信息办公室依据本规定和有关法律、行政法规予以相应的处罚；构成犯罪的，依法追究刑事责任。

三、简要评析

对于区块链网络系统具有去中心化、内容不可篡改的特点，一旦在区块链网络中发布违法有害信息将难以彻底删除，一些不法分子利用这一特性，传播违法有害信息，实施网络违法犯罪活动，严重损害公民、法人和其他组织合法权益。规定针对这一问题，在信息服务管理体系下，根据区块链网络的特殊性，通过备案、认证、安全评估等措施构建了区块链信息服务管理制度，为应对区块链带来的信息内容安全风险提供了监管依据和抓手。

第二节　《微博客信息服务管理规定》

一、出台背景

微博客作为网络生活中重要的社交、新闻、娱乐等途径，近年来极大地丰富了人民群众的精神文化生活。同时，部分服务提供者安全责任意识不强，管理措施和技术保障能力不健全不到位，造成一些不法分子炮制的低俗色情、民族歧视、谣言诈骗、传销赌博等违法违规有害信息传播扩散，损害公民、法人和其他组织的合法权益，影响健康有序的网络传播秩序，亟待依法依规予以规范。尤其是个别自媒体为增加关注度，获取商业利益，滥用微博客炮制网络谣言，发布不实信息，严重侵害了公众的知情权，网民对此反映强烈。为进一步规范微博客信息发布秩序，促进微博客信息服务健康有序发展，维护清朗网络空间，保护公民、法人和其他组织的合法权益，维护国家安全和公众利益，根据《中华人民共和国网络安全法》《国务院关于授权国家互联网信息办公室负责互联网信息内容管理工作的通知》，国家互联网信息办公室制定了《微博客信息服务管理规定》（本节以下简称《规定》）。

二、主要内容

《规定》共18条，从平台资质、主体责任、实名认证、分级分类管理、保证信息安全、建立健全辟谣机制、加强行业自律和建立信用体系等多方面建立微博客信息服务管理框架。

（1）明确微博客平台负有信息内容安全主体责任。

微博客平台与网络内容提供者同样对信息内容安全负责，有责任管理使用者发布和传播信息活动。《规定》明确，微博客服务提供者应当落实信息内容安全管理主体责任，一是管理和技术措施要求。建立健全用户注册、信息发布审核、跟帖评论管理、应急处置、从业人员教育培训等制度及总编辑制度，具有安全可控的技术保障和防范措施，配备与服务规模相适应的管理人员。二是缔约义务。微博客服务提供者应当制定平台服务规则，与微博客服务使用者签订服务协议，明确双方的权利、义务，要求微博客服务使用者遵守相关法律法规。

（2）落实实名认证制和信息安全责任。

实名认证制度是互联网监管制度的基础，《规定》一是重申了"前台自愿，后台实名"的传统网络实名制原则；二是明确了前台实名认证账号的法定程序。针对冒名顶替等"实名不实"的问题，尤其是假冒公众人物或政府机构的，微博客平台应依法进行处置。同时，微博客服务提供者应当保障微博客服务使用者的信息安全，不得泄露、篡改、毁损，不得出售或者非法向他人提供。

（3）完善分级分类管理机制。

微博客平台中的海量信息因发布者的社会影响力不同，其关注度也不同，平台应遵循网络传播规律，针对不同的用户、不同的主体和不同的内容实行分级分类管理。经过平台认证的机构或个人比一般发布者的公众关注度和信任度高，其所承担的责任更大。微博客服务提供者应当按照分级分类管理原则，根据微博客服务使用者的主体类型、发布内容、关注者数量、信用等级等制定具体管理制度，提供相应服务，并向国家或省、自治区、直辖市互联网信息办公室备案。微博客服务提供者应当对申请前台实名认证账号的微博客服务使用者进行认证信息审核，并按照注册地向国家或省、自治区、直辖市互联网信息办公室分类备案。各级党政机关、企事业单位、人民团体和新闻媒体等组织机构对所开设的前台实名认证账号发布的信息内容及其跟帖评论负有管理责任。微博客服务提供者应当提供管理权限等必要支持。

（4）建立健全辟谣机制和违法信息处置机制。

《规定》要求微博客服务提供者承担主体责任，发现微博客服务使用者发布、传播谣言或不实信息，应当主动采取辟谣措施，并且主动清理，依法立即停止传播该信息、采取消除等处置措施，保存有关记录，并向有关主管部门报告。

（5）建立新技术新业务安全评估制度。

微博客服务提供者应用新技术、调整增设具有新闻舆论属性或社会动员能力的应用功能，应当报国家或省、自治区、直辖市互联网信息办公室进行安全评估。

三、简要评析

《规定》以《网络安全法》《互联网新闻信息服务管理规定》等为依据，专门针对社会舆论影响和动员能力较强的微博客，对信息内容安全相关规定细化为具体落地实施的制度措施。《规定》不仅明确了监管机构的责任，还具体规定了微博客平台的主体管理责任，构建出网络法治环境"齐抓共管"管理体系。

第三节　《快递暂行条例》

一、出台背景

近年来，我国快递业发展迅猛，据国家邮政局统计，2017 年全国快递业务量完成 400.6 亿件，是 2007 年的 33.4 倍，年均增幅达 42%；2017 年的快递业务收入近 5000 亿元，是 2007 年的 14.5 倍，年均增幅达 30.6%。在过去的十年时间里，我国已经有 7 家快递企业陆续上市，形成了 7 家年收入超过 300 亿元的企业集团。然而，在发展过程中，快递业仍面临制度层面的现实问题，快递车辆通行难，快件集散、分拣等基础设施薄弱，末端网点法律地位不明晰，快递加盟等经营秩序需进一步规范，有关服务规则不够明确，寄递渠道安全压力较大，个人信息泄露问题严重，急需制定相应行政法规予以规范和保障，国务院于 2018 年 3 月 2 日发布《快递暂行条例》（本节以下简称《条例》）。

二、主要内容

《条例》共 8 章 48 条，对经营、使用、监督管理快递业务做出了规范与保障，其中，从多个层面保护用户信息安全，基本建立了企业合法收集、使用个人信息的行为规范和监管机制。

一是在收集阶段，采取实名制管理，同时明确寄件人交寄快件应提供的信息，但禁止在快递运单上记录除姓名（名称）、地址、联系电话以外的用户身份信息，限定收集范围，减少泄露个人信息的风险点。

二是要求用户提供身份信息，对拒不提供身份信息或者身份信息不实的，企业不得收寄。在不降低安全防范水平的前提下，减少了开展实名收寄的压力和阻力。

三是在保管阶段，明确要求妥善保管电子数据、定期销毁运单，并设定了处罚措施，赋权国务院有关部门制定具体办法。经营快递业务的企业及其从业人员不得出售、泄露或者非法提供快递服务过程中知悉的用户信息。

四是信息泄露后，经营快递业务的企业应当立即采取补救措施，并向所在地邮政管理部门报告。企业应当建立健全安全生产责任制，要求企业制定应急预案，定期开展应急演练，发生突发事件应妥善处理并向邮政管理部门报告。

五是针对未依法保护用户信息的，规定了专门的处罚条款。未建立数据管理制度、定期销毁运单，出售、泄露或非法提供用户信息，发生信息泄露未履行报告义务的，由邮政管理部门责令改正，没收违法所得，并处 1 万元以上5 万元以下罚款；情节严重的，并处 5 万元以上 10 万元以下罚款，并可以责令停业整顿直至吊销其快递业务经营许可证。

三、简要评析

近年来，用户个人信息泄露问题已成为快递业的一大恶疾，快递行业收集的个人信息敏感，快递点多、线长、面广的特点，也给个别不法分子通过快递环节非法获取个人信息提供了机会。《条例》综合考虑快递各环节的安全风险隐患，尤其注重个人信息安全的保护，为快递行业整体提升个人信息保护水平具有重要指引和规范作用。

第四节　《网络安全等级保护条例（征求意见稿）》

一、出台背景

《网络安全法》确立了网络等级保护制度，即国家实行网络安全等级保护制度。网络运营者应当按照网络安全等级保护制度的要求，履行安全保护义务；国家对关键信息基础设施，在网络安全等级保护制度的基础上，实行重点保护。在此前我国已有信息安全等级保护标准，2007 年 6 月，《信息安全等级保护管理办法》明确了信息安全等级保护的具体要求，按照信息系统受到破坏后，对公民、法人和其他组织的合法权益，对社会秩序和公共利益，对国家安全造成损害的程度来分等级，分为五级，主要用于政府、央企等对国家和社会具有影响的系统的安全防护，用于涉密系统中的信息防泄露。随着"网络"的边界日益扩大，云计算、大数据、物联网、工业控制系统等网络形态出现，计算机信息系统等级保护制度无法全面涵盖，而且《网络安全法》规定网络等级保护制度针对所有网络运营者，包括网络运行安全和信息安全等网络安全所有层面。2018 年 6 月 27 日，公安部发布《网络安全等级保护条例（征求意见稿）》（本节以下简称《条例》），作为《网络安全法》的重要配套法规，细化了网络安全等级保护制度。

二、主要内容

《条例》共八章 73 条，构建了网络安全等级保护制度体系。

一是明确适用范围。除个人及家庭自建自用的网络外，在我国建设、运营、维护、使用的网络，都适用《条例》。信息安全等级保护的主要保护对象为"信息安全"和"信息系统安全"，即由计算机及其相关和配套的设备、设施构成的，按照一定的应用目标和规则对信息进行存储、传输、处理的系统或者网络。而网络等级保护制度中的"网络"，是指由计算机或者其他信息终端及相关设备组成的按照一定的规则和程序对信息进行收集、存储、传输、交换、处理的系统，适应新技术新应用的变化，对适用范围进行了扩大。

二是建立健全监管体系。信息安全等级保护制度主要由公安机关负责监督、检查、指导。国家保密工作部门负责有关保密工作。国家密码管理部门负责有关密码工作。国务院信息化工作办公室及地方信息化领导小组办事机构负责部门间协调。网络安全等级保护制度，建立了由中央网络安全和信息化领导机构统一领导、国家网信部门统筹协调、公安部门主管、国家保密行政管理部门主管涉密网络分级保护、国家密码管理部门负责有关密码管理、国务院其他有关部门各负其责的监管体系。

三是明确等级分类、定级要素及定级程序。根据网络在国家安全、经济建设、社会生活中的重要程度，以及其一旦遭到破坏、丧失功能或者数据被篡改、泄露、丢失、损毁后，对国家安全、社会秩序、公共利益以及相关公民、法人和其他组织的合法权益的危害程度等因素，根据一般网络、重要网络、特别重要网络和及其重要网络将网络分为五个安全保护等级。对不同安全保护等级网络运营者的安全保护义务做了明确、细化的要求。定级主要分为五步：确定定级对象、初步确认定级对象、专家评审、主管部门审核、公安机关确定。

四是规定了涉密网络系统的特殊安全保护要求，对密码保护做出规定，包括密码配备使用、管理和应用安全性评估的有关要求。

三、简要评析

《条例》依据《网络安全法》，在信息安全等级保护制度的基础上，将网络安全等级保护制度的调整对象扩大到所有网络运营者，进一步健全等级保护制度的管理体系，细化等级划分标准，并且将个人权益的保护作为一项重要指标，扩大责任范围，全面完善等级保护制度，是信息安全保护制度的升级，为开展等级保护工作提供了重要的法律依据，是落实《网络安全法》的一项重要举措，确立了具有中国特色的国家网络安全基本制度和基本国策，全面促进了国家网络安全工作体系化，有力促进了我国网络安全工作法制化、规范化和标准化，全力提升了国家关键信息基础设施安全保护能力。

第五节　《电子商务法》

一、出台背景

近年来，随着电子商务在全球范围的快速发展，安全问题日益凸显，各种电子商务安全事件层出不穷。同时，电子商务给传统立法带来了诸多挑战，如打破传统法律关系、权利范围、归责原则、证据规则、管辖权的划分，加之各种利益主体的相互博弈，使得相关问题更为复杂，现有立法远不能覆盖电子商务安全的众多领域。电子商务不断面临新技术应用和新业态涌现所带来的新安全问题，单个行业法不足以从发展和安全的关系全局着眼，综合衡量各个因素，妥善协调各种利益关系。世界上大多数国家制定了综合性电子商务法，综合性立法已成为世界各国电子商务立法的主要模式。电子商务领域急需制定一部综合性、基础性法律，来调整各主体之间的法律关系。

2013 年 12 月 7 号，全国人大常委会召开了《电子商务法》第一次起草组会议，正式启动了《电子商务法》的立法进程。2017 年 10 月，十二届全国人大常委会第三十次会议，对电子商务法草案二审稿进行了审议。2018 年 6 月 19 日，电子商务法草案三审稿提请十三届全国人大常委会第三次会议审议。2018 年 8 月 27 日至 8 月 31 日举行的第十三届全国人大常委会第五次会议对电子商务法草案进行四审，并表决通过 2018 年 8 月 31 日，中华人民共和国主席习近平签署中华人民共和国主席令（第七号），中国正式出台《电子商务法》，2019 年 1 月 1 日正式实施。

二、主要内容

《电子商务法》分为七章共八十九条，主要规定了如下内容。

（1）明确电子商务经营者范围。

电子商务经营者，是指通过互联网等信息网络从事销售商品或者提供服务的经营活动的自然人、法人和非法人组织，其中分为三大类，一是电子商务平台经营者，二是平台内经营者，三是通过自建网站、其他网络服务销售商品或者提供服务的电子商务经营者。

（2）明确电子商务经营者的一般义务。

一是市场登记义务。经营者应办理市场主体登记，但个人销售自产农副产品、家庭手工业产品，个人利用自己的技能从事依法取得许可的便民劳务活动和零星小额交易活动的除外，给自然人从事网络销售活动留下了一定空间。

二是纳税义务。经营者应依法纳税，包括不需要办理市场主体登记的电子商务经营者，这样就将微商等从事互联网销售的经营者一并列入纳税范围。

三是公示义务。在首页显著位置，持续公示营业执照信息、行政许可信息、属于不需要办理市场主体登记情形等信息，并在变更、注销时要及时更改。

四是不得诚实告知和尊重用户自主选择的义务。包括商品服务信息的完整性、真实性、准确性、及时性，利用消费者信息特征对搜索进行排序的告知义务和提供自主选择项，搭售商品的明确告知和提供自主选择项，明示押金退还方式，信息查询、更正、删除、注销方式。

五是严格履约责任。

六是反垄断义务。电子商务经营者因其技术优势、用户数量、对相关行业的控制能力及其他经营者对该电子商务经营者在交易上的依赖程度等因素而具有市场支配地位的，不得滥用市场支配地位，排除、限制竞争。

七是配合主管部门行使监管职责的义务。

（3）规定了平台经营者的特殊义务。

一是平台经营者对平台内经营者的管理义务。包括身份审查、定期核验，配合监管部门进行登记和纳税管理，对违法行为的处置和报告义务。

二是网络安全保障义务，保障网络安全稳定运行，建立应急处置机制和报告机制。

三是记录、保存信息义务和信息安全保障义务。

四是制定完整、明确、公平合理的平台服务协议和交易规则，并予以公开。

五是不得利用技术优势设置不合理条件。

六是对消费者的告知义务。包括用显著方式区分标记自营业务和平台内经营者开展的业务，健全信用评价制度和公示信用评价规则，对竞价排名的商品或者服务显著标明"广告"。

七是建立知识产权保护制度。

（4）明确责任分配规则。

一是明知平台内经营者侵权未采取必要措施的承担连带责任。电子商务平台经营者知道或者应当知道平台内经营者销售的商品或者提供的服务不符合保障人身、财产安全的要求，或者有其他侵害消费者合法权益行为，未采取必要措施的，依法与该平台内经营者承担连带责任。

二是未尽到安全保障义务，平台承担相应的责任。对关系消费者生命健康的商品或者服务，电子商务平台经营者对平台内经营者的资质资格未尽到审核义务，或者对消费者未尽到安全保障义务，造成消费者损失的，依法承担相应的责任。

三是侵权售假未保障安全的处以高额罚款。电子商务平台经营者违反本法规定，对平台内经营者侵害消费者合法权益行为未采取必要措施，或者对平台内经营者未尽到资质资格审核义务，或者对消费者未尽到安全保障义务的，情节严重的，责令停业整顿，并处五十万元以上二百万元以下的罚款。

三、简要评析

《电子商务法》作为我国电商领域的首部综合性法律，引起了业内极大关注。今后，保障电子商务各方主体的合法权益、规范电子商务行为有了一部专门法律。《电子商务法》均衡考虑了电子商务各主体的权利和义务，侧重保护了消费者的利益，适当加重了电子商务经营者的责任，解决了之前消费者易受侵害的问题，同时完善和创新了符合电子商务发展特点的协同监管体制和具体制度，并鼓励社会各界共同参与电子商务治理，充分利用行业自身的治理机制和社会监督力量。同时统筹考虑安全和发展，对于促进发展、鼓励创新做了一系列的制度性规定，支持和促进电子商务持续健康发展，形成了一套开放、创新、兼容的电子商务管理的中国方案。

第六节　《公安机关互联网安全监督检查规定》

一、出台背景

互联网行业作为一个新兴行业，技术发展速度快、形式多样，监管措施和制度还处于探索阶段，监督检查工作还不规范，监测追溯、证据采集和固定等技术手段不足，执法力量和能力还十分薄弱，缺乏全面有效的打击和惩处措施，执法权限不明，难以确保被检查人的合法权益，同时，无法对违法犯罪行为形成有效震慑。为规范公安机关的互联网安全监督检查工作，预防网络违法犯罪，维护网络安全，保护公民、法人和其他组织的合法权益，根据《中华人民共和国人民警察法》《中华人民共和国网络安全法》等有关法律、行政法规，公安部制定《公安机关互联网安全监督检查规定》。

二、主要内容

（1）规定了监督检查对象和内容。

一是管辖规则。由互联网服务提供者的网络服务运营机构和互联网使用单位的网络管理机构所在地公安机关实施。互联网服务提供者为个人的，可以由其经常居住地公安机关实施。

二是检查对象。包括提供互联网接入、互联网数据中心、内容分发、域名服务，提供互联网信息服务、公共上网服务等其他互联网服务。对于有违法犯罪记录的应重点检查。

三是检查内容。主要是《网络安全法》所确立的网络运营者的网络安全责任，包括技术措施和管理措施。同时，对于国家重大网络安全保卫时期的专项安全监督检查要求进行了明确。

（2）明确监督检查程序。

分为现场检查和远程测试两种方式，并规定了应遵守的规则，如两人以上、持证检查、制作检查记录并签字确认、立档存卷等，远程测试要履行通知义务、不干扰义务。

（3）规定了法律责任。

明确公安机关给予网络运营者行政处罚的情形及法律依据，受公安机关委托提供技术支持的网络安全服务机构及其工作人员非法入侵等的法律责任、依据，以及公安机关及其工作人员玩忽职守、滥用职权、徇私舞弊的处罚措施。

三、简要评析

该规定明确了公安机关对互联网服务提供者和互联网使用单位履行法律、行政法规规定的网络安全义务情况进行安全监督检查的职责，对于检查措施、检查规则、处罚措施和依据进行了规定，重点解决现存的互联网监督检查不规范、不合理的问题，同时保护网络运营者的合法权益，对于提高互联网领域监管和执法能力具有积极的示范作用。

第七节　《金融信息服务管理规定》

一、出台背景

2009 年以来，依据《外国机构在中国境内提供金融信息服务管理规定》，相关部门对外国机构在中国境内提供金融信息服务实行许可管理。近年来，国内金融信息服务机构也在快速发展，一些机构对内容把关不严，炒作金融市场风险、发布敏感市场信息、歪曲金融监管政策，对经济金融稳定带来冲击，亟待规范。金融信息服务对提升金融业服务水平，推动经济发展具有重要作用，为加强金融信息服务内容管理，提高金融信息服务质量，促进金融信息服务健康有序发展，保护自然人、法人和非法人组织的合法权益，维护国家安全和公共利益，根据《中华人民共和国网络安全法》《互联网信息服务管理办法》《国务院关于授权国家互联网信息办公室负责互联网信息内容管理工作的通知》，制定《金融信息服务管理规定》。

二、主要内容

该规定共 17 条，主要包括如下内容：

一是明确监管部门。国家互联网信息办公室负责全国金融信息服务的监督管理执法工作，地方互联网信息办公室依据职责负责本行政区域内金融信息服务的监督管理执法工作。

二是明确金融信息服务提供者的信息安全管理义务。取得有关资质并接受主管部门监管；配备相应的管理人员、建立信息内容审核、信息数据保存、信息安全保障、个人信息保护、知识产权保护等服务规范；在显著位置准确无误注明信息来源，并确保信息可追溯；金融信息服务提供者不得制作、复制、发布、传播非法有害信息；设置有效投诉举报渠道；发现违法行为的报告义务。

三是规定国家和地方互联网信息办公室的监管责任。包括建立日常检查和定期检查相结合的监督管理制度、依法处罚违法行为、与有关主管部门建立情况通报、信息共享等工作机制并进行联合惩戒。

三、简要评析

金融信息服务不同于互联网新闻信息服务，它的主要服务对象是机构和特定投资者，该规定对金融信息服务机构的内容管理及行为管理做出了明确规定，对解决金融信息服务安全问题具有很强的针对性。

第十三章

2018 年我国网络安全重要标准规范

第一节　《信息安全技术　物联网数据传输安全要求》

一、出台背景

随着计算机和网络技术的发展，特别是感知与控制技术的深度融合，物联网产品的应用日益广泛。从家用摄像头、智能恒温器、可穿戴电子设备、烟雾感应器等生活环境用品，到温湿度感应器、光敏感应器、物料电子标签、PM2.5 自动监测仪等生产环境用品，可以说人们的生产、生活都已经被物联网技术和产品深度渗透。物联网应用系统一旦遭受攻击，将严重影响人们生产、生活的安全。对此，全国信息安全标准化技术委员会（SAC/TC 260）制定了物联网安全通用模型、感知设备安全、传输安全等多项国家标准。

本标准参考物联网概念模型、体系结构及安全参考模型，归纳物联网数据传输面临的安全威胁，规定物联网数据传输安全普通级和增强级技术要求。并制定数据传输安全属性，以便使用者自查。为物联网系统在设计、建设、运维、管理等活动中的安全保障提供规范性依据，也为各组织定制自身的安全标准提供基本参考。

二、主要内容

本标准共 7 章，主要内容包括：范围、规范性引用文件、术语和定义、物联网数据传输安全概述、基础级安全技术要求、增强级安全技术要求。其中，术语和定义界定了物联网、感知终端、传感器、传输安全、完整性、保密性、可用性、新鲜性、隐私、信任；物联网数据传输安全概述介绍了物联网数据传输的安全模型、安全防护范围、安全分级原则；基础级安全技术要求介绍了数据传输的完整性、数据传输可用性、数据传输隐私、数据传输信任、信息传输策略和程序、信息传输协议、保密或非扩散协议；增强级安全技术要求介绍了数据传输完整性、数据传输可用性、数据传输保密性、数据传输隐私、数据传输信任、信息传输策略和程序、信息传输协议、保密或非扩散协议。

三、简要评析

本标准的编写遵循感知终端部署技术、短距离传输技术与网络数据传输技术相结合，在传统网络安全技术的基础之上，突破物联网本身的特性，继承与创新并重的原则，以需求为导向，以企业为主体，致力于为新兴的物联网厂商和企业在产品安全问题上扫除障碍，致力于推动物联网由雏形向逐步成熟进一步发展。

标准编制工作组在比较传统互联网与物联网的共性与特性的前期准备下，以前人的研究成果为基础，提出自己对物联网的整合观点和架构，分析其各个部分的结构和安全威胁隐患，并研究应对措施，从而提取安全要求共性，站在可执行性的角度对物联网感知层和网络层的数据传输制定安全技术要求。同时工作组在标准编制的过程中一贯坚持自主知识产权、成本和易用性等主要衡量指标，跟踪和融合国际相关领域技术发展态势，聚众家所长的基本指导思想，并遵循以下原则。

（1）基于团队合作与自主研发，高水平高质量完成物联网数据传输安全技术指导。

（2）技术上继承了传统的互联网信息安全防护基本机制。

（3）从实现功能、优化成本、推进产业化等因素出发，走产学研相结合的路线，以面向应用为原则。

（4）工作组成员单位进行产品开发和互联互通验证，同时听取专家意见，形成客观标准技术。

（5）充分考虑未来产品的应用需求和技术发展，标准实施是开放的，递进式推进。

此外，在标准写作和采标上，遵循以下原则。

（1）积极采用国家标准和国外先进标准的技术，并贯彻国家有关政策与法规。

（2）标准编制具有一定的先进性、科学性、可行性、实用性和可操作性。

（3）标准内容符合中国国情，广泛征求用户、企业、专家和管理部门的意见，并做好意见的正确处理。

（4）面向市场，参编自愿；标准编制工作与意见处理，坚持公平、公正，切实支持产业发展。

（5）合理利用国内已有标准科技成果，处理好标准与知识产权的关系。

（6）采用理论与实践相结合的工作方法，开展标准验证试点工作，并充分利用国内已有的各类可信计算重点项目、示范项目的建设经验，处理好标准的先进性和实用性之间的关系。

（7）尽可能吸纳成熟的技术和已有共识的框架结构，适当地提出前瞻性的规范。引导交换体系应用向着成熟稳定和良好结构的方向发展。

（8）面向实际应用需求，重点解决具有共性的交换问题，而不涉及应用面狭窄或者使用落后技术的交换应用，或者纯学术研究型交换技术和不成熟的技术。

（9）标准结构和编写规则，按照 GB/T 1.1—2000 执行。

第二节 《信息安全技术　信息技术产品安全可控评价指标》

一、出台背景

随着信息技术应用的日益深入，设计信息技术产品的复杂度不断提升，涉及的生命周期环节越来越多，潜在的不可控因素不断增多。例如，人为设置的后门、不可控的产品供应链、不能持续的产品服务、未经授权的数据收集和使用等，这些都将严重危害应用方的权益。

为满足应用方安全可控需求，增强应用方信心，进而推动信息技术产业健康、快速发展，特制定《信息安全技术　信息技术产品安全可控评价指标》系列标准，包括 GB/T 36630.1—2018《信息安全技术　信息技术产品安全可控评价指标第 1 部分：总则》、GB/T 36630.2—2018《信息安全技术　信息技术产品安全可控评价指标第 2 部分：中央处理器》、GB/T 36630.2—2018《信息安全技术　信息技术产品安全可控评价指标第 3 部分：操作系统》、GB/T 36630.3—2018《信息安全技术　信息技术产品安全可控评价指标第 4 部分：办公套件》、GB/T 36630.4—2018《信息安全技术　信息技术产品安全可控评价指标第 5 部分：通用计算机》。

标准针对信息技术产品提出安全可控评价指标和评价方法，不评价产品本身的安全功能和安全性能，推荐对安全可控有较高要求的应用方配合其他信息安全标准使用。

二、主要内容

标准总则部分共 7 章，主要内容包括：范围、规范性引用文件、术语和定义、安全可控概述、安全可控保障、安全可控评价。其中，术语和定义界定了信息技术产品、信息技术产品供应方、信息技术产品应用方、安全可控保障、评价指标、产品供应链；安全可控概述介绍了风险分析、安全可控的内涵；安全可控保障介绍了概述、保障目标；安全可控评价介绍了评价原则、科学合理、客观公正、知识产权保护、评价指标体系、体系框架、研发生产评价类、供应链评价类、运维服务评价类、评价实施、评价流程、评价方法、评价结果。标准 2 ～ 5 部分，依据第 1 部分的通用设计要求，分别对中央处理器、操作系统、办公套件、通用计算机等信息技术产品自身的特点，从产品设计实现透明性、产品设计重现能力、产品关键模块替换或修改能力、产品持续保障能力、产品适配能力和核心技术知识产权等角度，提出了具体的安全可控水平评价指标内容及评价方法。

三、简要评析

标准在编制过程中参考了 CC、ISO/IEC 27036、SP 800-53、NIST SP 800-161、FIPS_PUB_140-2 等国际标准的相关内容，充分考虑了 WTO 等国际规则要求，基本保持了国内外标准的一致性。本标准符合现有法律法规，主要依据现有法律法规而制定，与现行强制性国家标准及相关标准不冲突。2015 年 7 月正式发布的《国家安全法》第 25 条明确要求要"实现网络和信息核心技术、关键基础设施和重要领域信息系统及数据的安全可控"。在国家标准方面，我国尚未制定信息技术产品安全可控的相关国家标准，本标准项目主要从安全可控角度提出管理要求，现有的信息技术产品相关安全标准主要从安全功能和安全要求方面提出技术要求，标准内容之间不重叠，可同时使用。

第三节　《信息安全技术　网络安全等级保护测评过程指南》

一、出台背景

《网络安全法》中针对关键信息基础设施的运行安全提出相关要求："国家

对一旦遭到破坏、丧失功能或数据泄露，可能严重危害国家安全、国计民生、公共利益的关键信息基础设施，在网络安全等级保护制度的基础上，实行重点保护。"其中所采用的就是网络安全等级保护制度。

二、主要内容

本标准共 7 章，主要内容包括：范围、规范性引用文件、术语和定义、评价指标结构、评价方法。其中，术语和定义界定了安全可控、第三方机构、中央处理器、IP 核；评价指标结构介绍了产品设计实现透明性、产品设计重现能力、产品关键技术掌握能力、产品持续保障能力、产品安全生态适应性五个指标项说明；评价方法介绍了评价材料要求、指标评价、计分方法。

三、简要评析

本标准是基于信息系统安全等级保护测试评估实践提出的，相关技术已在等级保护测评应用中进行了实际验证。

本标准通过对等级保护系统测评过程中涉及的关键技术进行系统的归纳、阐述，概述技术性安全测试评估的关键要素、实现功能和使用原则，并提出建议供使用，适用于测评机构、信息系统的主管部门及运营使用单位对重要信息系统的安全等级测评，为信息系统的安全等级测评工作的技术规范性提供方法依据，在应用于系统等级保护测评时可作为对《信息安全技术　信息系统安全等级保护测评要求》和《信息安全技术　信息系统安全等级保护测评过程指南》的补充，为机构进行计划、实施技术性的信息系统安全等级保护测试评估提供参考。系统的管理者也可以利用本标准提供的信息，促进与信息系统安全等级保护测试评估相关的技术决策进程。

产 业 篇

第十四章

网络安全产业概述

　　网络空间安全成为全球战略，安全对于发展的重要性不言而喻。坚实的网络安全产业实力，是我国强化网络安全保障能力，实现网络空间繁荣稳定的前提和基础。习近平总书记在全国网络安全和信息化工作会议上强调，要"积极发展网络安全产业，做到关口前移，防患于未然"，对新时代我国网络安全产业发展提出了新的更高要求。网络安全产业是指为保障网络空间安全而提供的技术、产品和服务等相关行业的总称。网络安全产业主要包括五大部分，基础安全产业、IT 安全产业、灾难备份产业、网络可信身份服务业和其他信息安全产业等。2018 年，随着我国网络安全政策环境的持续优化，市场资源的有效整合、行业协作的不断深入，我国网络安全产业步入了发展的崭新阶段。根据赛迪智库测算，2018 年我国网络安全市场规模为 2183.5 亿元，同比增长 12.9%。相关企业数量明显增加，超过 2600 家，上市的网络安全企业（含新三板）近百家，国内融资额高达 60 亿元人民币。产业层次逐渐丰富，龙头企业纵深发展，专业创新厂商深耕前沿领域，网络安全产业综合实力显著增强。

第一节　基本概念

一、网络空间

　　网络空间（英文名称：Cyberspace）由西方学者提出，随后在全球范围内逐步得到认可，已经成为由信息和网络技术、产品构建的数字社会的总称。全球主要国家对网络空间的定义并不相同，美国将网络空间描述为"由信息技术基础设施构成的相互信赖的网络，包括互联网、电信网、计算机系统等，以及信息与人交互的虚拟环境"；德国则定义为"包括所有可以跨越领土边界通过互联网访问的信息基础设施"；英国则定义为"由数字网络构成并用于储存、修改和传递信息的人机交互领域，包含互联网和其他用于支持商业、基础设施与服务的信息系统"；我国《国家网络空间安全战略》提出，网络空间是由"互联网、通信网、计算机系统、自动化控制系统、数字设备及其承载的应用、服务和数据等组成"。

二、网络安全

信息技术自诞生以来，对应的安全问题就受到人们的广泛关注。随着信息技术的演进发展，在不同发展阶段，网络信息安全的概念和范畴也不断发生变化，相继出现了计算机安全、信息安全、网络安全等一系列含义和范畴各不相同的词汇，相关概念的逻辑关系难以厘清。伴随信息技术的飞速发展，网络空间越来越成为信息传播的新渠道、生产生活的新空间、经济发展的新引擎、文化繁荣的新载体、社会治理的新平台、交流合作的新纽带、国家主权的新疆域。因此，有必要以网络空间的视角对网络安全的概念和范畴进行界定。

根据《网络安全法》，网络安全是指通过采取必要措施，防范对网络的攻击、侵入、干扰、破坏和非法使用以及意外事故，使网络处于稳定可靠运行的状态，以及保障网络数据的完整性、保密性、可用性的能力。从国家角度讲，网络安全包括广播电视网络、电信网、互联网等基础信息网络的安全，涉及国计民生的重要信息系统的安全，关系到国家的经济安全、政治安全、文化安全、国防安全；网络空间安全是国家主权和社会管理的重要范畴，每个国家都有权利并有责任捍卫其网络主权，同时有义务保障其管辖范围内网络空间基础设施及其数字化活动的安全。从社会稳定角度看，网络安全主要包含信息内容安全，对网络上的宗教极端主义、民族分裂思想、暴力、黄色等不健康的内容进行控制，防止造成重大社会影响的网络安全事件的发生。从个人、企业等用户角度来看，网络安全主要是指涉及个人隐私或商业利益的信息的保密性、完整性和真实性，在网络上传输时受到保护，避免其他人或对手利用窃听、冒充、篡改、抵赖等手段侵犯用户的利益和隐私。

三、网络安全产业

网络安全产业是指为保障网络空间安全而提供的技术、产品和服务等相关行业的总称。国内相关机构普遍将网络安全产业等同于 IT 安全产业，实则不然，

IT 安全产业只是网络安全产业的一部分。除 IT 安全软硬件外，网络安全产业还包括基础安全软硬件、基础电子产品、安全终端等产品和服务。

网络安全产业主要分为五个部分：一是基础安全产业，主要包括基础安全硬件（如安全芯片等）和基础安全软件（如安全操作系统、安全中间件、安全数据库等）；二是 IT 安全产业，主要包括 IT 安全硬件（如防火墙、网闸、IPS/IDS、网络准入设备、VPN、漏洞扫描设备等），IT 安全软件（如安全威胁管理软件、杀毒软件、防火墙软件等），IT 安全服务（如安全运维、加固、咨询、培训等服务）；三是灾难备份产业，主要包括相关软硬件、业务连续性服务和容灾备份服务等；四是网络可信身份服务业，主要涵盖网络可信身份服务基础软硬件产品，网络可信身份服务，网络可信身份咨询中介服务等内容；五是涉及网络空间安全的其他内容。网络安全产业的组成部分如图 14-1 所示。

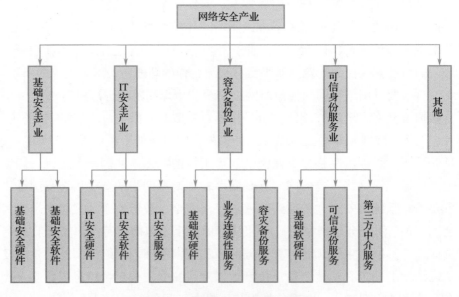

图 14-1　网络安全产业组成部分

（资料来源：赛迪智库网络安全研究所）

第二节　产业构成

一、产业规模

2018 年，随着政策环境的持续优化，市场需求的不断扩大，网络安全行业仍然处于快速发展的重要机遇期，潜在市场规模巨大。根据赛迪智库测算，2018 年我国网络安全市场规模为 2183.5 亿元人民币，同比增长 12.9%。相比于 2017 年，增速稍有放缓。具体数据见表 14-1，如图 14-2 所示。

表 14-1　2014—2018 年我国网络安全产业规模及增长率

年　　份	2014 年	2015 年	2016 年	2017 年	2018 年
产业规模（亿元）	900.9	1128.4	1440.4	1933.5	2183.5
增长率（%）	21.1	25.3	27.6	34.2	12.9

资料来源：赛迪智库网络安全研究所。

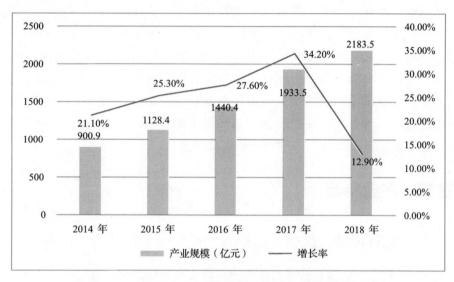

图 14-2　2014—2018 年我国网络安全产业规模及增长情况

（资料来源：赛迪智库网络安全研究所）

二、产业结构

2018 年，我国网络安全产业结构变化比较明显，其中网络可信身份服务业为主，占比过半，达到 51.7%；IT 安全产业占比为 32.8%；灾难备份产业占比为 8.1%；基础安全产业占比为 6.8%。

三、产业链分析

从宏观层面分析，网络安全产业链主要由理论研究和技术研发机构、产品提供商、终端用户等共同组成，产品提供商分为基础软硬件生产商和平台数据集成商两大类。网络安全产业链关系图如图 14-3 所示。

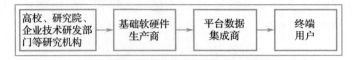

图 14-3　网络安全产业链关系图

（资料来源：赛迪智库网络安全研究所）

网络安全产业链上游包括研究机构和基础软硬件厂商。研究机构主要包括高等院校、科研院所、企业技术研发部门、国家重点实验室等单位，从事网络安全领域的基础理论研究、关键技术攻关等工作。基础软硬件生产商主要研究关键芯片技术、操作系统底层工作原理等，实现科研成果转化。网络安全产业链的上游是网络安全产业的根基，需要研究机构和基础软硬件生产商协同发展。

网络安全产业链下游包括平台数据集成商和终端用户。平台数据集成商在产业链中发挥着承上启下的重要作用，根据市场的变化，结合现有的技术对软硬件产品进行二次开发，生产出满足客户需求的终端产品。例如：网络防护类产品、终端数据备份产品、各种身份认证类产品。

第三节　产业特点

一、政策环境持续优化，带动网络安全技术产业创新发展

2018 年 4 月，习近平总书记在全国网络安全和信息化工作会议上强调，要"积极发展网络安全产业，做到关口前移，防患于未然"，对新时代我国网络安全产业发展提出新的更高要求。为落实总书记重要讲话精神，我国出台了一系列政策文件，布局网络安全新技术,增添产业发展新动力。6月,公安部发布《网络安全等级保护条例（征求意见稿）》，强调要"支持网络安全等级保护技术的研究开发和应用，推广安全可信的网络产品和服务"。国家认证认可监督管理委员会、工业和信息化部、公安部、国家互联网信息办公室四部门联合发布了第一批承担网络关键设备、网络安全专用产品安全认证和安全检测任务的机构名录，对网络关键设备、网络安全专用产品的安全认证和安全检测进行规范。10月，《贵阳市大数据安全管理条例》正式实施，该条例提出"采取资金扶持、开设绿色通道等措施，支持数据安全技术产业、项目和数据安全技术、管理方式的研究开发、创新应用"。11月，工信部印发《新一代人工智能产业创新重

点任务揭榜工作方案》，将人工智能安全技术服务平台、人工智能在网络、信息和数据安全领域的应用等作为重点揭榜任务；组织开展网络安全技术应用试点示范项目推荐工作，将病毒和恶意代码查杀、网络流量分析与监测、攻击溯源、源代码分析、漏洞检测等，以及保障大数据、人工智能、区块链等新技术新应用的网络安全技术作为重点引导方向，促进网络安全先进技术协同创新和应用部署，提升网络安全产业发展水平。12 月，工信部印发《车联网（智能网联汽车）产业发展行动计划》，提出要重点突破车联网产业的功能安全、网络安全和数据安全的核心技术研发，支持安全防护、漏洞挖掘、入侵检测和态势感知等系列安全产品研发，推动企业加大安全投入，提升行业安全保障服务能力。这些政策法规出台、专项行动的实施，体现了国家大力推进网络空间安全技术产业发展的决心，为网络安全产业的发展指明了方向，优化了产业发展政策环境，为从事网络安全业务的相关企业注入了强心剂，促进了产业持续健康稳定发展。

二、融资并购趋势不减，提升企业核心竞争力是核心关键

2018 年，国内网络安全领域的资本市场继续保持活跃，融资并购事件频发。安全统计数据显示，2018 年国内网络安全企业融资额高达 60 亿元，较 2017 年增长约 71 个百分点。一方面，新兴网络安全企业加快融资步伐，夯实企业发展基础，拓展产品市场。芯盾时代完成 1.2 亿元 B2 轮融资，加快推进以身份认证为核心的网络安全能力建设；众享比特完成 3600 万元 B+ 轮融资，持续加码区块链技术研发；青藤云安全完成 2 亿元 B 轮融资，着力加强自适应安全防御的技术人才建设和产品研发；工控安全厂商威努特获得数亿元的 C 轮融资，聚焦工控安全领域，加大人才引进力度，加强产品研发和市场推广的投入，具体情况如表 14-2 所示。另一方面，大型网络安全企业加大网络安全投入，集聚创新资源，不断提升核心竞争力。华为将在未来 5 年投入 20 亿美元，加强网络安全能力建设；绿盟科技发布星云、格物、天机、伏影、天枢等五大安全实验室，集聚优势力量与专家资源，为政企的安全问题提供前瞻性建议及解决方案；深信服在创业板上市，继续深耕网络安全领域。

表 14-2　2018 年我国网络安全行业重大融资并购事件

投　资　方	被投资方	交易金额（万元）	时　间	领　域
阿尔法资本等	白山云科技	33000	2018.01	云安全
SIG 等	芯盾时代	12000	2018.01	身份安全

续表

投　资　方	被投资方	交易金额（万元）	时　　间	领　　域
幸福投资等	众享比特	3600	2018.01	区块链
红杉中国等	青藤云安全	20000	2018.02	云主机防护
毅达资本等	瀚思科技	千万级	2018.03	大数据安全
汉富资本等	威努特	10000	2018.03	工控安全
中国互联网投资基金	恒安嘉新	3986.7	2018.04	移动安全
海通开元等	观安信息	13000	2018.04	大数据安全
创业板上市	深信服	120000	2018.05	网络安全、云安全
贵州省大数据产业基金等	白山云科技	24000	2018.06	云安全
千乘资本等	天地和兴	8000	2018.07	工控安全
华创资本等	中睿天下	8000	2018.07	攻击溯源
经纬中国等	长亭科技	亿级	2018.07	应用安全
德联资本等	安华金和	千万级	2018.08	数据库安全
被航天发展收购	壹进制	27000	2018.08	容灾备份、数据安全
百度风投等	青莲云	2000	2018.08	物联网安全
360 集团、天融信	赛宁网安	千万级	2018.09	攻防平台
360 企业安全等	椒图科技	8000	2018.09	主机加固
百度风投等	长扬科技	千万级	2018.10	工业互联网安全
高成资本等	指掌易	20000	2018.10	移动安全
ULan Network 等	极御云安全	14000	2018.11	云安全
IDG 资本等	360 企业安全	125000	2018.12	全安全行业
杉杉创投等	爱加密	3000	2018.12	移动应用加固
易合资本等	威胁猎人	3000	2018.12	在线业务安全

资料来源：赛迪智库网络安全研究所。

三、战略合作不断深化，强强联手打造产业发展新引擎

2018 年，我国网络安全相关企业纷纷开展战略合作，强强联手、取长补短，加快推进网络安全产业发展。

一是着重加强在新兴、重点网络安全领域的技术、产业布局。神州信息联合国科量子，共同推进量子通信骨干网、城域网及专业网的建设、技术服务及行业应用。腾讯与北京航空航天大学共建网络生态安全联合实验室，在网络攻防、渗透测试、恶意软件检测、大数据安全、工控安全、内容安全、云计算安全、物联网安全、无线安全、人工智能、隐私安全、威胁情报、威胁检测、网

络安全测绘等方向展开科研合作。北信源与中冶研共建"大数据与信息安全实验室"，聚焦金融行业应用、金融级安全应用、大数据安全等多方面技术研发。启明星辰与国家工业信息安全发展研究中心进行战略合作，开展工控安全技术产业研究。中科曙光与下一代互联网国家工程中心共建国家先进计算产业创新中心，加速推动我国 IPv6 部署。绿盟科技深化与中国移动在网站安全、抗 D 能力、漏洞处置等方面的战略合作。

二是充分借助地方资源实现技术突破，壮大产业力量。360 集团与雄安新区在多个领域开展全方位、深层次网络空间安全战略合作，推动实现网络安全核心技术研发突破。启明星辰与天津市滨海新区人民政府达成战略合作，共同打造天津市网络安全产业创新基地。绿盟科技借助成都市高新区优质的产业环境，建设西南区总部基地，发展云计算安全等信息安全相关产业；与武汉临空港区管委会签署战略合作，共同打造人才培养、技术创新、产业发展的一流网络安全创新园区。启明星辰与无锡市人民政府在物联网和信息安全产业领域开展全方位战略合作，包括成立启明星辰物联网安全总部基地，打造物联网安全产业生态圈；打造启明星辰华东区域安全营运中心，开展云计算、大数据等网络空间安全领域的创新技术研究等。

三是组建网络安全产业联盟，搭建企业协同创新攻关的新桥梁、沟通协作的新渠道。中国技术市场协会、腾讯安全、知道创宇、中国区块链应用研究中心等二十余家机构、单位联合发起了中国区块链安全联盟，意在建立区块链生态良性发展长效机制。

第十五章

基础安全产业

第一节 概述及范畴

一、相关概述

（一）基础安全

基础安全是指信息系统的基础硬件、基础软件及其他核心设备自主可控，不因核心技术、供应链受制于人等因素而导致系统和数据遭受恶意破坏，系统连续可靠正常地运行，服务不中断。我国基础安全产业主要涉及自主可控的集成电路、操作系统和数据库等基础软硬件领域。

（二）芯片

芯片又称微电路、微芯片，在电子学中是一种把电路（主要包括半导体装置，也包括被动元件等）小型化的方式，并通常制造在半导体晶圆表面上。集成电路概念范畴很大，包括通用 CPU、嵌入式 CPU、数字信号处理器（DSP）、图形处理器（GPU）、内存芯片等。在计算机、手机等信息设备和系统中，CPU 是运算和控制中心，承担着处理指令、执行操作、控制时间、处理数据等功能。

（三）操作系统

操作系统是指用于管理硬件资源、控制程序运行、提供人机界面，并为应用软件提供支持的一种系统软件产品。安全操作系统（也称可信操作系统，Trusted Operating System），是指计算机信息系统在自主访问控制、强制访问控制、标记、身份鉴别、客体重用、审计、数据完整性、隐蔽信道分析、可信路径、可信恢复等十个方面满足相应的安全技术要求。

安全操作系统一般具有以下关键特征：

（1）用户识别和鉴别（User Identification and Authentication），安全操作系统需要安全的个体识别机制，并且所有个体都必须是独一无二的。

（2）强制访问控制（Mandatoy Access Control，MAC），中央授权系统决定哪些信息可被哪些用户访问，而用户自己不能够改变访问权限。

（3）自主访问控制（Discretionary Access Control，DAC），留下一些访问控制让对象的拥有者自己决定，或者给那些已被授权控制对象访问的人。

（4）对象重用保护（Object Reuse Protection，ORP），对象重用是计算机保持效率的一种方法。计算机系统控制着资源分配，当一个资源被释放后，操作系统将允许下一个用户或者程序访问这个资源。

（5）全面调节（Complete Mediation，CM），为了让强制或者自主访问控制有效，所有的访问必须受到控制，高安全操作系统执行全面调节，意味着所有的访问必须经过检查。

（6）可信路径（Trusted Path，TP），对于关键的操作，如设置口令或者更改访问许可，用户希望能进行无误的通信（称为可信路径），以确保他们只向合法的接收者提供这些主要的、受保护的信息。

（7）可确认性（Accountability），通常涉及维护与安全相关的、已发生的事件日志，即列出每一个事件和所有执行过添加、删除或改变操作的用户。

（8）审计日志归并（Audit Log Reduction，ALR），理论上，审计日志允许对影响系统的保护元素的所有活动进行记录和评估。

（9）入侵检测（Intrusion Detection，ID），与审计精简紧密联系的是检测安全漏洞的能力，入侵检测系统构造了正常系统使用的模式，一旦使用出现异常就发出警告。

（四）数据库

数据库（Database）是按照数据结构来组织、存储和管理数据的建立在计算机存储设备上的仓库。安全数据库通常是指达到美国可信计算机系统评价标准（Trusted Computer System Evaluation Criteria，TCSEC）和可信数据库解释（Trusted Database Interpretation，TDI）的 B1 级标准，或中国国家标准《计算机信息系统安全保护等级划分准则》的第三级以上安全标准的数据库管理系统。在安全数据库中，数据库管理系统必须允许系统管理员有效地管理数据库并保证数据库的安全，只有被授权的管理员才可以使用那些安全功能和设备，数据库管理系统保护的资源包括数据库管理系统存储、处理或传送的信息，数据库管理系统阻止对信息的未授权访问，以防止信息的泄露、修改和破坏。安全数据库在通用数据库的基础上进行了诸多重要机制的安全增强处理，通常包括：安全标记及强制访问控制、数据存储加密、数据通信加密、强化身份鉴别、安全审计、三权分立等安全机制。

二、范畴

基础安全产业，其产业链主要是指基础硬件制造商、基础软件开发商和基础技术服务供应商，这些厂商连同上下游的研究机构、企业、用户以及一些配套工具厂商等，形成了基础安全产业生态链条。基础技术和基础软硬件产品的主要服务对象包括信息技术平台服务商、系统集成商、技术服务商以及企业用户等，如各类大数据工作平台需要先进的基础软硬件支持，电子商务需要密码算法等基础技术提供服务。基础软硬件一般要经由系统集成商或应用开发者融合，通过渠道商提供给广大用户，如图 15-1 所示。

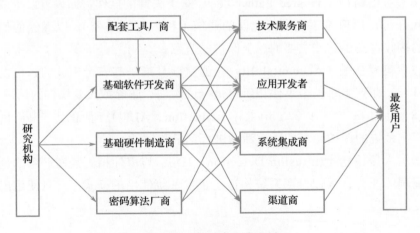

图 15-1　基础安全产业链

（资料来源：赛迪智库网络安全研究所）

第二节　发展现状

一、自主创新能力进一步提升

在国家政策推动下，企业的核心技术能力不断提升。

一是核心技术自主研发能力不断提升。

截至 2018 年年底，龙芯的第三代产品（3A4000、3B3000、2K1000、7A1000）已经全面推出并完成产品化，第三代产品克服了上一代产品追求单项指标世界先进导致通用处理器性能不足的问题，SPEC CPU2006 测试的通用处理性能是第一代产品的 3 ～ 5 倍，超过了 Intel 的低端凌动系列，其中访存带宽达到了 Intel 的高端产品 E5 的水平。

二是引进消化吸收再创新不断增强。在 ARM 平台方面，国内企业多管齐下，天津飞腾、华为海思、上海兆芯等通过获得架构授权研发 ARM 64 服务器芯片，不断提升自身能力；同时，华为海思和紫光展锐等企业不断优化产品性能，抢占市场至高点，如 2019 年 9 月，华为海思发布了麒麟 990 系列芯片，麒麟 990 5G 是华为推出的全球首款旗舰 5G SoC，是业内最小的 5G 手机芯片方案，基于业界最先进的 7nm+ EUV 工艺制程，首次将 5G Modem 集成到 SoC 芯片中；率先支持 NSA/SA 双架构和 TDD/FDD 全频段，充分应对不同网络、不同组网方式下对手机芯片的硬件需求，是业界首个全网通 5G SoC。在 x86 平台方面，于 2019 年 6 月上海兆芯发布了其新一代 16nm 3.0GHz x86 CPU 产品——开先 KX-6000 和开胜 KH-30000 系列处理器。中科曙光与 AMD 成立的合资公司海光设计研发的高端 64 位 x86 架构 CPU 已出货数万片，广泛应用于超级计算机等领域。

二、市场需求稳步增长

（一）产业规模与增长

国家对网络安全的重视程度不断提升，随着《网络安全法》的发布实施，《网络产品和服务安全审查办法（试行）》《关键信息基础设施保护条例（征求意见稿）》等规范对信息技术产品的自主可控提出了明确要求，自主可控基础软硬件迎来高速发展机遇，基础安全产业的潜在市场规模巨大。2018 年我国基础安全市场规模为 148.4 亿元，同比增长 54.1%，保持较高增速。相关数据如

表 15-1 和图 15-2 所示。

表 15-1　2015—2018 年我国基础安全产业规模及增长率

项　　目	2015 年	2016 年	2017 年	2018 年
产业规模（亿元）	40.6	60.2	96.3	148.4
增长率（%）	28.1	48.2	60	54.1

资料来源：赛迪智库网络安全研究所。

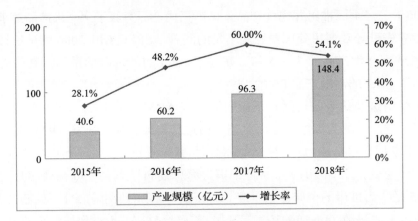

图 15-2　2015—2018 年我国基础安全产业规模及增长情况

（资料来源：赛迪智库网络安全研究所）

（二）产业结构

2018 年，在中国基础安全产业中，基础安全硬件保持较高增速，市场占比快速上升，但基础安全软件仍为主力，占比达到 63.6%，基础安全硬件占比为36.4%。相关数据见图 15-3。

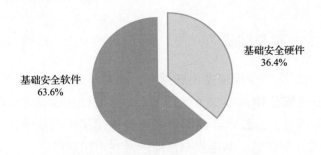

图 15-3　2018 年我国基础安全产业结构

（资料来源：赛迪智库网络安全研究所）

三、行业整体实力不断增强

按照国家的布局规划，行业投入不断加大，整体实力不断增强。

一是国家政策支持力度加大。2014 年 9 月，国开金融、中国烟草、亦庄国投、中国移动、上海国盛、中国电科、紫光通信、华芯投资等企业共同出资组建国家集成电路产业投资基金，也称为"大基金"。按照基金实际出资额放大比例 1:5 进行计算，截至 2018 年 10 月，"大基金"一期已投资企业带动新增社会融资（含股权融资、企业债券、银行、信托及其他金融机构贷款）约 5000 亿元。"大基金"二期的投资资金总额将超过万亿元。

二是国产化替代持续深入。在芯片制造方面，中芯国际 28 纳米已量产，14 纳米 FinFET 制造工艺将于 2019 年量产；台积电南京工厂已经开工建设。国内芯片设计厂商实力也不断提升，市场控制力不断加强，市场占有率不断扩大。

四、产业生态链逐步完善

在产业生态链建设方面，我国政府、相关企业开展了大量基于国产 CPU 和操作系统的适配工作，取得了一定成效，基于国产 CPU 和操作系统的核心技术生态初步形成。工业和信息化部组织建立了联合攻关基地，系统集成商联合 CPU、操作系统、整机、数据库、中间件等厂商，开展集成适配技术攻关，推进国产核心软硬件的集成适配和协同发展，发现、解决、优化实际问题数百个，整体性能提升 5 倍以上，促进国产软硬件版本升级 300 余次，体系化提升国产核心软硬件的性能和可靠性，为国家党政军和重要信息系统的国产化替代奠定了初步基础。同时，相关企业也自发开展适配工作。龙芯不仅推出了与其 CPU 充分适配的龙芯基础版操作系统，还与中标麒麟、普华、中科方德等国产操作系统厂商进行适配；在中国电子信息产业集团的引领下，天津飞腾、银河麒麟、达梦数据库、迈普网络产品等形成了包括基础硬件、基础软件、应用软件等在内的生态系统，初步具备用飞腾＋麒麟的 PK 技术体系代替国外 Wintel 技术体系的能力。

第三节　主要问题

一、高新技术引进面临重重阻碍

近年来，受欧美政治和经济形势的影响，"逆全球化"潮流不断涌现，已经影响我国信息领域核心技术的引进吸收发展路径。

一是发达国家针对高端信息技术的控制力度不断强化。2018 年以来，美国政府多次发布对华进口商品加征关税。2019 年 8 月，美国财政部一反自定标准和长期惯例，将中国认定为"汇率操纵国"。

二是针对信息技术产品的贸易保护主义不断蔓延。2018 年 4 月 16 日，美国商务部发布公告称，美国政府在未来 7 年内禁止中兴通讯向美国企业购买敏感产品，要求中兴通讯缴纳 10 亿美元罚金；2019 年 5 月，美国商务部将华为列入了其一份会威胁美国国家安全的"实体名单"中，从而禁止华为从美国企业购买技术或配件，此外，美国商务部还将多家中国企业列入其所谓的"实体名单"。

二、自主可控生态建设任重道远

我国缺乏基础安全产业核心技术积累，特别是 CPU 和操作系统，其核心技术高度依赖国外，技术水平低、力量弱，尚未掌控核心技术发展的话语权，自主生态构建能力弱。

在 CPU 方面，走兼容国际主流指令集之路的国内企业，多是获得国外的授权而并不拥有该指令集的知识产权，国外企业在对国内企业的授权中有诸多限制，如 Intel 公司并不向任何第三方提供 x86 指令集授权，ARM、MIPS 等虽然提供指令集授权，但在授权时会或多或少地设定一些限制性条款，不具备发展的绝对话语权；走自主定义指令集之路的企业，如申威、北大众志，具有一定知识产权，可以自由选择发展方向和技术路线，但是技术产品与国外有较大差距，性能上差距大概有 3 ～ 5 倍，而且由于自主指令集较为小众，缺乏既有生态，相关应用适配较少，难以形成规模化效应。

在操作系统方面，国产操作系统多基于开源 Linux 设计，但对包括开源 Linux 内核在内的核心技术消化掌握不足，在开源社区的贡献有限，产品的性能功能、用户体验、稳定性与国际主流产品尚有较大差距，无法自主掌握演进方向，只能基于开源生态发展，无法构建自身的生态系统。

三、产业生态体系需要不断完善

国内已形成了以"国产 CPU+ 基于开源 Linux 的国产操作系统"的自主生态，但是国产 CPU 和操作系统产业链上下游各环节协同不够，自主生态不完备。在 CPU 方面，国产 CPU 厂商面临缺乏硬件、整机设备和软件支持的问题，硬件和整机设备厂商对国产 CPU 还存在质疑，大量的通用软件没有针对国产

CPU 架构开发单独的适配版本，用户体验较差，导致国产 CPU 在消费市场面临"不愿用、没人用"的困境。国产操作系统也面临着缺乏应用软件支持的问题，应用软件数量不足，操作系统难以真正应用起来。此外，国产 CPU 和操作系统产业链条上还存在一些薄弱环节，如国内 CPU 制造工艺落后于国外两代，CPU 专用和高性能制造工艺尚处于起步阶段，面向服务器和 PC 的国产 CPU 产品仍需依赖台积电等厂商，与工艺制造相关的装备和材料技术的落后也制约国内制造工艺的升级，如光刻机，国内量产光刻机与国外制程差距大，高端光刻机全部依赖进口；国内 CPU 的设计工具 EDA 也高度依赖国外。

第十六章

IT 安全产业

IT 安全产业主要包括 IT 安全硬件、IT 安全软件和 IT 安全服务三部分。近年来，我国 IT 安全产业规模快速发展，2018 年 IT 安全产业规模达到 716 亿元，较 2017 年同比增长 8.9%。目前，IT 安全产业结构仍以安全硬件为主，占比为 51%，但近几年安全硬件所占比重呈现出下降趋势，IT 安全软件和服务所占的比重呈现出增加的趋势。IT 安全领域投资依旧活跃，继续维持了高额度融资的态势，为 IT 安全企业的技术研发和市场拓展保驾护航；同时，IT 安全企业之间开展全方位的战略合作，扩大产品的覆盖范围，提高企业的市场竞争力。IT 安全核心技术的研发力度不断加大，国家不断出台引导行业创新发展的政策，企业不断加大创新投入，IT 安全新产品不断涌现。然而，IT 安全产业仍然面临三大主要问题：一是 IT 安全产业管理有待进一步规范，网络安全资质提升与认定增加了企业的成本，市场不规范导致了企业的恶性竞争；二是 IT 安全产业支撑能力不足，主要体现在两个方面，即研发资金的低水平重复投入和高端人才的缺乏；三是 IT 安全自主可控技术有待进一步突破，需加强基础理论研究，增强自主创新能力。

第一节　概述

一、概念与范畴

（一）IT 安全软件

IT 安全软件主要用于保护计算机、信息系统、网络通信、网络传输的信息安全，使其保密性、完整性、不可伪造性、不可抵赖性得到保障，为用户提供安全管理、访问控制、身份认证、病毒防御、加解密、入侵检测与防护、漏洞评估和边界保护等功能。

1. 威胁管理软件

威胁管理软件主要用来监视网络流量和行为，以发现和防御网络威胁行为，通常包括两类产品：防火墙软件、入侵检测与防御软件。

防火墙软件可以根据安全策略识别和阻止某些恶意行为，包括用户针对某些应用程序或者数据的访问等，这些产品通常可以包括 VPN 模块。

入侵检测与防御软件能够不断地监视计算机网络或系统的运行情况，对异常的、可能是入侵的数据和行为进行检测，并做出报警和防御等反应。该类软件通过建立网络行为特征库，将系统的网络行为与特征库样本进行比较，找到恶意的破坏行为。该类软件主要使用协议分析、异常发现或者启发式探测等类似方法来发现恶意行为。入侵检测产品采用被动监听模式，发现恶意行为将做出报警响应，而入侵防御产品一旦发现恶意的破坏行为就会马上实施阻止。

2. 内容管理软件

内容管理软件综合运用多种技术手段，对网络中流动的信息进行选择性阻断，保证信息流动的可控性，可用于防御病毒、木马、垃圾邮件等网络威胁。这类软件产品通常将上述若干项功能结合起来，增加其统一性。内容管理软件可以划分为终端安全软件、内容安全软件和 Web 安全软件三类。

终端安全软件主要用来保护终端、服务器和行动装置免受网络威胁及攻击侵扰，具体包括服务器和客户端的反病毒产品、反间谍产品、防火墙产品、文件/磁盘加密产品和终端信息保护与控制产品等。

内容安全软件主要用来过滤网络中的有害信息，具体包括反垃圾邮件产品、邮件服务器反病毒、内容过滤和消息保护与控制等产品。

Web 安全软件主要用来保护各类 Web 应用，具体包括 Web 流过滤产品、Web 入侵防御产品、Web 反病毒产品和 Web 反间谍产品。

3. 安全性和漏洞管理软件

安全性和漏洞管理软件主要用于发现、描述和管理用户面临的各类信息安全风险。涉及的产品包括：制定、管理和执行信息安全策略的工具；检测相关设备的系统配置、体系结构和属性的工具；进行安全评估和漏洞检测的服务、提供漏洞修补和补丁管理的服务、管理和分析系统安全日志的工具；统一管理各类 IT 安全技术的工具等。

4. 身份与访问控制管理软件

身份与访问控制管理软件主要用于识别一个系统的访问者身份，并且根据已经建立好的系统角色权限分配体系，来判断这些访问者是否属于具备系统资源的访问权限。涉及的功能包括：Web 单点登录、主机单点登录、身份认证、PKI 和目录服务等。

5. 其他类安全软件

其他类安全软件主要包含一些基础的安全软件功能，如加密、解密工具等。同时，这类软件也包括一些能够满足特定要求，但在市面上尚未标准化和规范化的安全软件。随着信息安全需求的不断变化，这些产品很可能会成长为单独的一类安全软件产品。

（二）IT 安全硬件

1. 防火墙 /VPN 安全硬件

防火墙 /VPN 安全硬件主要根据安全策略对网络之间的数据流进行限制和过滤，其中 VPN 是防火墙的一个可选模块，可以通过公用网络为企业内部专用网络的远程访问提供安全连接。

2. 入侵检测与防御硬件

入侵检测与防御系统（IDS/IPS）硬件能够不断监视各个设备和网络的运行情况，并且对恶意行为做出反应。入侵检测与防御系统通常是软硬件配套使用的，通过比较已知的恶意行为和当前的网络行为，发现恶意的破坏行为，使用诸如协议分析、异常发现或者启发式探测等方法找到未授权的网络行为，并做出报警和阻止响应。入侵检测与入侵防御硬件产品，通常有着很强的抗分布式拒绝服务攻击（DDoS）和网络蠕虫的能力。

3. 统一威胁管理硬件

统一威胁管理（UTM）硬件产品的目标是全方位解决综合性网络安全问题。该类产品融合了常用的网络安全功能，提供全面的防火墙、病毒防护、入侵检测、入侵防御、内容过滤、垃圾邮件过滤、带宽管理、VPN 等功能，将多种安全特性集成于一个硬件设备里，构成一个标准的统一管理平台。

4. 安全内容管理硬件

安全内容管理硬件产品主要提供 Web 流过滤、内容安全性检测及病毒防御等功能，能够对信息流进行全方位识别和保护，全面防范外部和内部安全威胁，如垃圾邮件、敏感信息传播、信息泄露等。

（三）IT 安全服务

IT 安全服务是指根据客户信息安全需求定制的信息安全解决方案，包含从高端的全面安全体系到细节的技术解决措施。安全服务主要涵盖计划、实施、运维、教育四个方面，具体包括 IT 安全咨询、等级测评、风险评估、安全审计、运维管理、安全培训等几个重点方向。

二、发展历程

从整体看，我国 IT 安全产业的发展已经经历了四个阶段。

（一）萌芽阶段：1994 年之前

1986 年，中国计算机学会计算机安全专业委员会正式开始工作；1987 年，国家信息中心信息安全处成立，这一事件成为中国计算机安全事业起步的标志。这一阶段，计算机安全的主要内容是实体安全，各应用部门大多没有意识到计算机安全的重要性。20 世纪 80 年代后期到 90 年代初，我国的计算机应用保持较快发展速度，同时，计算机安全也开始起步。

（二）启动阶段：1994—1999 年

自 20 世纪 90 年代中期开始，我国开始意识到计算机安全的重要性。1994 年，我国计算机安全方面的第一部法律诞生，公安部颁布了《中华人民共和国计算机信息系统安全保护条例》，从法规的角度比较全面地界定了计算机信息系统安全的相关概念、内涵、管理、监督、责任。这个阶段，许多企事业单位开始建立专门的安全部门来开展信息安全工作，成为我国信息安全产业发展的基础。从 1995 年开始，启明星辰、天融信、北信源、卫士通等一系列信息安全企业纷纷成立，它们已经成长为信息安全产业的领军企业。

（三）发展阶段：1999—2004 年

从 1999 年开始，我国网络安全产业逐步进入发展阶段，走向正轨。我国党和国家领导人更加重视信息安全，出台了一系列相关的重要政策措施。在此阶段，信息安全产业规模快速增长，1998 年信息安全市场销售额仅 4.5 亿元左右，到 2004 年却增长了 10 倍，达到 46.8 亿元。与此同时，信息安全企业不断涌现出来，如绿盟科技、国民技术、北京 CA 等企业，联想、东软等企业也逐步建立了自己的信息安全部门。

（四）调整阶段：2005 年至今

在全球信息化的 21 世纪，是信息安全的调整阶段，也是信息安全的保障时代。随着我国信息安全行业的政策环境不断利好，信息安全产业不断发展。

政策方面：截至 2018 年年底，我国已发布的信息安全产业法律法规、政策文件已有 10 余项，尤其是自 2014 年以来，我国信息安全产业进入快速发展阶段，2014 年 2 月 27 日，中央网络安全和信息化领导小组成立，国家主席习近平亲任小组组长，该小组研究制定网络安全和信息化发展战略、宏观规划和重大政策，推动国家网络安全和信息化法治建设，不断增强安全保障能力。2015 年 7 月 6 日《中华人民共和国网络安全法》公布，并向社会公开征求意见，我国网络空间的治理，可以做到有法可依。

产业规模方面：据统计数据显示，2018 年我国信息安全产业规模达到 497 亿元。

企业方面：360 企业安全集团，依托对 11 亿终端实时保护产生的海量大数据，以及全球最大的 IP、DNS、URL、文件黑白名单四大信誉数据库，组建了专门针对企业的安全业务团队，为企业客户提供基于"数据驱动安全"的安全方案和服务。武汉安天信息技术有限责任公司参与 863 计划、"核高基"等多项国家级科研项目，拥有百余项核心技术专利，参与多项国家标准和行业标准的制定。已成为国内移动安全响应体系的重要企业节点；并与国内外主流芯片厂商、移动终端厂商、移动应用厂商建立了长期战略合作关系，为全球超过 10 亿终端用户保驾护航。长扬科技（北京）有限公司为我国工业互联网、关键信息基础设施安全防护提供产品及解决方案支持，客户群体覆盖轨道交通、石油石化、能源电力、部队军工、公安、城市市政、智能制造和政府教育等多个行业和领域，2018 年，长扬科技的整体业绩近 6000 万元。

三、产业链分析

IT 安全产业的企业主要包含 IT 安全硬件提供商、IT 安全软件提供商和 IT 安全服务提供商三类。IT 安全产业链主要包括这些 IT 安全产业提供商及上下游企业和最终用户。IT 安全产业链的上游企业主要包括开发工具提供商、基础软件提供商、基础硬件提供商和元器件提供商等。IT 安全产业链的下游主要包括信息安全集成商和最终用户。

IT 安全产业服务化趋势愈发明显，主要体现在各类信息安全解决方案上。信息安全解决方案往往整合多家信息安全企业的软硬件产品，并提供各种培训、教育等方面的信息安全服务，能够解决单一的信息安全软硬件产品无法解决的信息安全问题，充分满足各行业、企业和个人日益增加的信息安全需求。如图 16-1 所示。

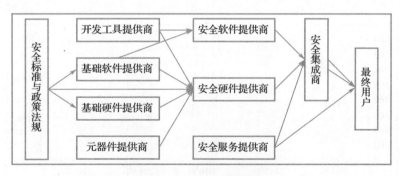

图 16-1　IT 安全产业链

（资料来源：赛迪智库网络安全研究所）

我国的 IT 安全产业协同度正在逐步提高。首先，信息安全品牌厂商为了获得更好的价格政策和全方位的技术支持，与上游重要硬件厂商和软件厂商合作。其次，与国外大型 IT 综合服务商、IT 咨询公司和国内研究机构等的合作日趋紧密。国外大型综合 IT 服务商、IT 咨询公司和国内行业研究机构对行业未来发展趋势有着全面的把握，可促使信息安全服务商积淀行业知识，逐步切入客户核心业务系统。而国内的 IT 技术研究机构则可帮助信息安全服务商以更低的成本、更快的速度加强 IT 技术储备。另外，信息安全厂商之间的合作得到重视，开始尝试互为渠道、优势互补的多方共赢模式。

第二节　发展现状

一、IT 安全产业规模保持稳步增长

2018 年，随着网络安全逐步上升到国家战略层面，受国家政策的推动，政府、军工行业展开规模性信息安全产品集采，IT 安全产业规模保持稳步增长，但增速有所放缓，2018 年我国 IT 安全产业规模达到 716 亿元，比 2017 年增长 8.9%。相关数据如表 16-1 和图 16-2 所示。

表 16-1　2014—2018 年我国 IT 安全产业规模及增长率

年　份	2014 年	2015 年	2016 年	2017 年	2018 年
产业规模（亿元）	321.3	403.2	516.4	657.4	716
增长率（％）	21.0	25.5	28.1	27.3	8.9

资料来源：赛迪智库网络安全研究所。

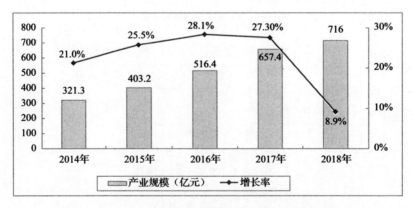

图 16-2　2014—2018 年我国 IT 安全产业规模及增长率

（资料来源：赛迪智库网络安全研究所）

二、IT 安全软件和服务市场持续增长

国家对信息安全产业政策的持续推出及机构改革，突显了国家对网络安全

行业的重视，也表明了网络安全行业的重要战略地位。据统计数据显示，2018年我国 IT 安全产业中 IT 安全硬件占比 51%，相比 2017 年上涨 1 个百分点；IT 安全软件占比 38%，相比 2017 年下降 1 个百分点；IT 安全服务占比 11%，与 2017 年持平。从 2013—2018 年我国 IT 安全产业结构的数据对比来看，IT安全硬件的市场地位难以撼动，但市场占比稍有下降，IT 安全软件市场基本稳定，占比变化在 38% ～ 39% 区间；IT 安全服务市场占比有所上升。其中政府、金融、电信三大行业分别以 25%、19%、18% 的占比成为 IT 安全产业占比的前三名。随着云计算、物联网、移动互联网、大数据等新一代信息技术的飞速发展，数据已经成为 21 世纪我国乃至全球经济、社会、文化等各方面发展的无形重要资产。在此大环境下，国民及各大厂商对信息安全的需求开始从简单单一的信息安全技术产品转向集成化的信息安全解决方案，基于数据的 IT 安全服务产业（如管理服务、运营服务、技术服务等方面）逐渐成为信息安全产业即 IT 安全产业发展的主流，具体数据如图 16-3 所示。

图 16-3　2013—2018 年我国 IT 安全产业结构

（资料来源：赛迪智库网络安全研究所）

三、IT 安全企业融资合作频繁

一是 IT 安全企业巨头相互合作，为互联网安全发展提供平台。2018 年 8 月，腾讯发起并携手包括启明星辰、卫士通、立思辰等在内的 15 家 A 股上市公司，成立 P16 领袖俱乐部（上市企业协作共同体），旨在搭建中国互联网安全企业的协同平台。2018 年 10 月，杭州安恒信息技术有限公司与哈尔滨工业大学签署战略合作协议，双方本着"校企合作、协同育人"的宗旨，将在人才培养、项目攻关、课题申报和成果转化等方面进行产学研深度合作。2018 年 11 月，中国电子科技网络信息安全有限公司与俄罗斯卡巴斯基实验室在乌镇共同签署战略合作备忘录。

二是企业间融资并购事件频发，企业做大做强趋势日益明显。2018 年 2 月，青藤云安全获得红杉资本领投，宽带资本、红点创投、真格基金跟投的 2 亿元 B 轮融资。2018 年 2 月，中国互联网业务安全服务商顶象技术宣布完成了数亿元人民币融资，本轮融资由嘉实投资领投，东证资本和晨兴资本跟投。2018 年 3 月，安百（北京）科技有限公司，近日宣布完成了 A 轮 6000 万元融资，此次融资由滨海金控领投。2018 年 4 月，长期深耕网络和信息安全领域的北京华顺信安科技有限公司完成数千万元人民币的新一轮融资，本轮融资由丹华资本领投。2018 年 6 月，北京天际友盟信息技术有限公司获得天津奇安创业投资合伙企业和广州市中海汇金创业投资合伙企业投资的 A 轮投资。2018 年 6 月，数据安全厂商中安威士（北京）科技有限公司宣布完成 B 轮融资，此次融资由中电科网安基金领投，通裕恒丰、祯祥万方跟投，融资额近亿元。2018 年 6 月，EDR（端点检测与响应）厂商杰思安全获得绿盟科技的战略投资，绿盟与杰思将在云计算、虚拟化、威胁情报等多个技术领域展开合作。

四、IT 安全核心技术的不断创新

一是国家不断在 IT 安全核心技术的研发政策方面发力。2018 年 3 月，中央网信办、工信部发布《关于推动资本市场服务网络强国建设的指导意见》。2018 年 6 月，全国信息安全标准化技术委员会归口的《信息安全技术 公钥基础设施数字证书格式》等 7 项国家标准正式发布。2018 年 7 月，国家认证认可监督管理委员会发布《网络关键设备和网络安全专用产品安全认证实施规则》。

二是企业自主、企业与企业合作研发的核心技术不断创新。2018 年 9 月，青藤云安全推出自适应主机安全产品"青藤万相"，让服务器防护被动变主动。

2018 年 10 月，中国联通与华为合作，提出了"3T+1M"的物联网安全体系架构。2018 年 12 月，绿盟科技不断加大研发投入，作为持续研发投入的延续，绿盟科技在京发布五大安全实验室：星云实验室、格物实验室、天机实验室、伏影实验室、天枢实验室。2018 年 4 月，梆梆安全发布智能终端安全威胁预警系统。2018 年 5 月，山石网科发布了高性能的云计算数据安全防护平台 X10800。

第三节　面临的主要问题

一、IT 产业安全问题频发

最近几年全球网络攻击事件不断，而被攻击的机构用的都是安全公司提供的产品和技术。2017 年 5 月，"永恒之蓝"勒索病毒席卷全球，短短一天内波及 150 多个国家，其中包括英国医疗系统、美国快递公司、俄罗斯内政部、西班牙电信公司。2018 年 8 月，勒索蠕虫的变种入侵台积电，几小时内三大基地的生产线全部停产，受病毒攻击影响，台积电第三季度损失可能达到 1.7 亿美元。一系列的攻击事件说明了传统安全防护技术和隔离网失灵了，在这样的形势下，网络被彻底打开，传统边界属性改变，传统的 IT 安全架构已跟不上时代发展，需要探索全新的安全解决方案。

IT 安全产业领域的投融资活动近几年维持了增长的活跃态势，提高了市场的活力，促进了产业的快速发展。相关部门应出台相关办法，加强执法力度，对项目招标过程中采取不正当手段排挤对手、攻击他人抬高自己取得市场份额、盗用不实资质、恶意降低产品价格扰乱市场、暗箱操作等严重扰乱市场竞争秩序的现象予以惩戒，保障市场竞争的公平性。

二、IT 安全产业支撑能力不足

一方面，国家支持的资金利用效率较低。国家在网络安全技术领域科研项目包括："973"和"863"科研计划、"核高基"重大科技专项、国家自然科学基金重大项目等大量科技攻关项目，全国各省市也相继出台了多项相关政策，旨在促进地方网络信息安全产业发展和技术研发。然而，项目的立项不够科学，低水平重复资助的现象较为严重，虽然加大了成功的概率，但是难以发挥资金的规模效益，不利于集中资源实现产品技术创新突破。同时，政府支持的重大技术产品过度竞争，形成浪费，不利于通过市场竞争机制打造本土品牌，国内市场的占有率仍然较低。

另一方面，IT 安全方面的高端人才缺乏，智力支撑不足。我国 IT 安全人才供需矛盾较为突出，预计在 2020 年我国网络安全人才需求数量将达到 140 万，而我国 IT 安全专业的大学生仅维持在 1 万人 / 年左右的水平。同时，我国大部分高校现有的网络与信息安全专业起步较晚、相关课程存在设置不合理的现象，导致专业技能培养、实战训练不到位，导致大部分学生缺乏实战经验等现象普遍存在。因此，在多种因素的共同作用下，加剧了我国网络信息安全人才的供需矛盾。此外，在全球化背景下，国际大公司在科研、环境、薪酬等方面有较强的吸引力，我国培养出来的大部分高端网络安全人才流向欧美等发达国家的企业，更加剧了我国网络安全产业高端人才的匮乏现象。

三、IT 安全自主可控程度有待提升

长期以来，我国网络信息产业发展过度重视经济效益，忽视了网络安全产业，对基础核心技术的重要性认识不足，自主创新能力较低，对国外网络信息安全技术和产品依赖度较高。

一方面，基础理论研究重视程度不够，自主创新的根基不牢。网络信息安全技术和产品的突破，关键是基础理论的突破。但是，基础理论的创新和突破，需要投入的资金和人力较大、研究周期较长、准入门槛较高，我国在这方面没有足够的重视，导致理论研究层面落后于西方发达国家。

另一方面，核心技术以西方体系为标杆，自主创新的动力不足。作为网络安全技术领域的后来者，我国部分网络安全企业研发能力较弱，一直处于模仿和学习阶段，自主创新能力不强。但是，在引进消化吸收过程中，由于西方国家的限制和自身重视程度不足，在基础网络协议和核心技术标准方面，有时候全盘接受，失去了创新的动力，无法实现引进消化吸收再创新的目的。新时期，在双创的大背景下，企业应抓住战略机遇，突破网络安全核心技术。

第十七章

灾难备份产业

第一节　概述

一、概念及范畴

（一）数据中心

数据中心（DC）主要为客户提供基于数据中心的服务（其中不包括客户自己建设的数据中心）。数据中心是集中化的资源库，可以是物理的或虚拟的，它针对特定实体或附属于特定行业的数据和信息进行存储、管理和分发。

数据中心服务提供商（SP）是提供基础数据中心服务的第三方数据中心提供商或运营商，服务类型包括数据中心、机柜和服务器的租赁、虚拟主机、域名注册，以及其他增值服务等。相关服务类型如表 17-1 所示。

表 17-1　数据中心服务类型

服务类型	细分类型	服务名称
基础服务	资源相关的基础业务	专用机房、服务器租赁、宽带租赁等
	其他基础服务	域名服务、虚拟主机、企业邮箱等
增值服务	网络管理	KVM、流量监控、负载均衡、网络监控等
	安全	硬件防火墙、网络攻防、病毒扫描等
	数据备份	数据备份、专用数据恢复机房、业务连续性服务
	其他增值服务	IT 外包、企业信息化、CDN 等

资料来源：赛迪智库网络安全研究所。

（二）企业数据中心

企业数据中心（EDC）是数据中心的一种，主要基于数据中心为大中型企业提供生产经营系统的运行场所及相应的增值服务。企业数据中心主要面向高端客户，与通常的互联网数据中心（IDC）相比，在建设标准、服务等级等方面要求更高。

（三）灾备服务

灾备服务，即容灾备份与恢复，是指利用技术、管理手段及相关资源确保关键数据、关键数据处理系统和关键业务在灾难发生后可以恢复的过程。一个完整的灾备系统主要由数据备份系统、备份数据处理系统、备份通信网络系统和完善的灾难恢复计划所组成。灾备服务一方面包括基于灾备中心的灾难恢复和业务连续性服务，另一方面也包括灾备中心建设咨询、灾备基础设施租赁、业务连续性计划、灾备中心运行维护等相关的第三方外包服务。

二、产业链分析

在当下大数据、云计算、区块链等新兴技术的带动下，互联网数据中心飞速发展，同时，随着社会的发展，金融、教育、科研、医疗及军事等领域对信息技术的依赖也越来越多。其中，灾难备份产业正在迅速展开，已经形成了具有一定影响力的灾难备份产业链条。现阶段，灾难备份产业链主要分为上、中、下游三个层次。上游主要包括硬件设备制造商（如施耐德、艾默生、南都电源、英雄克等）、软件服务商（如东软、用友、清华同方等）、电信运营商（如中国电信、中国移动、中国联通）以及其他部分（如土地、空调机柜、散热设备、机架设备等）。中游主要包括两大部分，一部分是 IDC 基础架构提供商（如光华新网、世纪互娱、数据港、网宿科技、万国数据、鹏博士等）；另一部分是 IDC 服务商，IDC 服务商以基础电信运营商和云计算服务商为整体，以中国电信、中国移动、中国联通、华为云、UCLOUD、盛大云、阿里云、腾讯云为核心，全面建设灾难备份产业数据中心。下游主要是以灾难备份产业建设的数据中心应用为主，对接用户层，涉及互联网企业、制造业企业、金融机构、政府部门等。产业链的上中下游通过建设创新平台、数据中心服务等方式，为产业链各个环节提供安全可靠的数据备份。

第二节　发展现状

一、灾备政策和标准持续发力

在 2017 年国家灾备政策的大力支持下，2018 年我国不仅在灾备政策上持续跟进，同时在灾备标准上也持续发力。2018 年 6 月 25 日，公安部发布关于《网络安全等级保护条例（征求意见稿）》，该法案被业内称为"等保 2.0"，该条例中明确指出要落实数据分类、重要数据备份和加密等措施；落实重要网络设备、通信链路、系统冗余、备份和恢复措施。2018 年 12 月，由中国网络安全审查技术与认证中心、中国信息安全测评中心等数十个单位起草的《信息安全技术灾难恢复服务要求（GB/T 36957-2018）》正式发布，从多个角度对灾难恢复服务资源配置、灾难恢复服务过程和灾难恢复服务项目管理三个方面规定了灾难恢复服务的详细要求。

二、市场规模稳步增长

一是数据中心市场规模。2012 年中国数据中心市场服务规模为 211 亿元，2013 年中国数据中心市场服务规模为 253 亿元，相比 2012 年，增长 42 亿元，同比增长 19.91%；2014 年中国数据中心市场服务规模为 372 亿元，相比 2013 年，增长 119 亿元，同比增长 47.04%，增速上涨 27.13 个百分点；2015 年中国数据中心市场服务规模为 519 亿元，相比 2014 年，增长 147 亿元，同比增长 39.52%，增速放缓 7.52 个百分点；2016 年中国数据中心市场服务规模为 715 亿元，相比 2015 年，增长 196 亿元，同比增长 37.76%，增速放缓 1.76 个百分点；2017 年中国数据中心市场服务规模为 946 亿元，相比 2016 年，增长 231 亿元，同比增长 32.31%，增速放缓 5.45 个百分点；2018 年中国数据中心服务市场规模达 1210 亿元，相比 2017 年的 946 亿元，增长 264 亿元，同比增长 27.91%，增速放缓 4.4 个百分点。从总体来看，中国数据中心产业规模呈现增长趋势，但增长速度稍有放缓，出现这种现象的原因与国家政策的引领、技术的升级等多种因素有关（见图 17-1）。

二是灾备行业市场规模。2012 年中国灾备行业市场服务规模为 60.3 亿元，2013 年中国灾备行业市场服务规模为 73.9 亿元，相比 2012 年，增长 13.6 亿元，同比增长 22.55%；2014 年中国灾备行业市场服务规模为 88.7 亿元，相比 2013 年，增长 14.8 亿元，同比增长 20.03%，增速放缓 2.52 个百分点；2015 年中国灾备行业市场服务规模为 106.5 亿元，相比 2014 年，增长 17.8 亿元，同比增长 20.07%，增速增加 0.04 个百分点；2016 年中国灾备行业服务规模为 127.8 亿元，相比 2015 年，增长 21.3 亿元，同比增长 20%，增速放缓 0.03 个百分点；2017 年中国灾备行业市场服务规模为 151.8 亿元，相比 2016 年，增长 24 亿元，同比增长 18.78%，增速放缓 1.22 个百分点；2018 年中国灾备行业市场规模为 177.4 亿元，增长 25.6 亿元，同比增长 16.86%，增速放缓 1.92 个百分点。从总体来看，中国灾难备份产业规模呈现增长趋势，但增长速度稍有放缓（见图 17-2）。

图 17-1   近年我国数据中心市场服务规模情况

（资料来源：赛迪智库网络安全研究所）

图 17-2   近年我国灾备行业市场服务规模情况

（资料来源：赛迪智库网络安全研究所）

三、行业应用涉及广泛

2018年，我国金融、制造、医疗、教育等行业在灾难备份产业已有多种应用。

一是政府及相关组织机构灾备建设方面，构建大数据中心和统一的政府及相关组织机构电子政务云平台，将电子政务基础架构、电子政务应用开发及运行、虚拟化桌面管理、电子政务数据集成和交换等多个服务予以整合。如陕西省检察机关业务系统容灾共建项目，该项目具备应对大多数灾难对业务系统及数据安全造成的影响，RTO达到分钟级别，RPO达到秒级，整体建设基本满足中国《信息系统灾难恢复规范》GB-20988—2007国标中的5级相关要求，并结合自身实际情况针对部分指标进行了提升和加强。

二是金融行业灾备建设方面，采用两地三中心及异地多活模式、同城交易系统灾备系统模式、证券自营资管系统两地三中心方案、证券行业细分方案汇总等方式对不同业务系统采用不同灾备方案。如海通证券开户系统Oracle数据库保护项目，该项目的核心为Oracle RAC集群架构，系统负责数据写入和内部人员查询使用。第三方厂商采集数据信息不允许从RAC架构上获取，只能从备机上采集数据，实时性要求较高。同时RAC为了保持良好的性能，每年需要把三年前的数据进行拆分，并保存到本地的历史库中。历史库保留从该系统上线以来的所有数据，生产库数据也会同时保护到另一个数据中心，进行异地数据保护。

三是医疗行业灾备建设方面，运用灾备数据中心对医院信息系统、实验室信息管理系统、医学影像存档与通信系统、放射信息管理系统、电子病历等进行系统数据备份，确保医疗信息的完整性。如辽宁省人民医院通过建设实时灾备平台，满足虚拟化平台、云平台上的医院核心业务系统的数据库和海量数据的灾备需求，解决了业界跨平台灾备的难题，为医院业务系统的持续运行提供安全保护。

四是制造业灾备建设方面，随着大数据时代海量数据的增加，数据迁移在整个灾备过程中变得非常重要。一般而言，企业会借助专业的迁移工具完成结构化和非结构化数据的本地到异地迁移，或本地端到端的迁移。如海能达通信股份有限公司在深圳建设同城应用级灾备中心，把深圳的数据、应用容灾到同城的IDC机房，实现"同城灾备"。

五是教育行业灾备建设方面，建立同城灾备解决方案，将数据中心与灾备中心安排在同一区域。如中国地质大学采用集中备份的方式把每位老师和同学的关键数据统一同步到云灾备管理平台，实时在线地为每个教师和学生拥有独立账户对本自己的数据进行备份管理。

第三节　主要问题

一、顶层设计尚需完善

一是灾备产业整体规划上，我国尚未出台针对灾备产业整体布局的相关国家战略、政策文件及法律法规，对灾备产业发展的总体方案、宏观指导、微观细节均没有明确提出。

二是灾备产业标准方面，除 2018 年 12 月，由中国网络安全审查技术与认证中心、中国信息安全测评中心等数十个单位起草的《信息安全技术灾难恢复服务要求（GB/T 36957—2018）》外，尚未有其他国家标准及行业标准建立。

二、核心技术尚待提升

一是现阶段，国内大部分企业或个人认为在使用笔记本电脑和手机时，服务器在数据中心能够保持安全和可靠运行就行，但问题是，笔记本电脑和手机是暴露在显示世界中的，研究表明，超过 50% 的组织数据没有保存在数据中心之内，仍存在于笔记本电脑和手机终端处，设备的丢失，对于数据备份是一个大的灾难隐患。

二是我国在容灾备份核心技术方面存在缺失，落后于国际先进水平。国内一些企业的产品，如浪潮、华为、达梦等，在可用性、易用性和产品性能等方面都很难与国外产品相媲美，从而进一步恶化了国内厂商的生存空间。

三、重量级企业有待增加

一是我国在灾备产业发展方面，能够与国外企业相媲美的企业微乎其微，上游层仍局限于硬件设备制造商（施耐德、艾默生、南都电源、英雄克等）、软件服务商（东软、用友、清华同方等）、电信运营商（如中国电信、中国移动、中国联通）等企业；中游层局限于 IDC 基础架构提供商（光华新网、世纪互娱、数据港、网宿科技、万国数据、鹏博士等）和 IDC 服务商（华为云、UCLOUD、盛大云、阿里云、腾讯云）等。

二是灾备产业的初创企业数量微乎其微，灾备产业的发展仅限于在其他行业龙头企业带领下的庇护发展。

第十八章

网络可信身份服务业

　　网络身份的可信指网络主体身份是由现实社会的法定身份映射而来的，可被验证及追溯，或者网络身份由其网络活动或商业信誉担保，可被验证符合特定场景对身份信任度的要求。2018 年，我国网络可信身份服务业发展迅猛，规模持续增加、结构更趋合理、企业成长迅速、技术逐渐成熟。网络可信身份正在向着多维度认证、身份互联互通和"全流程"服务模式的方向快速发展。截至 2018 年 12 月，产业规模方面，相关产业规模超过 1128 亿元，同比增长 13.7%；标准体系方面，截至 2018 年 12 月，我国共制定了 276 项与网络可信身份相关的标准，网络可信身份标准体系基本形成。但我国网络可信身份服务业的发展仍面临很多问题，具体表现在：一是相关政策法规不够健全，标准规范有待完善；二是可信网络空间重复建设，电子认证技术发展滞后；三是基础设施等的共享协作不足，阻碍了行业快速发展；四是网络安全教育不到位，专业人才队伍不健全。

第一节　概述

一、概念及范畴

（一）网络主体身份

　　在现实社会中，身份是指在社会交往中识别个体成员差异的标识或称谓，它是维护社会秩序的基石。在互联网时代，网络主体是指具有网络行为的实体，包括参与各类网络活动的个人、机构、设备、软件、应用和服务等，它是现实社会主体的数字化映射。网络主体身份是实体身份认证的基础，是实体在网络通信时标识自身的标识符。

（二）网络可信身份

网络可信身份指网络主体身份是由现实社会的法定身份映射而来的，可被验证及追溯，或者网络身份由其网络活动或商业信誉担保，具有良好的网络信誉，可被验证符合特定场景对身份信任度的要求。符合以上条件的身份被称为网络可信身份，其真实性在签发、撤销、挂起、恢复、应用、服务和评价等全生命周期过程中能够得到有效的管理和控制。

（三）网络可信身份标识

可信标识是根据一定技术规范产生的具有唯一性、不可仿冒性及可鉴别性的数据对象。网络可信身份的标识是基于网络主体身份的属性衍生出的电子身份凭证，用于网络身份的管理和控制。网络可信身份标识由标识序列号、属性域和凭据字段组成。标识序列号是数字或字符串组成的序列号，可以对外展示，用于区分主体；属性域包含跟网络主体身份绑定的法定身份证件信息、网络行为、商业信誉等属性，如自然人的身份证号、护照号、手机号码、用户名、电子邮箱、企业的社会信用代码等；凭据字段是为部分或完整身份提供凭证的一组数据，用于验证网络主体与属性域内身份信息的真实性。常见的凭据可以是基于法定身份证件衍生的凭证，如身份证、数字证书、银行账号、手机号码、Kerberos 票据和 SAML 断言等；也可以是人体生物特征信息，如指纹、虹膜、人脸特征等；还可以是主体的网络属性，如电子邮箱、网络行为特征等。

（四）电子认证服务

电子认证服务是基于数据电文接收人需要对收到的数据电文发送人的身份及数据电文的真实性、完整性进行核实而产生的。电子认证服务是指为电子签名的真实性和可靠性提供证明的活动，包括签名人身份的真实性认证、签名过程的可靠性认证和数据电文的完整性认证三个部分，涉及证书签发、证书资料库访问及网络身份认证、可靠电子签名认证、可信数据电文认证、电子数据保全、电子举证、网上仲裁等服务。

（五）eID 认证

eID（电子身份证）采用电子认证服务行业广泛应用的 PKI 技术，在电子认证服务行业之外自建一套认证体系。以密码技术为基础，以智能安全芯片为载体，通过"公安部公民网络身份识别系统"签发给公民的网络电子身份标识来实现在线远程识别身份和网络身份管理。用户开通 eID 时，智能安全芯片内部会采用非对称密钥算法生成一组公 / 私钥对，这组公私钥对可用于签名和验签。公民使用 eID 通过网络向应用方自证身份时，应用方会向连接"公安部公民网络身份识别系统"的 eID 服务机构发出请求，以核实用户网络身份的真实性和有效性。

（六）FIDO 标准

FIDO 线上快速身份验证标准（以下简称"FIDO 标准"）是由 FIDO 联盟（Fast Identity Online Alliance）提出的一个开放的标准协议，旨在提供一个高安全性、跨平台兼容性、极佳用户体验与用户隐私保护的在线身份验证技术架构。FIDO 联盟于 2012 年 7 月成立，并于 2015 年推出并完善了 1.0 版本身份认证协议，提出了 U2F 与 UAF 两种用户在线身份验证协议。其中 U2F 协议兼容现有密码验证体系，在用户进行高安全属性的在线操作时，其需提供一个符合 U2F 协议的验证设备作为第二身份验证因素，即可保证交易足够安全。而 UAF 则充分地吸收了移动智能设备所具有的新技术，更加符合移动用户的使用习惯。在需要验证身份时，智能设备利用生物识别技术（如指纹识别、面部识别、虹膜识别等）取得用户授权，然后通过非对称加密技术生成加密的认证数据供后台服务器进行用户身份验证操作。整个过程可完全不需要密码，真正意义上实现了"终结密码"。根据 UAF 协议，用户所有的个人生物数据与私有密钥都只存储在用户设备中，无须经网络传送到网站服务器，而服务器只需存储有用户的公钥即可完成用户身份验证。这样就大大降低了用户验证信息暴露的风险。即使网站服务器被黑客攻击，他们也得不到用户验证信息伪造交易，也消除了传统密码数据泄露后的连锁式反应。

（七）区块链技术

狭义上来讲，区块链是一种按照时间顺序将数据区块以链条的方式组合成特定的数据结构，并通过密码学等方式保证数据不可篡改和不可伪造的去中心化的互联网公开账本。广义上来讲，区块链是利用链式数据区块结构验证和存储数据，利用分布式的共识机制和数学算法集体生成和更新数据，利用密码学保证了数据的传输和使用安全，利用智能合约来编程和操作数据的一种全新的去中心化的基础架构与分布式计算范式。基于区块链技术构建的在线身份认证系统具有三大特点，一是身份信息更难篡改，每个人一出生便会形成自己的数字身份信息，同时得到一个公钥和一个私钥，利用时间戳技术形成区块链，在共识机制保证下，数据篡改极为困难；二是系统信息分布式存放，系统上的所有节点均可下载存放最新、最全的身份认证信息，从此以后，人们不必再随时携带自己的身份证，只需要通过公钥证明"我是我"，通过私钥自由管理自己的身份信息；三是激励机制的存在促使用户积极维护整个区块链，保证系统长期良性运作，系统稳定性更高、维护成本更低。

二、产业规模

随着网络空间主体身份管理与服务的不断深入，我国网络可信身份服务相关产业快速成长，已经初具规模。据赛迪智库统计，我国 2013—2018 年网络可信身份服务市场规模及增长率如表 18-1 和图 18-1 所示。截至 2018 年 12 月，我国网络可信身份服务市场规模达到 1128.73 亿元，较 2017 年增长 13.7%。

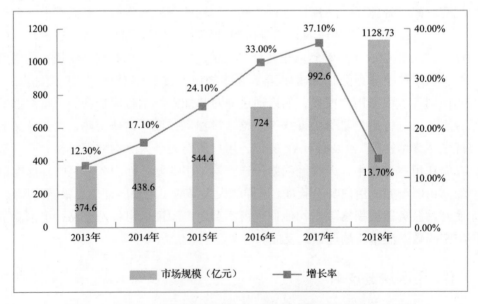

图 18-1　2013—2018 年我国网络可信身份服务市场规模和增长率

（资料来源：赛迪智库网络安全研究所）

表 18-1　2013—2018 年我国网络可信身份服务市场规模及增长率

年　　份	2013	2014	2015	2016	2017	2018
市场规模（亿元）	374.6	438.6	544.4	724	992.6	1128.73
增长率（%）	12.30	17.1	24.1	33	37.1	13.7

资料来源：赛迪智库网络安全研究所。

三、产业细分结构

2018 年我国网络可信身份服务产业结构由硬件、软件和服务三大部分组成，各部分所占比例如图 18-2 所示。其中，网络可信身份服务占总市场规模的 43.3%，是市场最重要的组成部分，基础硬件、基础软件和咨询中介服务的占比分别是 43.1%、10.6% 和 3%。对比 2017 年，网络可信身份服务基础软件在整个产业规模中的占比有较大提高，如图 18-3 所示。

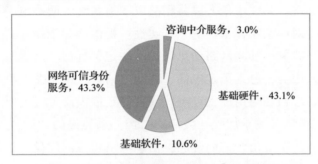

图 18-2　2018 年网络可信身份产业细分结构

（资料来源：赛迪智库网络安全研究所）

图 18-3　2017 年与 2018 年网络可信身份业细分结构对比情况

（资料来源：赛迪智库网络安全研究所）

2018 年身份服务运营管理系统和身份服务调用模块 SDK 等基础软件快速发展；基础硬件的占比有小幅度提高，这得益于安全芯片、指纹识别芯片、SSL/VPN 服务器的稳步发展。

第二节　发展现状

一、网络可信身份服务行业法制环境不断完善

网络可信身份服务行业的发展，是实现网络强国战略必不可少的一项重要任务，完善法律法规体系，加强网络空间信息安全的法制化治理，是促进产业发展，强国建设的必由之路。近年来，我国制定、颁布并施行了多个有关网络实体身份信息安全与管理的法律、行政法规、部门规章及规范性文件，推动形成了良好法制环境。从《中华人民共和国电子签名法》明确电子签名人身份证书的法律效力，对网络主体身份的"真实性"提供法律依据，到《全国人民代表大会常务委员会关于加强网络信息保护的决定》提出"网络服务提供者为用户办理网站接入服务，办理固定电话、移动电话等入网手续，或者为用户提供信息发布服务，应当在与用户签订协议或者确定提供服务时，要求用户提供真实身份信息"，再到《关于加强社会治安防控体系建设的意见》《中华人民共和国网络安全法》的相继出台，明确加强信息网络防控网建设，建设综合的信息网络管理体系，加强网络安全保护，落实相关主体的法律责任；落实手机和网络用户实名制，健全信息安全等级保护制度，加强公民个人信息安全保护；明确提出国家实施网络可信身份战略，支持研究开发安全、方便的电子身份认证技术，推动不同电子身份认证之间的互认。

2018 年，《关于加快推进全国一体化在线政务服务平台建设的指导意见》提出，推进公共支撑一体化，促进政务服务跨地区、跨部门、跨层级数据共享和业务协同。依托国家电子政务外网构建统一的政务服务平台，扩大电子政务外网覆盖范围，加强网络安全保障，提高政务服务的实时性与高效性，进而构建"统一网络支撑"体系；依托国家政务服务平台，基于自然人身份信息、法人单位信息等国家认证资源，建设全国统一的身份认证系统，为各地区和国务院有关部门政务服务平台及移动端提供"统一身份认证"系统；依托国家政务服务平台建设权威、规范、可信的国家统一的电子印章系统，基于商用密码的数字签名等技术，构建"统一电子印章"系统；依托国家政务服务平台电子证照共享服务系统，实现电子证照跨地区、跨部门共享，实现全国互信互认的

"统一电子证照"系统；依托国家数据共享交换平台，利用国家人口、法人、信用、地理信息等基础资源库，打造"统一数据共享"平台。这一指导意见的出台，就电子政务平台"一网通办"做了重要部署，其中"统一身份认证""统一电子印章""统一电子证照"三项任务，试点地区和部门应当于 2019 年年底完成，全国范围 2020 年完成。2019 年 5 月，国务院办公厅将《密码法》纳入《国务院 2019 立法工作计划》，6 月《密码法》草案提请十三届全国人大常委会第十一次会议审议，草案对密码实施分类管理，同时，规定了电子政务电子认证服务管理制度等，进一步推动了网络可信身份建设的立法工作。

二、网络可信身份服务产业发展态势良好

（一）国家政策加码，产业发展速度逐渐加快

随着近年来国内身份冒用、欺诈、个人隐私泄露事件的频繁发生，我国政府对网络可信身份生态建设的意识逐渐加强，政策支持力度不断上升。以《网络安全法》为例，其以法律的形式明确"国家实施网络可信身份战略，支持研究开发安全、方便的电子身份认证技术，推动不同电子身份认证之间的互认"。受《网络安全法》及相关配套法律的落地红利影响，2018 年整个网络可信身份服务业发展迅速，产业规模超过 1100 亿元，网络可信身份认证需求也都得到了充分的释放。其中，网络可信身份第三方中介服务规模约 30 亿元，网络可信身份服务基础软硬件产品为 552.84 亿元，网络可信身份服务机构收入为 445.89 亿元。

（二）产业结构合理，良好产业生态逐渐形成

近年来，我国网络可信身份服务发展迅速，增长速度超过基础软硬件产品，产业结构分布趋于合理，良好的产业生态逐渐形成。这种产业结构反映出，我国身份服务市场需求已经逐渐从单一的身份认证技术产品向集成化的网络可信身份认证解决方案转变，购买"一站式、全流程"的网络可信身份服务逐渐成为主流，良好的产业生态正在形成。

（三）行业集中度提升，企业竞争力显著提高

网络可信身份服务行业集中度日益提升，一些大型国内企业和机构已经拥

有完整的身份认证服务体系，具备提供完整的产品、设备及某个具体层面解决方案的能力，不仅能够为政府、军队等提供高质量身份认证服务、整体架构设计和集成解决方案，还能走出国门，不断提升自身竞争力，满足国外客户身份认证服务需求。如阿里巴巴集团的 B2B 平台 1688 服务面向国外有实力的厂商开放，并利用国外网站的营业执照和在当地工商部门的注册信息、办公场所的租赁合同、办公电话等信息进行身份认证，截至 2018 年年底，1688 平台厂商已超过 3000 万家，天猫已有 25 个国家和地区的 5400 个海外品牌入驻。腾讯旗下的诸多产品已经成为国际流行的通信工具，截至 2018 年年底，微信超过 20 亿用户的注册信息，公众服务平台超过 1000 万个，并对其进行身份管理。中国工商银行已在全球 41 个国家和地区设立了 330 余家海外机构，形成了横跨亚、非、拉、欧、美、澳的全球服务网络，拥有完整的用户身份认证、管理、评估体系。行业内龙头企业带动性强，人才、资金、技术能够保持长期的积累，是推动整个产业发展的核心力量。

三、网络可信身份服务应用领域现状

（一）网络可信身份应用在电子商务领域的进展

电子商务领域中的信息安全技术是一个热点问题，通过多种身份认证技术手段来识别授权客户。电子商务中的信息安全身份识别是为保证交易双方的数据可信度，而采用不同现代技术方法完成授权认证的一种措施。受业务场景、用户习惯和安全性等因素的影响，使用者可以根据不同的安全级别采用不同的措施。传统的识别技术包括密码口令、密钥卡、智能卡、手写签名识别认证等，随着生物识别技术的不断发展和完善，人脸面部特征识别、指纹识别、视网膜识别、虹膜识别技术、语音识别技术等技术逐步在电子商务领域应用。尤其是面部识别技术的发展，在支付领域，包括支付宝、京东支付等诸多电商都在大范围推广"刷脸支付"业务，通过奖励金、红包、账单打折等方式持续推广，用户只需要刷脸进行确认，就可以高效便捷地完成支付。

以支付宝为例，支付宝提供"账号＋口令""口令＋手机验证码""文件证书""支付盾""指纹识别""面部识别""声纹识别""扫码授权"等多种不同的用户身份认证方式，用户不同场景自主选择相应的身份认证方式组合。例如，在 PC 端对账户进行小额转账（如 50 元以下）支付交易时，多采用"账号＋口令""口令＋手机验证码"和手机"扫码授权"等方式；在 PC 端进行大额转账、支

付交易等业务时,则主要使用"账号＋口令＋数字证书"（文件证书或"支付盾"）认证方式；在手机端进行小额转账（如50元以下）支付交易时，一般采用"账号＋口令""口令＋动态验证码"认证方式；在手机端进行大额支付时，主要采用"生物识别"（TouchID指纹、FaceID面部或者声纹识别）＋"移动数字证书"/口令/手机验证码进行多重认证的方式。除此之外，支付宝还通过对用户历史登录和支付行为进行大数据分析、建模，对可疑登录和支付操作进行自动质疑、阻止和通知，误识率低于1%。据赛迪智库统计，截至2018年年底，超过85%的网购用户在进行网络支付中使用两种以上身份认证方式，其中又有80%以上的用户经常使用"指纹识别＋手机验证码"的组合认证方式。

（二）网络可信身份应用在电子政务领域的进展

电子政务应用不但对系统的安全性和稳定性要求极高,在税务（网上报税）、海关（报关单网上申报）、工商（电子营业执照）等领域还要求对申报人的申报行为进行抗抵赖。基于PKI技术的数字证书认证方式凭借其高安全性、可靠性和抗抵赖性特别适合电子政务身份认证应用，近年来其已经逐渐占据主流地位。电子政务稳步展开，成为转变政府职能、提高行政效率、推进政务公开的有效手段。随着移动通信技术的普及，各级政府、各政府委办局对于移动办公的需求日益强烈，政务处理的移动信息化已经从办公领域延伸到行政监督甚至执法领域。随着移动终端应用在电子政务领域不断推广，所面临的安全需求也日益迫切。对于真实性、信息的机密性和完整性、可核查性、可控性、可用性的需求，促使电子政务领域网络可信身份应用不断发展。

据赛迪智库统计，2018年，应用在电子政务领域的有效数字证书约10275万张，且分布广泛，包括税务、工商、质监、组织机构代码、社保、公积金、政务内网、采购招投标、行政审批、海关、房地产、民政、财政、计生系统、公安、工程建设、药品监管等，其中，在税务中应用的数字证书最多，超过了5000万张。

（三）网络可信身份应用在信息共享领域的进展

越来越多的社交应用选择加入了一个或多个由大型互联网厂商提供的身份认证平台，接受由认证平台提供的外部身份服务。对应用开发商来讲，此举降低了用户注册、登录的时间成本，间接扩大了应用的用户群；对平台提供商来讲，多元化第三方应用的加入也更好地满足了平台用户需求。主流的第三方授权登录服务平台有腾讯 QQ、微信互联、新浪微博微连接、淘宝 / 支付宝账号登录和人人账号登录等，它们普遍使用 OAuth 和 OpenID 技术。据赛迪智库统计，截至 2018 年 12 月，超过 10 万个第三方应用已经接入或已提交接入腾讯开放平台的申请，有 3 万家网站已经使用了 QQ 互联登录系统；接入新浪微博开放平台的连接网站已经超过 18 万家；接入支付宝和淘宝开放平台的第三方应用已经超过 20 万个，网站超过 5 万个。据公开资料显示，截至 2018 年年底，85% 以上的网民使用过第三方授权登录服务，50% 的网民经常使用该服务。

第三节　主要问题

一、相关政策法规不够健全，标准规范有待完善

随着我国经济社会活动对网络依赖性增强，各行业对网络空间可信身份都提出了需求，如网上购物、网上银行、网上社保等，身份管理成为确保网络空间繁荣和健康发展的关键。网络身份不实、身份盗用等问题日益突出，已成为严重阻碍电子商务发展、互联网发展的"瓶颈"。未来的身份管理将更加重要，如果不及时加以部署和研发，将很可能丧失在未来网络中的话语权。为此，必须将可信身份上升到国家战略高度，研究出台构建可信网络空间的支持性政策，加大政策扶持力度，为可信网络空间构建提供良好的政策环境。完善网络身份管理、网络属性管理、网络权限管理、网络行为 / 内容认定相关标准规范，建立涵盖环境、系统、流程、内容的身份 / 权限证书签发和应用标准体系，建立政府主导、市场主体的推动机制，促进网络空间身份管理的发展。

二、可信网络空间重复建设，电子认证技术发展滞后

由于缺乏战略设计和统筹规划，加上各地方政府对利益分配的考量，导致我国网络可信身份基础设施共享合作相对滞后。公安、工商、税务、质检、人社、银行等部门的居民身份证、营业执照、组织机构代码证、社保卡、银行卡等基础可信身份资源数据库还未实现互通共享，且缺少护照、台胞证、驾驶证等有效证件的对比数据源，导致数据核查成本较高、效率低；现有的网络可信身份认证系统基本上由各部门、各行业自行规划建设，各系统各自为战，网络身份重复认证现象严重，并且"地方保护""条块分割"现象严重，阻碍了网络可信身份快速发展和价值发挥。

同时，电子认证技术是构建可信网络空间的技术基础，电子认证服务业是

现阶段建设可信网络空间的核心行业。建议高度重视可信网络空间建设，在全面评估现有网络信任体系各项工作的基础上，加快推动适合我国国情的可信网络空间建设，明确可信网络空间建设在我国信息化和信息安全工作中的重要地位，同时建议推动电子认证技术发展，充分发挥电子认证服务的核心作用。

三、基础设施等共享协作不足，阻碍行业快速发展

由于构建可信网络空间所涉及的一些重要信息、技术、基础设施等要素分散在不同的部门中，互相分割，不能共享。建议打破现在各部门"分工负责、各司其职"的条块方式，在国家网络与信息安全协调小组的框架下，建立顶层设计、统筹规划、分工合理、责任明确、运转顺畅的协调体制，理顺和加强跨区域、跨部门的协调配合，推动跨部门、跨区域的身份、属性等信息共享，着重解决可信网络空间建设有关重大问题，为可信网络空间建设提供保障。

四、网络安全教育不到位，专业人才队伍不健全

随着互联网应用的日渐普及和网络安全事件的频频发生，用户个人信息安全问题较为突出，提高公众的安全意识显得尤为重要。要加大宣传力度，使公众了解网络空间中存在的风险和问题，认识到可信网络空间的重要性。同时，要普及网络安全的基础知识，能够对所使用的终端设备进行基本维护，并了解使用可信网络空间的基本知识。此外，可信网络空间专业人才严重不足，特别是缺少既懂技术又有经营管理经验的复合型人才，当务之急是要加快这类人才的培养，要积极创新人才培养机制，提高人才教育水平，建立产、学、研联合教育培训体系，多渠道选拔专业人才。

企 业 篇

第十九章

奇安信集团

第一节　基本情况

　　奇安信集团（以下简称"奇安信"）是专门为政府、企业，教育、金融等机构和组织提供企业级网络安全技术、产品和服务的网络安全公司，相关产品和服务已覆盖 90% 以上的中央政府部门、中央企业和大型银行，已在印度尼西亚、新加坡、加拿大、中国香港等国家和地区开展了安全业务。

　　奇安信是国内网络安全领域中成长最快的企业，目前已拥有了 6500 余名员工，2016—2018 年三年营业收入的年复合增长率超过 90%，增长速度创纪录。奇安信以"让网络更安全，让世界更美好"为使命，以"成为全球第一的网络安全公司"为愿景，不断打造网络安全颠覆性和非对称性核心技术，竞争力不断提高。

第二节　发展策略

一、加强政府战略合作

　　当前，国家正在大力推进网络强国、数字中国和智慧社会建设，推动云计算、大数据、人工智能、物联网、移动互联网等新技术在现实社会和实体经济中的应用，各地也在积极推进智慧城市建设和发展科技创新产业，实施人工智能、大数据、物联网和网络安全战略。

　　2018 年 6 月 20 日，奇安信与湖南省长沙市人民政府在长沙签署合作协议，双方将在网络安全服务基地、网络安全靶场、产业基金、安全运营、人才培养等多个方面展开合作，共同推进长沙市网络空间安全治理能力，推动长沙市网络安全产业发展。

2018年6月28日，奇安信与河北省人民政府签署战略合作协议，双方将在产业发展、城市安全体系建设、技术服务、人才培养等多个方面展开合作，共同培育河北省网络安全产业，提升信息网络治理能力和公共服务能力，护航河北省数字城市建设和数字经济发展。河北省省长许勤、奇安信董事长齐向东等出席签约仪式。

2018年9月5日，奇安信与乌鲁木齐经济技术开发区（头屯河区）管委会共同在新疆软件园内签署了关于建设网络安全示范区的战略合作协议。在各级领导的指导和支持下，网络安全示范区的建设成绩显著。

二、深入推进产学合作

为贯彻落实《国务院办公厅关于深化高等学校创新创业教育改革的实施意见》（国办发〔2015〕36号）文件精神，深入推进产学合作协同育人，汇聚企业资源支持高校专业综合改革和创新创业教育，奇安信与数十所高校进行产学合作，提供联合实验室建设、在线实验平台、专业共建、师资培训、资源建设及人才培养等多项服务，助力于高等教育的创新与改革，以产业和技术发展的最新需求推动高校人才培养改革。

2019年1月15日，奇安信集团与清华大学网络科学与网络空间研究院（以下简称"网络研究院"）在北京举行网络安全联合研究中心签约仪式。双方在网络空间安全领域，充分利用清华大学网络研究院的学术研究和技术开发实力，结合奇安信集团的行业与产业优势，联合成立"清华大学（网络研究院）—奇安信集团网络安全联合研究中心"，面向网络空间安全领域国际学术的发展和国家战略的需求，共同开展前沿技术研究和开发。

三、注重企业创新模式

在创新力量的推动下，奇安信提出了网络安全的"44333"模式："四个假设"推翻了传统网络安全通过搞隔离、修边界的技术方法；"四新战略"是应对新时代网络安全技术发展的新战具、新战力、新战术和新战法；"三位一体"是高中低三位能力立体联动的体系；"三同步"是同步规划、同步建设和同步运营；"三方制衡"是用户、云服务商和安全公司互相制约的机制。

奇安信脱胎于互联网，具备很好的大数据、人工智能和网络技术等方面的技术积淀优势。奇安信的思维方式从 To C 的思维转成 To B 的思维，很早就在网络安全领域布局，正是因为有着独一无二的 To B 基因，奇安信才迅速成长为中国网络安全领域的领军企业。

第三节　竞争优势

一、网络安全行业的"领导者"

奇安信 2016—2018 年三年的营业收入从几亿元增长至 2018 年的 24 亿元，营业收入的年复合增长率超过 90%，成为国内网络安全领域中成长最快的企业。

奇安信的安全业务覆盖了 90% 的中央部委、央企、大型银行。在技术投入上，奇安信最近三年的研发投入合计占主营业务收入超过了 35%，这一比例在业内较为罕见，公司目前拥有 300 余项网络安全领域的发明专利，另有 700 余项专利申请正在审核中。通过对研发的大力投入，奇安信已经在多个方面形成了核心技术优势，包括：安全大数据技术、网络攻防和漏洞响应、网络安全态势感知和 APT 攻击威胁情报等。

2018 年 12 月，IDC 发布《2018 中国威胁情报安全服务市场研究报告》，奇安信凭借独特且丰富的数据、专业的高级威胁事件跟踪 / 发现能力、成熟的内部运营流程等优势，在产品和服务成熟度、行业影响力和持续投入能力等三个维度上均名列所有入围厂商前例，成为中国威胁情报市场的领导者。

二、具有战略性的技术成果

奇安信在大数据与安全智能技术、终端安全防护技术、安全攻防与对抗技术、安全运营与应急响应等领域，取得了众多压倒性、战略性的技术成果。公司研发的网络安全态势感知系统，具有全球领先水平，技术成果广泛运用到网信等行业监管和央企、部委的运营监管中，尤其是在"十九大""两会"等重大会议期间，被有关部门选用于网络安全保卫工作的应急指挥技术系统。

奇安信凭借技术服务优势，在终端安全、安全管理平台和安全服务三大领域实现了国内市场占有率第一。在终端安全领域，奇安信天擎可以帮助客户从整体机构的终端组成的整体视角出发，完成终端安全产品和服务的选择与安全策略的配置，实现策略执行与行为分析、事件发现、组织优化与策略修订、产品互动与工具开发、日常运营与标准化流程的积累等环节的闭环运营。在安全管理平台领域，奇安信态势感知与安全运营平台（以下简称 NGSOC）可以帮助客户发现内外网威胁、管理IT资产、监测全网漏洞及风险、联动阻断攻击事件，以及对威胁的事前预警、事中发现、事后回溯功能，贯穿威胁的整个生命周期管理。在安全服务领域，奇安信已经形成了咨询与规划、安全风险管控、安全运维与运营、红蓝攻防演习、重大事件安保、安全订阅服务、安全实训服务等8个大项、23个分项的安全服务产品。

三、具有定制专属的解决方案

奇安信解决新兴安全问题的思路是大数据驱动的开放安全体系。这个体系开创性的将安全焦点转向如何充分、有效地利用大数据，更侧重基于大数据的安全应用开发，并将传统的安全防御体系轻量化，从而更高效、精准地解决大数据时代的安全问题。

奇安信致力于为政府和企业提供新一代网络安全产品和服务，自公司成立以来一直保持着高速增长的势头，已经发展成为中国企业级网络安全市场的领军者。奇安信以"数据驱动安全"理念为核心，构建了面向人工智能、大数据和万物互联时代的创新网络安全防御体系，并利用全球领先的安全大数据资源和技术，开发出一系列"安全＋互联网"的政企网络安全解决方案。

奇安信发布了Alpha威胁分析平台、威胁情报系统平台——TIP、监管行业威胁情报平台——威胁雷达、高级威胁情报分析服务、云端SaaS API等多个威胁情报产品，全面覆盖了国内威胁情报服务的四种主流模式（威胁情报数据应用程序编程接口、威胁情报平台、威胁情报软件即服务、安全产品赋能），天眼、NGSOC、态势感知、智慧防火墙、EDR、云安全、虚拟化安全等核心安全产品和服务均集成了威胁情报能力，并且能够为不同客户提供定制化的行业解决方案，交付成功率居业内领先地位。

第二十章

成都卫士通信息产业股份有限公司

第一节 基本情况

　　成都卫士通信息产业股份有限公司（以下简称"卫士通"）成立于 1998 年 3 月 12 日，由中国电子科技集团公司第三十研究所、西南通信研究所、成都西通开发公司及罗天文等 1418 名自然人共同出资发起设立，并于 2008 年 8 月 11 日在深圳证券交易所上市。

　　公司自成立以来一直致力于信息安全领域的技术研究及产品开发，经过 20 年的耕耘，公司从密码技术应用持续拓展，已形成密码产品、信息安全产品、安全信息系统三大信息安全产品体系；同时，基于 ISSE 体系框架，为党政、央企、能源、金融等用户提供以"安全咨询、风险评估、运维与应急响应"为主要内容的信息系统全生命周期的安全集成与运营服务。截至 2018 年 6 月，公司实现营业收入 59819.28 万元，较上年同期增长 5.86%；归属于母公司所有者净利润 -9323.50 万元，亏损金额较上年同期减少 25.07%。

第二节 发展策略

一、加强技术创新整合，面向不同应用场景提供丰富的产品和服务

　　卫士通依托在网络安全领域的传统优势和长期技术积累，不断加强技术创

新整合。已经开发了 4 类主营产品和服务。

一是密码产品。密码产品指采用密码技术对信息进行加密保护或者安全认证的产品。经过多年的发展，公司已经形成包括密码芯片、密码模块、密码设备和密码系统在内的全系列密码产品。

二是信息安全产品。公司的信息安全产品涵盖网络安全、主机安全、数据安全、安全应用及安全管理等多个领域。

三是安全信息系统。卫士通近年来积极践行安全与应用紧密融合的思路，形成了移动通信安全产品、安全办公产品、自主高安全产品等三大类安全信息系统产品。

四是安全集成与运营服务。公司依托强大的技术支持和营销网络为各层次用户提供的咨询、规划、设计、实施和运维的全生命周期安全支持与运营服务。

二、在巩固传统信息安全优势上，在电子政务、智慧政法等新领域新市场持续发力

市场开拓方面，公司继续巩固在传统优势行业的市场地位，进一步提升市场竞争力；同时，公司不断加大资源投入，加强新市场开拓和新业务策划，大力培育公司发展新动能。电子政务方面，2018 年上半年公司联合相关单位完成了《"互联网＋政务服务"整体解决方案》，中标多家单位的集成、运维等业务。智慧政法方面，在法院系统，全国有多个试点项目已经采用公司的解决方案。商用密码方面，承担交通部相关研究课题，积极推广《第三代社保卡统一密码应用及服务解决方案》《国密算法改造解决方案》《电力监控装置解决方案》。央企整保方面，招商局整体保障服务按计划推进中，另与多家央企签署战略合作协议和整体保障服务合同。移动互联网方面，与华为合作的 Mate10 安全手机已经完成商密鉴定。卫士云方面，已完成安全云平台环境部署，进入试运行阶段；卫士云网站防护系统已为中国电科、招商局等的数百个网站提供安全保障。

三、全面加强关键技术、前沿技术和标准等基础研究

2018 年上半年，公司加强关键技术和前沿技术的研究，承担了工控安全核高基课题、5G 安全总体及产业化、移动终端关键技术等科技部课题，并参与多个标准编写；承担"网安飞天"安全云平台产品的总体及应用研究，参与"网安飞天"安全云平台产品的研制。产品研制方面，上半年共 20 款产品获得资质证书，完成网络安全管控与态势感知系统、云服务器密码机、云密码资源池

管理平台、Mate10 尊御安全手机等多项产品发布。

四、深化改革企业管理机制，对人员激励、产品研发模式等进行全方位创新

在企业管理方面，公司根据产品交付模式的差异，成立了产品线、事业部、子公司等不同研发管理模式的研发实体部门，并建立了差异化考核办法。公司以围绕市场配置资源和加强员工激励为原则，进行组织机构优化调整。市场营销方面，采用"事业部＋区域"营销平台模式，成立六大区域营销平台，形成以行业事业部为中心，以区域为营销服务主体，区域与行业协同配合的矩阵式架构。产品研发方面，实行产品线模式，提升产品化能力，加强产品前端市场和后端研发的衔接。本次组织机构的优化调整，进一步缩短了指挥链，增强了对一线营销的反应速度，提升了公司效率和员工积极性。

第三节 竞争优势

一、形成了完整的产业链条和辐射全国的营销网络

卫士通已形成从理论研究、芯片、板卡、设备、平台、系统，到方案、集成服务的完整产业链，并具备产业链各环节的设计、制造、营销、服务能力，优化了公司在信息安全产业中的布局。卫士通建立了行业和区域相结合的矩阵式营销服务支撑体系，通过北方、西南、西北、华东、华南、四川六大区域营销服务中心及下设的 20 多个分公司、办事处和政府、金融、能源、央企、移动互联网等多个行业营销部门，向全国辐射建立了密集的销售和服务网络，进一步提升了公司的本地化营销服务能力。

二、密码技术领域积淀深厚，拥有完备的信息安全资质体系

密码技术是信息安全的核心技术，卫士通长期在密码技术领域进行研究和拓展，具有深厚的技术积累。公司在密码产品多样性和密码算法高性能实现方面一直保持国内领先水平，多项商密产品达到国内首创、国际领先的水平。基于技术的领先优势，卫士通参与了大量国家信息安全行业标准的制定，包括国家信息安全标准体系、信息安全产品认证管理、电子政务认证基础设施、可信计算等，为公司的可持续发展奠定了坚实的基础。信息安全资质方面，公司具有涉密计算机信息系统集成资质（甲级）、计算机信息系统集成一级资质、建

筑智能化系统设计专项甲级资质、安防一级资质和信息安全服务二级资质等，完备的资质体系助力企业在激烈的市场竞争中脱颖而出。

三、具备良好的客户资源和较高的品牌认知度

卫士通的客户主要包括政府、军队，以及军工、电力、金融、能源、电信等行业中的大中型企业。长期以来，卫士通通过高质量的产品和高效率的服务赢得客户信任，积累了大量高端、优质客户资源，为卫士通的发展奠定了坚实的基础。

通过在信息安全领域十多年的耕耘与积淀，卫士通作为商密资质齐全、主流信息安全产品线完整、安全集成建设影响力较大的国有控股上市公司，已塑造了良好的企业形象。而且，卫士通高度重视品牌战略，打造了"一 Key 通""中华卫士"等细分产品品牌，建立了较为完善的品牌体系，在行业中拥有良好口碑，具有较高的品牌认知度。

第二十一章

武汉安天信息技术有限责任公司

第一节　基本情况

一、企业基本情况

武汉安天信息技术有限责任公司（以下简称"安天信息"）成立于 2010 年，是安天科技旗下专注于移动互联网安全技术与安全产品研发的高科技企业。公司现有员工 300 余人，在上海、成都和美国硅谷设有技术研发分支机构，是全球移动反病毒领域知名企业、全球第三大独立移动安全技术团队。

公司参与了 863 计划、"核高基"等多项国家级科研项目，拥有百余项核心技术专利，参与了多项国家标准和行业标准的制定。公司凭借着突出的技术研发能力、数据捕获能力和应急响应能力，长期为国家互联网应急中心、泰尔终端实验室等国家监管部门提供强有力的移动互联网安全支撑，已成为国内移动安全响应体系的重要企业节点；并与国内外主流芯片厂商、移动终端厂商、移动应用厂商建立了长期战略合作关系，为全球超过 10 亿终端用户保驾护航。

二、产品体系

安天信息为客户提供全面的移动安全解决方案，包括安天移动终端安全防护内核中间件、安天移动威胁态势感知平台、安天智能终端人工智能安全防护系统三大产品体系。安天移动终端安全防护内核中间件通过对移动终端多层次进行立体式安全布防，实现对移动智能终端上的芯片、系统、应用和网络纵深防御，有效地实现生态级联合安全防御，为移动终端产业链和海量终端用户带来全面高效的移动安全体验；安天移动威胁态势感知平台是国内首款综合性移动威胁态势感知平台，为公安、国家互联网应急中心和泰尔终端实验室等安全主管部门提供集移动安全威胁预警、威胁情报分析、威胁目标分析、威胁处置响应服务为一体的综合作业和管理能力；安天智能终端人工智能安全防护系统旨在通过安天和高通等国际顶级芯片厂商的战略合作，共同推动在 5G 和人工智能时代下的下一代安全防护系统，为智能手机、智能商业终端、智能消费终端和智能医疗等提供安全防护。

三、主要成就

安天信息自主研发的 AVL 移动反病毒引擎，解决了智能终端上新型恶意代码高精细度检出和工程化对抗问题，公司于 2014 年荣获 AV-TEST 全球"移动设备最佳防护"奖，成为首获此项国际大奖的亚洲安全厂商，完成了对部分国际安全巨头的"弯道超车"。

安天信息抓住移动互联网产业发展的战略机遇，成功将 AVL 移动反病毒引擎带入到全球移动互联网产业链中，实现了芯片级、系统级、应用级和网络侧，以及协同侧和监管侧的全方位合作与感知体系。在监管侧与 CNCERT/CC 国家互联网应急中心、工信部泰尔实验室展开了深度合作，在终端和系统级实现了对我国众多移动智能终端品牌的有效覆盖，在应用级别覆盖了国内主流安全 APP 开发者，网络和渠道侧则实现了与运营商以及几十家应用市场的合作，在协同侧与任子行、蓝盾等上市企业展开合作，已形成覆盖超过 10 亿部安卓移动智能终端的产业生态。

第二节　发展策略

一、通过建设网络安全大数据和态势感知中心，不断提升网络安全威胁感知和预警能力

公司建设可容纳 150 个机柜，物理机器容量超过 2400 台的安天全球网络安全大数据中心机房，实现对网络安全核心数据的计算与存储，支撑内部安全平台和全球高质量安全服务。依托大数据中心机房，建设全球移动互联网安全态势感知中心和湖北省移动互联网安全态势感知中心，展示全球移动互联网安全威胁和湖北省省内移动互联网安全态势。

二、通过建设网络安全产品研发与服务中心，聚焦用户需求提供高质量服务

一是打造移动反病毒引擎核心技术和产品。公司进一步加强对基础核心技术的投入，保持国际技术领先优势，并尝试和硬件芯片合作，创造新一代的芯片级反病毒引擎技术，并尝试投入商用，为全球客户提供国际领先的产品和服务。二是打造移动威胁情报平台。聚焦在政府监管、公安、金融等不同领域下的移动威胁，以情报作业的方式建设相关平台、服务和运营团队，为行业客户提供网络安全情报服务价值并投入商用。三是提供网络安全企业级解决方案。面向国内网络安全在军民融合、互联网进军营、移动政务安全、公安反恐和国家安全层面，研发工程化技术和整体解决方案产品、配套服务和工程实施体系，并投入商用。

三、通过建设网络安全技术研究与创新中心，加快网络安全技术产品创新

一是实现移动威胁分析对抗。公司聚焦移动恶意代码和移动威胁分析对抗，通过加强对网络安全逆向分析人才和分析对抗平台的投入，建设一流的网络安全威胁分析和对抗团队平台，保持技术竞争优势并为客户提供服务。二是实现网络安全大数据和机器学习。通过结合网络安全大数据分析和处理的建模能力，与最新的人工智能和机器学习等技术结合，研究新型的适用于网络安全场景的机器学习技术并投入商用。

第三节　竞争优势

一、具有较强的技术实力

从 2010 年起至今，安天信息历经多年的反病毒技术积累，形成了集样本捕获、分析判定、规则运维为一体的强大后端知识运营支撑体系。同时，基于企业工程师专家知识以及机器智能迭代学习积累形成 AVL 自有知识库，使其自主研发的移动反病毒引擎具备对威胁对象的精细化分析能力和检测能力。基于技术实力的支撑，安天移动反病毒引擎以全年最高平均检出率荣获 AV-TEST "移动设备最佳防护" 奖，成为首获此项国际大奖的亚洲安全厂商，实现了中国安全厂商在全球顶级安全测评领域重量级奖项零的突破，并在 AV-C 的 2015 年度测评中，凭借全年 100% 检测率的惊人成绩，成为 2015 年度排名第一的移动安全产品。此外，安天信息凭借其技术实力荣获国家网络与信息安全

信息通报机制技术支持单位、湖北省移动互联网安全工程技术研究中心、大数据企业、软件企业、高新技术企业等资质荣誉。

二、拥有较强的创新能力

经过多年的自主研发，安天信息打造了多款具备核心竞争力的移动安全产品。以移动反病毒引擎和移动威胁情报平台为例，AVL 移动反病毒引擎自2010 年开始研发，通过内部研发和全平台的运营优化，形成了集样本捕获、分析判定、规则运维为一体的强后端知识运营支撑体系，形成了覆盖 6000 万 +的移动应用知识库体系，其中包含精细化的恶意代码检测结果和丰富的病毒行为知识库；拥有遍布全球 100 多个国家累计超过 10 亿个终端的多层次移动终端探头数据，实时感知设备终端安全态势，日活跃设备超过 2 亿个，月活跃设备超过 4 亿个。2016 年，安天信息发布全球首个综合性移动威胁情报平台。平台通过检测、聚合、分析海量移动安全威胁情报数据，多维度展示移动安全威胁事件发展态势，帮助用户从移动安全威胁宏观的角度去判断和决策；具有专家级移动威胁战术技术分析和威胁事件持续监控能力，对移动安全威胁事件的发生和发展过程进行全程监控，并提供定制化公开移动威胁情报推送；具备全栈式威胁响应处置机制，可提供定制化移动威胁事件的预警和处置策略，协助银行、政府及企业等各类机构提升对威胁事件的感知、预警、预防、取证、响应和处置能力，以达到降低 IT 安全成本，提高资产和信息安全保障的目的。

三、推动产学研深度合作

安天信息十分重视产学研合作，已与国家互联网应急中心（CNCERT）、工信部泰尔实验室等机构建立了长期的战略合作关系；2016 年开始，与猎豹安全实验室等重要合作伙伴联合，定期发布移动威胁情报。此外，与高校合作方面：2015 年公司与河南财政金融学院信息工程系签订校企合作协议书并成立移动互联网安全实习基地；长期为香港理工大学、武汉大学等相关安全研究团队提供研究数据支持；2015 起连续三年支持并参与武汉大学全国网络与信息安全防护峰会（Xdef 会议）；2017 年 4 月，正式成立湖北省移动互联网安全工程技术研究中心，并依托该平台与武汉大学、华中科技大学等高校积极开展网络安全领域通用技术、非对称技术及前瞻性技术研究，计划在互联网移动安全研究领域开展更深入的合作。2017 年 8 月，安天信息作为发起单位，与武汉大学、华中科技大学、武汉东湖新技术开发区科创局等单位，共同启动"武汉光谷信息与网络空间安全技术创新战略联盟"成立的筹备工作。

第二十二章

北京太一云科技有限公司

第一节　基本情况

一、企业基本情况

北京太一云科技有限公司（以下简称"太一云"）是我国较早新三板区块链挂牌公司，并在国内实现区块链技术产业化。作为国内区块链领域的著名企业，太一云的研发团队包括来自华尔街的金融科技专家、清华大学云计算专家、国内金融科技专家等一批长期从事金融科技、云计算、物联网开发的专业人士。公司拥有众多区块链及云计算领域的研发成果，涵盖区块链征信基础设施、区块链数字资产登记流转、区块链安全、智能合约、区块链大数据中心、区块链物联网、区块链云计算中心等。

早在 2014 年，太一云团队就开始投入区块链研究，并研发出自主知识产权的金融级区块链系统，被国家互联网金融风险分析技术平台纳入首批"试点"接入单位。鉴于在区块链技术上的优势，太一云不仅被 IBM 中国实验室列入区块链领域全行业合作伙伴，同时也是为公安部 eID 系统提供区块链身份认证的试点单位。

二、企业业务范围

随着区块链技术在各个领域应用的不断深入，太一云近年已在版权、食品、交通、医疗、公益、供应链、大数据、旅游、金融、能源、文化娱乐、物联网等多个领域建立了行业区块链系统，并辅以提供行业解决方案。太一云已经在区块链、云计算等领域申请有多项知识产权。

三、企业战略规划

近年来，太一云加快了国际化步伐，意在打造成区块链高科技企业。2017年1月，在瑞士达沃斯论坛上，太一云的董事长邓迪作为中国区块链代表团团长，参与发起成立了全球区块链商业理事会（GBBC），并被央视、新华网等新闻媒体广泛报道。为响应国家"一带一路"倡议，太一云2017年参访了哈萨克斯坦首府阿斯塔纳国际金融中心（AIFC）及当地证券交易所，哈萨克斯坦邀请太一云与美国、俄罗斯的知名区块链技术企业一起，拟建阿斯塔纳区块链研究中心及AIFC区块链实验室；东南亚最大且最受赞誉企业之一的泰国SCG集团在2017年数次到访太一云总部，最终与太一云达成战略合作；2018年5月，太一云在迪拜开设了分公司，旨在运用太一云区块链技术帮助迪拜打造智慧城市，同时开启太一云全球战略布局的发展规划。

第二节　发展策略

一、发展区块链各领域应用

1. 中国版权链

在国家版权局的指导下，中国版权链由北京国际版权交易中心与北京太一云发起并由太一云承建的基于区块链技术的版权登记、确权、评估、交易、公证等功能的系统。北京国际版权交易中心定位于文化创意产业核心领域的专业版权交流和贸易机构，致力于搭建"版权公共服务平台""版权电子商务平台""版权产业聚集平台"。

2. 中国食品链

中国食品链由太一云与中国食品工业（集团）公司、中华思源工程扶贫基金会及优质食品企业和多家食品信息追溯公司共同建立，多中心化地方监管机构共同维护，在不同的节点上建立信息交互。中国食品工业（集团）公司（简称中食集团，缩写CFC）是经原国家经贸委批准，在原中国食品工业总公司基础上组建的大型国有企业，隶属于中国轻工集团公司。

3．交通运输链

交通运输链由太一云科技有限公司与我国交通运输部通信信息中心、中国信息通信研究院、中国互联网交通产业创新联盟、西南交通大学综合交通大数据应用技术国家工程实验室和广东联合电服数据科技股份有限公司联合发起，将区块链技术与综合交通运输现代化建设有机融合组建，促进综合交通运输服务向创新、协调、绿色、开放、共享方向发展，推进综合交通运输服务供给侧结构性改革。

4．中国医养链

2017 年两会期间，以中国老龄事业发展基金会、中国国药集团、国家卫健委为核心发起单位，太一云提供区块链技术，共同发起搭建中国医养链，旨在建立中国医疗、养老领域的国家级区块链综合服务平台和数据共享联盟。中国老龄事业发展基金会是民政部和全国老龄办领导下的为全国老年人服务的民间慈善组织，是独立的社团法人。它的前身是中国老年基金会（成立于 1986 年 5 月）。中国国药集团成立于 1991 年，是国务院国资委直接管理的中国最大的医药健康产业集团中国医药集团总公司所属企业，是国家食品药品监督管理总局的定点麻醉药品生产单位。

5．中国公益链

中国公益链，由太一云与中华思源工程扶贫基金会合作，利用分布式技术和共识算法重新构造的一种信任机制，以提升公益领域公信力。中华思源工程扶贫基金会是由民建中央发起，中共中央统战部主管的公募基金会。它的宗旨是资助以扶贫和社会公益事业为主的"思源工程"活动，帮助弱势群体解决生产生活困难，促进中国贫困地区经济和社会事业发展。

二、探索监管应用

由太一云提供技术支持的赣州区块链金融产业沙盒园位于江西赣州经济技术开发区，园区规划 2.5 万平方米。该园区是地方政府部门主导的"监管沙盒园区"，是在江西省金融办、赣州市人民政府、国家互联网应急中心、新华网的指导和支持下成立的。园区积极探索利用区块链技术在地方金融、互联网金融等方面进行有效监管的技术创新，设立监管、监测平台。园区主要发展区块链金融类产业，努力发展成为中国南方科技金融创新中心。

1. 中国食品链应用探索案例"链橙"

"链橙"是由中华思源工程基金会大数据公益基金、赣州新链金融信息服务有限公司和链橙运营商在革命老区江西赣州联合推出的"区块链技术＋食品"的系统应用品牌，亦是中国食品工业（集团）公司和北京太一云科技有限公司战略合作发起的"中国食品链"实验项目。该项目充分利用区块链公开透明、难篡改的特点，为正宗的赣南脐橙贴上独特防伪标签，令其拥有自己的"身份证"，以实现"一橙一码"，从技术上确保赣南脐橙从田间到餐桌的全程即时可追溯，还消费者一个真正的有高科技加持的诚信美味赣南脐橙"链橙"，进而提升农产品品牌价值，为贫困户增收，以期实现产业扶贫的大目标。

2. 可信身份链

可信身份链（eIDLedger），采用区块链技术，将公民身份证件、公安部eID、生物识别技术整合起来，会同其他身份认证机构，形成一个开放稳定、安全可信的区块链网络，提供多维、多方、分等级、保隐私的链上联合身份认证服务，是新一代电子认证技术。

三、推进行业解决方案

1. 大数据行业解决方案

为解决普遍存在的数据孤岛问题、数据确权问题，太一云基于区块链技术建设了大数据共享平台。大数据行业具有诸多痛点，一是大数据行业中，企业众多而弱小，很难实现产业优势，数据共享不畅，难以形成产业生态。太一云通过中国大数据链的搭建，形成有机的数据共享机制，打造一个责权清晰、流动充足、价值整合的生态系统。二是数据孤岛现象严重，行业巨头封闭数据资源，数据价值低。将身份和数据在大数据链中自由、安全地流转，打破数据壁垒，进行高效的数据共享，实现数据价值的有效应用。三是大数据技术和产品同业务结合深度不够，无法形成和落实"大数据＋"产业结构。通过搭建数据信息需求与供应匹配平台，方便数据需求方与持有方进行业务匹配。四是数据挖掘范围小，所谓的大数据体量并不足以撑起应用。通过数据链的搭建将扩大数据的挖掘范围，提供更大的数据挖掘平台。

2．游戏行业解决方案

游戏行业解决方案是共享护照与第三方游戏平台合作，基于区块链技术构建的可信安全应用平台，通过现有技术解决方案及对接合作，来帮助更多的游戏开发者和游戏厂商实现梦想。传统游戏行业的发展过程也存在一些问题。一是平台交易流程设计过于传统，线上第三方支付被巨头垄断。通过太一云的共享护照解决方案，帮助平台转型升级，用户选择多样化。二是平台普遍用户无实名，缺乏公信，造成众多未成年人沉迷于游戏，不可自拔。采用共享护照可信实名认证技术，帮助平台建立真实可信的运行环境。三是玩家囤货现象频繁出现，影响售价。采用太一云平台解决方案，可有效防止大量囤货、倒卖道具等现象出现。四是活动资源投入缺少证明，参与度不高。通过太一云数字解决方案，保证平台活动的真实有效，提高玩家参与度。

第三节　竞争优势

一、优秀的技术团队及技术实力

太一云拥有一支 160 多人的团队，其中 70% 属于技术研发人员，包含我国早期的一批区块链极客以及多位经验丰富、拥有硕博学位或者双学位的核心技术人才。在 2016 年中关村区块链产业联盟组织的首届中国区块链技术创新应用大赛中，太一云从进入决赛的 9 家企业中脱颖而出，最终获得第一名。基于区块链技术构建的，集可信身份认证与综合区块链应用平台于一体的"太一护照"，2017 年 7 月与公安部身份证系统实现对接。数据显示，"太一护照"已经拥有完全实名认证的可信用户 20 多万个，并保持着高速增长态势。太一云的"超导网络"技术已经通过了相关权威机构测试，在 350 个节点（既有物理节点，也有亚马逊上的云节点）上实现了每秒超过 10 万次的交易频率。

二、接轨国际先进技术机构

作为我国区块链代表企业，太一云获邀参加 2017 达沃斯论坛。会议期间，太一云联同 25 个国家相关代表共同发起成立全球区块链商业理事会（GBBC），原美国总统奥巴马的新闻发言人及特别助理 Jamie Elizabeth Smith 出席理事会成立大会并致辞。第一批发起国家代表包括世界银行高管 Mariana Dahan、前爱沙尼亚总统 Toomas Hendrik Ilves、前海地总理 Laurent Lamont、乌克兰商业部长 Michael Casey 等多国重量级成员。太一云积极参与国际区块链组织，是国内早期参与 Hyperledger（超级账本）的企业，与 IBM 及其他成员一道为 Hyperledger 的发展贡献力量。

三、国内机构多方合作

太一云携手中国区块链生态联盟、中国电子学会区块链专委会、中国区块链应用研究中心、亚洲区块链基金会、中关村区块链产业联盟、国家版权交易中心联盟、国际文化金融交易所联盟、前海国际区块链生态圈联盟等多个行业联盟和协会，联合推进区块链在中国社会治理、应用安全、技术标准、技术设施建设等方面的应用和落地。

第二十三章

长扬科技（北京）有限公司

第一节　基本情况

　　长扬科技（北京）有限公司（以下简称"长扬科技"）成立于 2017 年 9 月，是一家专注于工业互联网安全、态势感知和安全大数据应用的创新型高新技术企业，由北京市国资委、经信委投资和指导。长扬科技秉承"安全协同、AI 赋能"的技术、产品理念，为我国工业互联网、关键信息基础设施安全防护提供产品及解决方案，客户群体覆盖轨道交通、石油石化、能源电力、部队军工、公安、城市市政、智能制造和政府教育等多个行业、领域。长扬科技总部设在北京，已经在上海、广州、西安、重庆、武汉、济南、乌鲁木齐、福州、成都、合肥、南京、杭州等地设置分支机构和服务中心。2018 年，长扬科技的整体业绩近 6000 万元。

第二节　发展策略

一、将技术创新作为企业生命线

　　长扬科技将技术创新研发作为企业的发展驱动力，以专注、专业、扎实的工作态度，在核心技术方向不断深耕、持续钻研，逐步形成了基于人工智能技术的工控安全防护能力。长扬科技以工控安全数据协同感知与协同处置为核心理念，重点强化工控系统安全应用的场景化自学习自适配能力，以 AI 技术赋能工业网络安全态势感知，以工业网络安全数据和关键信息基础设施行业数据为基础，对工控设备资产指纹、工业漏洞库、物联网传感数据、工业网络安全数据等进行建模，实现空间、时间维度上的安全大数据分析及态势感知，并结合客户需求，不断建立完善的立体式工业互联网安全防护保障体系。

二、积极推进商业融资

工业互联网安全是工业互联网发展的前提，是国家深入推进"互联网＋先进制造业"的重要保障，随着国家对工业互联网安全的日渐重视，工业互联网安全产业迎来爆发式增长。基于自身技术能力，结合北京市国资委、经信委的投资背景，长扬科技迎着政策东风，不断推进商业融资，推动企业不断做大做强。2018 年 1 月，长扬科技获得基石基金、嘉兴北源、嘉兴柒玖天使轮融资；2018 年 10 月，长扬科技获百度风投领投，基石基金、嘉兴柒玖、一八九八创投基金跟投的数千万元 A 轮融资，累计总融资额已近亿元。长扬科技正在进行总金额达 6000 万元的 B 轮融资。

三、充分利用行业资源助力企业发展

作为一家初创企业，长扬科技的成功，不仅得益于企业团队实力强、产品实用性高等因素，更得益于公司积极借助各种社会平台资源开拓市场，不断提高自身影响力。长扬科技成立了工业互联网安全院士工作站，并在多个协会、联盟中担任职务，如长扬科技是中国信息产业商会大数据产业分会的副理事长单位，广东省网络空间安全协会的常务理事单位，工业控制系统信息安全产业联盟的理事单位，还积极参与工业互联网产业联盟、中国大数据产业生态联盟、上海市信息安全行业协会、中国网络安全产业联盟、北京中关村高新技术企业协会等协会和联盟活动。通过这些平台，快速高效整合了工控安全上下游资源，推动了公司市场开拓，加速了企业发展。

第三节 竞争优势

一、打造了从生产侧到管理侧的全维度产品体系

长扬科技聚焦工业网络安全领域，以行业用户需求为导向，将标准化产品与行业定制化开发相结合，探索形成了覆盖工业控制系统全生命周期的安全产品和解决方案。长扬科技已形成了"七大产品线""两大安全平台"，包括安全防护类、监测审计类、漏洞扫描挖掘类、安全检测工具类、工业终端安全类、

安全态势感知及工业大数据等产品，以及基于人工智能和大数据分析技术的工业互联网安全态势感知平台、安全大数据平台，实现了从生产侧到管理侧的全覆盖。

在企业生产侧，工业光闸、工业网闸、工业防火墙等安全产品，可实现企业办公网和生产网络的边界隔离；工业监测审计系统可以实现流量的监测和审计；工控主机卫士可实现对工业控制网络中各操作员站、工程师站及上位机的安全加固。在企业集团侧，工业互联网安全态势感知平台具备对采集的工业安全数据进行清洗、计算、分析和呈现的能力，可实现工业网络安全态势感知及风险评估、安全追踪溯源及应急管理等功能，助力大中型工业企业实现对离散分布的工业网络的安全管控。在监管部门侧，工业互联网安全态势感知平台可作为指挥和监管平台，起到辅助决策的作用；工控等保检查工具箱为监管部门的检查评估提供支撑。

二、构建了较为完善的安全服务体系

基于对工业控制系统信息安全政策法规、标准规范的深入理解，对工业控制系统在各行业及业务流程特点的深入研究及工程经验的总结分析，配合全生命周期工控系统安全产品的保障需要，长扬科技逐步构建了涵盖安全咨询、风险评估、安全审计、运维管理、安全培训等在内的工控系统安全服务体系。

在安全咨询方面，长扬科技能够以能源、交通和智能制造等领域特点为核心，提供技术、运维、管理、策略等方面的安全咨询服务。在风险评估方面，长扬科技能够通过资产重要性分析，明确企业需要重点保护的资产；通过系统弱点分析、威胁分析等，识别相关资产面临的安全威胁，助力企业客户真正了解自身工业网络信息系统的安全状况。在安全审计方面，长扬科技以安全政策和标准为基础，评估企业现行保护措施的整体情况，帮助企业加强内部控制，建立健全合规机制。在运维管理方面，长扬科技可提供针对突发网络故障、病毒入侵、系统故障等事件的应急响应服务，并将其与系统维护、安全加固、安全检查等工作充分结合，同时提供安全运维、渗透评估等服务。在安全培训方面，长扬科技可针对不同行业需求和企业实际情况，组织定制化培训，加强企业安全意识，指导开展攻防演练等。

三、储备了大量的工业网络安全精英人才

长扬科技集聚了我国大量工业网络安全精英人才，组建了业内顶尖研发团队和业务精英团队。在长扬科技人员构成中，博士、硕士学历人数达到员工总

数的 80% 以上，核心团队来自 GE、施耐德、西门子、华为、匡恩网络等工控企业和安全企业，超过 80% 的员工有多年工控安全技术研发、安全咨询及销售经验，具备强大的技术研究和攻关能力，并在轨道交通、能源电力、城市市政、智能制造和政府教育等多个行业、领域积累了丰富的场景化应用经验，是我国工控安全防护事业第一批践行者。依托精英人才的专业技术能力，长扬科技的产品、解决方案和服务得到了轨道交通、石油石化、能源电力、部队军工、智能制造和政府教育等多个行业和领域客户的认可。

第二十四章

恒宝股份有限公司

第一节　基本情况

　　恒宝股份有限公司（以下简称"恒宝股份"）成立于1996年，2007年在深交所中小板成功上市（股票代码：002104），注册资本71202.88万元。作为中国智能卡、安全数字化、物联网、大数据、区块链的上市企业，恒宝股份致力于为银行、通信、防务、政府公共服务、交通等部门提供数据安全及身份认证的整套解决方案和物联网在相关应用领域的综合解决方案。具体包括：通信和物联网连接、安全产品、系统平台、身份认证识别、数据安全、移动支付解决方案、智能终端、智能卡、智能卡模块封装，以及金融科技服务等。此外，公司在区块链技术方面已有一定储备，在信息安全、数据交易等方面均进行了布局。

　　恒宝股份已在全国26个省市及新加坡、印度、印尼、巴基斯坦、肯尼亚等10多个海外国家和地区设有分支机构，员工总数近2000人。2018年上半年，实现营业收入89671.60万元，较上年同期增长36.11%。

第二节　发展策略

一、面向物联网、移动互联网细分应用场景提供丰富的产品解决方案

　　公司针对物联网和移动互联网的安全发展趋势，与产业链合作方紧密合作，提供适合不同应用场景的安全解决方案。相关产品解决方案为商业银行等行业

客户和物联网客户提供基于智能手机的移动互联网身份识别、安全支付端到端解决方案、物联网通信过程中的信息加密和传递加密。在可信执行环境（TEE）体系成为共识的背景下，公司提供包括 TEE、TA、eSE、TSM、TAM 的完整的安全解决方案。

此外，公司针对政府、社会公共管理领域推出特种通信物联网业务。该业务主要面向公安、消防、国防建设、国家安全等应用领域，重点布局高端传感器设备、通信加密终端、智能侦测终端等核心产品。结合智能云服务平台，为客户提供应急指挥通信、数据链等特种应用整体解决方案。公司特种通信物联网业务发展迅速，实现营业收入 4.8 亿元，公司正在不断推进该业务的发展和技术开发，努力培育该业务成为公司的一个新的业务增长点。

二、重视拓展国外市场，助力"一带一路"建设

公司的客户遍布海内外。一方面，公司在国内取得了国家十大部委等政府机关的信赖，并与 100 多家银行、三大通信运营商建立了稳健的合作关系；另一方面，公司为助力"一带一路"建设，与银联国际达成了多项战略合作协议，先后在柬埔寨、缅甸、澳大利亚等地区首发恒宝银联卡，是银联海外新兴支付业务布局中，参与项目最多、合作最紧密的企业，也是国内入围银行智能卡及数据安全解决方案等服务提供商最全的企业之一。公司正积极加大在东南亚、西亚和中东、西非等地区的部署，进一步提高海外地区的市场份额，使公司的区域业务收入结构更加平衡、合理和稳定。2018 年年初，公司增资位于新加坡的恒宝国际子公司，并拟在肯尼亚设立中东非洲子公司。2018 年中期，公司与埃塞俄比亚电信 ETHIO TELECOM 签署了《SIM 卡采购的框架合作协议（FRAME AGREEMENT FOR THIE PROCUREMENTOF SIM CARDS）》，确定公司成为埃塞俄比亚电信 SIM 卡入围供应商，为公司实现全球化发展战略布局。

三、直面新技术新应用挑战，加大基础技术产品预研和应用场景拓展

公司高度重视技术创新研发，截至 2018 年 6 月，累计投入研发资金 6083 万元，较上年同期增长 2.13%。在新技术方面，公司面向物联网、5G、区块链、金融科技、数据安全、大数据等新兴领域，持续加大新产品、新技术研发投入，实现了进一步的技术突破，并且定期与国内外标准组织技术交流，与产业伙伴分工协作，稳步推进业务持续良性发展。在通信模组、RFID、移动智能终端和身份识别等安全产品领域，公司着力巩固现有优势，丰富公司现有产品线，并

进一步调整产品结构，打造多层次产品。在智能农业、智能仓储物流、智慧医疗等行业应用领域积极拓展，提供移动支付安全产品、应用管理和系统平台，实现市场突破。

第三节　竞争优势

一、以智能卡、智能终端为主攻方向，持续加大研发投入，形成技术优势、规模优势和行业优势

公司是国家"火炬"重点高新技术企业、国家规划布局的重点软件企业、国家高新技术企业和"双软"认证企业，也是江苏省智能卡工程技术研究开发中心。公司以智能卡、安全终端、移动支付及系统整体解决方案为主要技术方向，不断探索新产品市场，智能卡业务经过多年发展，产品线齐全、产能领先，拥有丰富的制造和供应链优势，有助于公司更好地降低成本，并且在更大的范围内调控资源，提高市场竞争能力。在行业推广方面，公司凭借其突出的市场能力、技术能力和服务能力，成为三大通信运营商、各大商业银行、住建部、交通部、卫健委、国税总局、铁路总公司等重要客户相关产品的主要供应商。公司是国内智能卡行业中拥有各种资质最多的企业之一，这些资质是智能卡企业进入重要细分市场的必要条件。

二、以特种通信物联网业务为突破口，调整公司产品结构，提高公共服务领域产品的核心竞争力

公司紧紧抓住物联网发展的战略机遇，结合公司在金融支付、移动通信、信息安全等领域的技术优势，深耕特种通信物联网业务，并积极在公安、消防、国防建设、国家安全等应用领域进行市场布局，积极培育物联网成为公司中长期新的业绩增长点，并促使公司业务收入在终端应用市场构成上更加平衡合理和稳定。此外，公司也积极响应国家的军民融合大战略，充分利用公司在军工信息化领域的产品和应用经验，逐步将公司产品拓展至军工防务市场，稳定提升公司在军工防务市场的业务收入，提高公司产品在公共服务领域产品的核心竞争力。

三、加强人才队伍建设，优化人才结构

公司着力加强人才引进和培养，一方面积极吸引全国各地高科技人才，为

后续产品的研发及各类项目的实施储备优秀人才；另一方面大力开展培训工作，通过各项岗位培训、技能培训、管理知识培训、质量管理培训等专题培训，不断提升员工的专业能力及综合素质，提高公司的整体管理水平和效率。除此之外，公司为鼓励技术人员创新，稳定人才队伍，通过向核心技术人员转让股权、建立完善良好的企业文化和有竞争性的薪酬奖励机制等措施提升内部凝聚力，吸引和稳定核心技术人员。

第二十五章

飞天诚信科技股份有限公司

第一节　基本情况

一、飞天诚信概况

　　飞天诚信科技股份有限公司（以下简称"飞天诚信"）成立于1998年，是我国智能卡操作系统及数字安全系统整体解决方案的提供商和服务商。经过多年不断努力创新，飞天诚信凭借其先进的技术、优秀的产品和完善的服务体系，成为我国信息安全领域颇具实力和影响力的企业。飞天诚信致力于软件加密和信息安全产品的研发与销售，在网络身份认证、软件版权保护、智能卡操作系统三大领域遥遥领先于其他企业，成为我国数字安全领域的领导品牌。

　　飞天诚信公司的总部设在北京，凭借其专业的系统解决方案和服务团队，公司将其业务扩展到了国外。在广州、上海、成都、武汉设立了华南、华东、西南、华中营销中心，在深圳、杭州和昆明等地区建立了办事处，在亚洲、欧洲、大洋洲、美洲等区域建立起了市场推广和营销服务体系。其公司产品销售至全球80多个国家和地区，积累了金融、政府、邮政、电信、交通、互联网等多领域客户。

　　2014年7月，公司成为行业内首家院士专家工作站建站企业，在业界发挥高端人才引进的优势，将产学研工作有机结合，有助于培养创新人才，增强企业自主创新能力和市场竞争力。2014年6月，飞天诚信在深圳证券交易所正式挂牌上市，成为当时中国智能身份认证领域第一股。

二、飞天诚信信息安全服务分析

飞天诚信公司根据国家信息化发展对信息安全产品的迫切需求，较早地涉足信息安全产品的研制和开发，并注重企业创新，积极研发具有自主知识产权的产品。飞天诚信成为信息安全领域保护数字身份安全和交易信息安全、验证管理数字身份和交易信息的领先企业。飞天诚信在网络银行安全交易、支付卡及服务、移动支付安全、云认证、身份认证及软件保护等多个领域提供完整的服务和解决方案，并且已经拥有了一个基于嵌入式安全操作系统、APP 技术、应用平台、云平台及国密算法研究的基础研发中心。同时，飞天诚信是国内银行客户最多的网络身份认证产品提供商，与中国信息安全测评中心、国家信息技术安全研究中心、中国银联等第三方机构建立了战略合作伙伴关系，并与中国工商银行、中国建设银行、中国农业银行、中国银行、交通银行、招商银行等近 200 家银行建立了长期合作关系。

2014 年，飞天诚信加入 FIDO（线上快速身份验证）联盟，致力于身份认证相关技术的进步、标准的完善、产品性能的提升；2016 年年初，FIDO 中国成立，当时飞天诚信凭借自身 FIDO 技术方面的研究实力及对 FIDO 联盟的大力支持，成为 FIDO 中国工作组第一批成员；飞天诚信现已成为 FIDO 联盟的董事会成员。

三、飞天诚信的信息安全产品

飞天诚信在政府、金融、邮政、电信、交通、互联网等领域拥有 6000 多个客户。其中，银行客户覆盖最为广泛，包括工行、建行、农行、中行、交行等在内的近 200 家银行，其主要业务是为网上银行系统安全提供完善的解决方案和专业的技术服务。

飞天诚信注重企业研发和创新，不断学习并引进国际上先进的技术，结合国内用户的实际情况，开发出众多性能优异的信息安全产品。公司的主要产品线有：Rockey 系列软件加密锁、EPass 系列网络安全身份认证锁、动态令牌以及卡 e 通手机卡编辑器等。早在 2002 年 6 月，飞天诚信推出了"不可破解"的 Rockey5 智能卡型加密锁，由于智能卡技术的应用使其所保护的软件的安全性得到了最大程度的保障，Rockey5 的推出为软件防盗版奏响了最强音。EPass 身份认证锁是飞天诚信开发的 USB 接口的硬件设备，它是针对服务器端对客户端身份认证的需求而设计。

飞天诚信在国内率先推出了 USB 接口网络安全身份认证产品，EPass 在久经市场考验之后脱颖而出，如今在国内的市场份额超过了 **50%**，并已成功地应用到国家建设部、国家保密局等国家机关单位。EPass 的客户覆盖了政府、军队、工商、税务、证券、CA 中心、IT 行业等十几个行业和部门。动态令牌（OTPToken）是一种便携的手持式动态密码计算的电子产品；脱机使用或与计算机相联，免除了静态密码被截取、猜测、攻击和破解的隐患；可根据时间（Time）、事件（Event）、挑战 / 应答（Challenge/Response）等因素产生动态密码；动态令牌的应用大大方便了网银及其用户、网游商户及其用户和公司局域网及其员工。

第二节　发展策略

一、看准时机抢占信息安全产品市场

飞天诚信预测到国家信息化对信息安全产品的市场需求，抢占市场先机，不断推出以智能身份认证为核心的信息安全产品和服务。飞天诚信很早就发现信息安全市场中的重要子行业 USBKey 未来在电子商务、电子政务、工商税务等领域的应用将有更加广泛的市场需求，利用其存量市场更换需求大的特点，积极加大 USBKey 科技创新研发的资金投入力度，抢先占领市场，推广 USBKey 产品的应用。飞天诚信早在 2005 年，推出国内首款 USBKey 产品 EPass1000，随后不断推陈出新，创新 EPass 系列产品，持续保持其在国内技术上的领先地位。飞天诚信的 EPass 系列智能身份认证系统产品已被广泛应用于电子政务、电子商务、金融、工商、税务、公安、海关等诸多领域。

二、积极拓展海外市场

飞天诚信在稳固国内市场的同时，把海外市场作为重要的发展方向。飞天诚信的客户不仅遍及全国 31 个省、市、自治区，产品还远销 30 多个国家和地区，并在韩国、日本、美国、加拿大、德国、奥地利、俄罗斯等 10 多个国家和地区设立了代理，与微软等多个世界顶级的 IT 企业建立了战略合作伙伴关系。

飞天诚信作为一家国内企业，早开拓海外市场的时候，其产品吸引人之处是价格。除了价格和人力资源上的优势，飞天诚信最大的特点是产品在技术上毫不逊色于他人，飞天诚信非常注重于技术的投入和储备，尤其注重自主研发和保持技术的领先性，能应用市场上新的技术开发出新产品，灵活应对需求。

现在国外很多的类似产品，都还是用比较传统的多个芯片的模式来构建，还停留在 8 位、16 位的微处理器平台上。而飞天诚信的产品不仅是用单芯片，还大量应用了智能卡技术，很多产品都是构建在 32 位的微处理器平台上，这样为飞天诚信带来了竞争优势。飞天诚信的 32 位高端产品虽然成本略有增加，但安全性提升了几十甚至上百倍，对于关心加密产品安全性的客户来说，更受欢迎和认可。如今，高端产品是飞天诚信海外市场推广的重点。此外，飞天诚信加强人力协调和管理，将技术研发、技术支持和服务等部门统一协调，不断提升产品的质量和服务水平，使其在市场营销方面取得了不错的成绩。在海外市场的拓展上，飞天诚信成功实现了产品销售和品牌建设的双丰收，提升了国际影响力。

第三节　竞争优势

一、技术创新引领信息安全产业

企业自主创新和运用知识产权的能力及水平决定着企业的核心竞争力。飞天诚信非常重视企业的创新发展，注重知识产权，努力提升企业核心竞争力。飞天诚信的专利申请工作实现了由数量到质量的飞跃，建立了对自主研发产品的知识产权保护专利布局。飞天诚信已获得专利超过 700 项，绝大多数为发明专利，是业内拥有国内及国外专利申请及授权量最多的企业，先后被评为北京市专利试点先进单位、北京市专利示范单位、国家级知识产权优势企业、企业知识产权管理标准化单位，并在中关村企业信用等级评定中获评 Azc+ 级。

二、大力整合产业资源

飞天诚信利用自己先进的技术优势、充足的资金储备、较为成熟的市场开拓经验，加紧整合资源，进行有效的资源重组，看准时机并购其他公司，拓宽市场，将智能卡技术与飞天诚信固有优势相结合，助力 EMV 迁移，深入智能卡产业腹地。2001 年公司基于智能卡技术的业界概念产品——"不可破解"加密锁便已问世，十多年来，飞天诚信一直努力为业界提供安全、易用、便捷的 FT-COS 智能卡操作系统的安全产品及方案；FT-JAVACOS 也同样传承了 FT-COS 的便捷、灵活、可移植等概念，已支持国内外所有主流的双界面智能卡芯片，芯片厂商如国民技术、同方微电子、上海华虹、英飞凌、恩智浦、三星、Inside 公司、瑞萨等。基于多年实战经验积累，分层架构的 COS 设计，适用于任何新的智能卡平台，并可在短时间内实现快速迁移和产品化。

随着中国金融换"芯"时代的到来，金融 IC 卡产业链迎来市场巅峰。2014 年，飞天诚信收购嘉兴万谷智能科技有限公司（以下简称"嘉兴万谷"），正式进军 IC 卡领域。通过收购，双方实现了优势互补，发挥了协同效应。飞天诚信与嘉兴万谷的结合，可以使飞天诚信充分发挥其领先的技术优势和客户资源优势，开拓新的金融 IC 卡市场；嘉兴万谷也可以凭借飞天诚信的市场开拓能力，充分利用自身的生产能力和业务资质，实现更多价值。飞天诚信与嘉兴万谷彼此之间的业务、客户、营销、生产、供应链体系等资源也可以充分共享，有利于共同扩大市场份额、降低运营成本，提高市场竞争力。飞天诚信通过企业并购，有效地提升了综合实力，积极应对行业竞争，并最终在金融 IC 卡领域大展宏图。

第二十六章

大陆云盾电子认证服务有限公司

第一节 基本情况

一、企业基本情况

大陆云盾电子认证服务有限公司（英文：MCSCA，以下简称"大陆云盾"）成立于 2018 年 1 月，注册资本 5000 万元，定位于国内电子认证及信息安全解决方案和服务提供商。公司以金融领域客户为核心，努力拓展电子商务、电子政务领域客户，提供身份认证、数字签名、数据保全以及数据加密与存储等服务，形成"身份认证（eID）+ 数字证书 + 数据保全 + 司法应用（仲裁 / 诉讼）"的完整信息安全服务体系，该体系力求实现深入分析用户需求，基于用户行为的反馈不断调整服务内容，并且不断优化升级，为用户创造全新的价值。

二、业务范围及服务内容

1. 以金融领域为核心，全面覆盖其他"互联网 +"领域

（1）金融领域服务

用户在业务平台生成的电子数据，通过数据保全服务保全，同时进行数据固化和第三方存证，在出现法律纠纷后，调取数据保全平台中的原始数据，由国家信息中心电子数据司法鉴定中心出具权威电子数据司法鉴定文书，并通过数据保全系统进行线上仲裁，从而保障各参与方的合法权利。

（2）电子商务领域

通过将电子商务交易主体的交易过程、交易凭证和电子合同等数据进行实时保全和固化，如果出现纠纷，可循序进行取证和司法鉴定，并通过系统进行线上仲裁。

（3）知识产权保护领域

通过数据保全对外服务平台，可对知识产权进行确权，对侵权行为证据进行实时保全，提供相关证明材料，帮助产权拥有人维护正当权益。

2. 以电子认证为核心，构建"身份认证（eID）+数字证书+数据保全+司法应用（仲裁/诉讼）"的完整信息安全服务体系

（1）线上业务合同进度跟踪

全流程跟踪线上业务的合同签署和履行，自线上业务平台注册登录开始，至单一业务合同最终履行完毕终止，期间涉及平台注册、合同要约承诺、合同签署、合同履行、合同终结等诸多环节。以银行信贷合同为例，贷款发放完毕后涉及长期的还款过程，该体系可以实现全部还款流程的全程进度追踪，以便违约情形发生时可立即申请仲裁，并以仲裁结果为依据增加银行坏账处理流程中的筹码。

（2）协助客户提供司法鉴定报告

纯线上纠纷解决方式的拓展仍一定程度受制于传统法制观念（如鉴定的作用），故构建线上仲裁体系应增加申请司法鉴定的通道（目前已完成国家信息中心电子数据司法鉴定中心存证系统部署），在数据保全专利技术基础上增加部分公正机构，二者并行确保线上仲裁流程畅通与结果的公信度。

（3）协助客户申请仲裁

以"线上纠纷，线上处理"为出发点，实现申请仲裁，数据从交易平台调出并附带详细数据保全报告（如有必要亦可附带鉴定报告），同时直接推送到仲裁云平台。根据实际需求，系统可实现高度智能地适配案例，对所申请的具体纠纷做出识别与判断，智能生成裁决模板，待仲裁员确认（亦可修改）后定板，并实时送达相关主体。

第二节　发展策略

一、为客户提供全面的解决方案

所有互联网场景中的用户都是有生命周期的，场景中提供的服务、产生的

行为数据也都有相应周期。从用户最初的注册、实名认证、安全登录、交易、注销、法律纠纷的处理，都需要相应的产品和服务。传统的电子认证企业所提供的数字证书服务往往只涵盖其中的一个或几个环节。对于企业用户来说，寻找所有环节上的服务提供商并进行整合是一个成本高、效率低的行为，降本增效是很多企业用户待解决的问题。

在实名认证阶段，大陆云盾提供面向个人和企业两类用户的身份鉴证通道。个人身份鉴证方式主要包括：身份证、银行卡四要素、手机号、eID 等方式，其中 eID 认证方式因其独有的数字身份编码功能，在达到实名认证的同时还能起到保护个人隐私的目的，是目前最适合线上个人身份认证的方式之一；企业则主要通过对接市场监督管理机构的权威数据源，线上验证企业电子营业执照的真实性。

在验证用户身份真实性的前提下，大陆云盾为用户颁发数字证书，线上主要以手机盾等为证书载体。在用户登录、交易等环节进行身份确认、电子签名，并在公司的数据保全平台上应用重庆邮电大学的 Hash 链专利技术，对用户线上行为进行固化，数据保全平台对接国家信息中心、司法鉴定中心、仲裁委及互联网法院，为客户提供全面的解决方案。

二、依托股东公司优势资源快速拓展行业用户

北京科蓝软件系统股份有限公司是大陆云盾的控股公司（以下简称"科蓝"，股票代码：300663），成立于 1999 年 12 月，是一家专业从事金融软件产品应用开发和咨询服务的高科技企业。科蓝率先在中国大陆使用 Java 应用服务器技术，实施了首家网上银行系统。经过多年的积累，科蓝的客户已经覆盖了中国银行、农业银行、建设银行、邮储银行、进出口银行等大型国有银行、政策性银行和绝大多数城市商业银行、农村商业银行、外资银行，并与之保持了长期的合作关系。

大陆云盾可依靠科蓝的客户资源和技术优势，迅速在中小银行领域拓展客户。电子认证是银行、证券、保险、P2P、消费金融、小贷公司等金融类客户合法合规经营、规避抵赖风险的首选服务。大陆云盾可继续为科蓝的用户提供后续的电子认证服务，完成价值提升。

第三节　竞争优势

一、信任属性是 CA 机构的第一属性

大陆云盾在建设及运营上，均将企业的信用放在首要位置。作为网络活动中的信任根，CA 的可信度直接决定了其是否可以持续经营下去。大陆云盾以金融级别作为要求，不放过任何一个细节，从机房布局建设、值班制度安排、容灾备份措施，到可信人员管理、突发情况应对等多方面，落实安全责任和要求，对数据安全风险进行严格管控。新时代新技术的产生，对电子认证服务业提出了更新、更高的要求，网络安全风险也在日益增加，只有动态防范好安全风险，保证 CA 技术和商业上可信是 CA 机构经营的基础。

二、合理运用相关趋势性新技术，探索行业前沿应用

大陆云盾积极探索电子认证及以电子认证为基础的应用与前沿技术结合的可能性。

PKI 是互联网安全的基础设施及成熟技术，也必将是物联网安全的基础设施，为物联网中系统、设备、应用程序和用户之间的安全交互和敏感数据传输创建信任基石，以此构建安全可信的物联网生态系统。基于 PKI 技术的数字证书实现设备身份认证、数据传输加密、保护数据的完整性，为物联网生态建立可靠的在线安全和在线信任。

在云计算方面，应当针对不同类型客户的需求，充分利用云计算的灵活性，将一些适合部署在云端的应用服务上云，为客户提供 SaaS 服务。这种方式能够降低客户的使用成本，缩短应用上线时间，提供更好的用户体验。

三、突破固有边界，跨界融合产生新价值

法律科技正深入到各行各业中，并逐步改变其传统的运营模式。在相关政策的引导下，法律科技的典型应用——电子合同已在网贷、在线旅游、制造零售等行业成为合规"标配"。在新颁布的《中华人民共和国电子商务法》草案二次审议稿、原国家旅游局《关于在北京、上海、江苏等六省市启用全国旅游监管服务平台有关事宜的通知》中也都着重提及了电子合同的使用，可以说在国家政策层面也在引导相关行业积极使用安全、合规的电子合同。电子认证行业也应进行突破创新，与新业态应用跨界融合，产生新价值。

热 点 篇

第二十七章

网络攻击

第一节　热点事件

一、恶意软件伪装"系统 WiFi 服务"感染近五百万台安卓手机

2018 年 3 月，Check Point 移动安全团队发现一款名为 Rottensys 的恶意软件伪装成"系统 WiFi 服务"，该软件于 2016 年 9 月开始传播，到 2018 年 3 月 12 日已感染近 500 万台设备。该程序预装在数百万台全新的智能手机中，为逃避检测，程序本身并不包含恶意组件，并且不会立即启动任何恶意活动，而是通过命令控制服务器获取包含恶意代码所需组件的列表，然后使用"下载不提示"权限安装组件，从而以远程控制命令对用户手机进行 root，频繁推送广告并进行应用分发，消耗用户流量资费，影响用户体验，受影响的品牌手机包括华为、小米、OPPO、vivo 和三星等。仅在过去的 10 天内，该恶意软件的作者获利超过 115000 美元。

二、国内"挖矿"病毒大规模爆发

2018 年 3 月，湖北某医院内网遭到"挖矿"病毒疯狂攻击，导致该医院大量的自助挂号、缴费、报告查询打印等设备无法正常工作。由于这些终端为只提供特定功能的自助设备，安全性没有得到重视，系统中没有安装防病毒产品，系统补丁没有及时更新，同时该医院各个科室的网段没有很好隔离，导致"挖矿"病毒集中爆发。5 月，青海某能源企业内网遭到"挖矿"病毒疯狂攻击，

由于物理设备与云终端均没有及时安装漏洞补丁，导致病毒在整个网络中爆发，严重影响用户正常工作。北京某能源企业内网遭到"挖矿"病毒疯狂攻击，该企业计算机设备类型众多，且操作系统版本也各不相同，企业总部虽然无法访问外网，但是分公司内外网混用，没有进行隔离，导致分公司中毒后病毒迅速传播到公司总部的网络中，公司总部病毒集中爆发。

三、安卓手机爆发"寄生推"病毒

2018 年 4 月，腾讯安全反诈骗实验室发现针对安卓手机的恶意病毒"寄生推"，约 300 多款知名应用受"寄生推"感染，潜在影响用户超 2000 万个，华为、小米、vivo、OPPO 等国内主要品牌安卓手机均受到影响。"寄生推"软件开发工具包最早从 2017 年 9 月开始下发恶意代码包，并在成功 root 过的用户设备上植入恶意代码子包，每个恶意代码子包影响的用户量都在 20 万个以上，波及的范围极其广泛。用户下载后，手机会被控制，安装病毒 APP，之后用户设备上将不断弹出广告，甚至静默安装其他 APP，受到影响的设备会不断弹出广告和暗自推广应用。该病毒推送 SDK 的恶意传播过程非常隐蔽，从云端控制 SDK 中实际执行的代码，具有很强的隐蔽性和对抗杀毒软件的能力，与寄生虫非常类似，故将其命名为"寄生推"。

四、台积电遭遇勒索软件 Wannacry 入侵

2018 年 8 月，台湾芯片制造商积体电路制造股份有限公司（以下简称"台积电"）位于新竹科学园区的 12 英寸晶圆厂和营运总部遭遇勒索病毒 Wannacry 入侵，生产线全数停摆。8 月 3 日晚 10 点左右，勒索病毒已快速扩散至位于台中和台南的工厂，至此台积电在台湾北、中、南三处的重要生产基地，同样是因为勒索软件入侵而导致生产线停摆。8 月 6 日下午，台积电召开发布会，称所有机器已全部恢复生产，此次病毒侵袭事件并非来自内鬼或者外部黑客的针对性攻击，是人为在新机安装软件过程中的操作失误，且由于各厂区之间联网，造成病毒渗透速度很快。本次勒索软件攻击预计给台积电造成约 87 亿元新台币 (约合人民币 17.6 亿元) 损失，同时股价受勒索病毒影响，短时间内蒸发 78 亿元新台币。

五、勒索病毒"撒旦"改行挖矿

2018 年 11 月，有安全公司监测发现勒索软件"撒旦"的最新变种，该变种利用 JBoss、Tomcat、Weblogic 等多个组件漏洞及"永恒之蓝"漏洞进行攻

击，新增 Apache Struts2 漏洞攻击模块，攻击范围和威力进一步提升。"撒旦"勒索病毒在 2017 年年初被外媒曝光，此后持续进行升级优化。4 月，有安全公司曝光了"撒旦"勒索病毒变种携"永恒之蓝"卷土归来。6 月，"撒旦"勒索病毒被曝传播方式升级，不光使用"永恒之蓝"漏洞攻击，还携带更多漏洞攻击模块，使该病毒的感染扩散能力、影响范围得以显著增强。

六、"微信支付"勒索软件爆发

2018 年 12 月，一款名为"UNNAMED1989"的勒索病毒通过伪造成私服、外挂工具开始传播，上万台设备受到感染。用户一旦遭遇该勒索病毒攻击，电脑桌面上的文件即被加密。与之前的勒索病毒通过虚拟货币支付进行勒索不同，该勒索病毒在加密文件中会留下一个"解密工具"的图标，引导用户支付赎金。用户点击这个图标后，会跳转到一个二维码页面。用户通过微信"扫一扫"功能支付 110 元赎金，黑客称收到赎金后方可解密。因此该勒索病毒被称为"微信支付"勒索病毒。该病毒采用"供应链污染"的方式进行传播，病毒作者以论坛形式发布植入病毒的"易语言"编程软件，并植入到开发者开发的软件中实现病毒传播。腾讯方面回应称，微信已第一时间对所涉勒索病毒作者账户进行封禁、收款二维码予以紧急冻结。支付宝方面表示会采取有针对性的防护措施，尚未收到账户受影响的用户反馈。据安全公司监测，截至 12 月 4 日，已有超过 10 万用户感染该病毒，并且被感染电脑数量还在增加。

七、驱动人生供应链攻击事件

2018 年 12 月，一款通过驱动人生旗下"驱动人生""人生日历""USB 宝盒"等多款软件升级通道进行传播的木马突然爆发，在短短两个小时的时间内就感染了十万台电脑。该木马具备远程执行代码功能，启动后会将用户计算机的详细信息发往木马服务器，并接收远程指令执行下一步操作。同时该木马具有自升级、远程下载文件执行、远程创建服务等功能。木马在启动后，会根据服务器指令，下载一款永恒之蓝漏洞利用工具，通过该漏洞利用工具，攻击局域网与互联网中的其他计算机，攻击成功后，向其他机器安装该木马（也可以安装其他木马，由云端服务器决定）。经研究人员分析，这是一起通过控制应用相关的升级服务器执行的典型的供应链攻击案例。

第二节　热点评析

随着工业互联网、物联网等产业的发展，全球进入到万物互联时代，网络攻击目标泛化，数量也大幅增加。2018年，网络热点事件呈现如下特点。

一是工业领域成为网络攻击重灾区。随着工业与信息化进一步深度融合，工业控制系统作为工业领域的"神经中枢"，呈现互联互通趋势，打破了传统工业领域相对封闭可信的环境，将互联网的安全威胁渗透到了工业领域，工业互联网也成为黑客攻击和网络战的重要目标。根据CNCERT发布的《2018年我国互联网网络安全态势综述》，CNCERT全年累计发现境外对我国暴露工业资产的恶意嗅探事件约4451万起，较2017年数量暴增约17倍，发现我国境内暴露的联网工业设备数量共计6020个，并监测发现多个大型工业云平台持续遭受漏洞利用、拒绝服务、暴力破解等网络攻击。工业互联网安全与传统网络安全相比，目标价值高，一旦遭受了网络攻击，轻则会破坏生产环境、造成设备停机、被勒索钱财，重则会直接威胁国家安全。工业互联网安全系统的复杂程度远高于传统的IT网络系统，对工业互联网实施的网络攻击和防护在方法论和工具上大同小异，但工业互联网涉及的场景更多，工业控制涉及的软硬件也复杂得多。此外，工控系统在设计之初只为实现自动化、信息化的控制功能，方便生产和管理，缺乏安全建设，大部分企业防控能力较弱，安全意识薄弱，安全投入不足，大多数情况是牺牲安全性、换取稳定性，安全更新维护不及时。

二是恶意"挖矿"攻击在全球爆发。随着比特币、门罗币等虚拟货币价格的走高，再加上勒索病毒的助攻，"挖矿机"这个名词也越来越为众多网民所熟知。虚拟货币不依靠特定货币机构发行，而是依据特定算法，通过大量的计算产生。为此，一些不法分子利用电脑、浏览器、物联网设备、移动设备或网络架构中的漏洞，侵入其中进行"挖矿"程序植入，盗取这些设备上的算力资源进行加密货币的开采。受2018年区块链产业大热影响，由加密数字货币引发的网络犯罪活动空前高涨，"挖矿"木马更成了2018年影响面最广的恶意程序。工信部在发布的《网络安全威胁态势分析与工作综述》中指出，2018年第二季度非法"挖矿"严重威胁互联网网络安全。国内外多家互联网企业和网络安全公司也认为，非法"挖矿"已成为严重的网络安全问题。卡巴斯基公司相关报告显示，2018年全球产生的恶意软件攻击次数增加了83%以上，受恶意加密货币"挖矿"软件攻击的互联网用户数量稳步增长，每月约有120万用户受到攻击。腾讯云监测发现，随着"云挖矿"的兴起，云主机成为挖取门罗币、以利币等数字货币的主要利用对象，而盗用云主机计算资源进行"挖矿"的情况也显著增多。同时,随着"挖矿"团伙的产业化运作,越来越多的 0day/1day 漏洞在公布的第一时间就被用于"挖矿"攻击。"挖矿"木马已经不满足于"单打独斗",开始和僵尸网络、勒索病毒、蠕虫病毒相结合,再集成各种病毒常用的反杀软、无文件攻击等技术,"挖矿"木马的传播和植入成功率得到了进一步增强。

三是勒索软件对重要行业关键信息基础设施威胁加剧。2018 年,伴随"勒索软件即服务"产业的兴起,活跃的勒索软件数量呈现快速增长势头,且更新频率和威胁广度都大幅度增加,勒索软件攻击事件频发,给个人用户和企业用户带来严重损失。同时,由于大规模投递勒索软件后,勒索软件支付赎金人数少且容易引起安全厂商注意,勒索病毒攻击从广撒网转向针对高价值目标的定向投递,即逐渐转向攻击那些防御措施有限,但被勒索后会造成重大影响而不得不支付赎金才能恢复业务的目标,如医疗行业。根据 CNCERT 相关数据显示,2018 年 CNCERT 捕获勒索软件近 14 万个,全年总体呈现增长趋势。勒索软件传播手段多样,利用影响范围广的漏洞进行快速传播是主要方式之一,例如勒索软件 Lucky 就是综合利用多种漏洞进行快速攻击传播的。重要行业的关键信息基础设施逐渐成为勒索软件的重点攻击目标,其中,政府、医疗、教育、研究机构、制造业等是受到勒索软件攻击较严重的行业。例如,8 月发生的台积电遭勒索软件攻击事件,严重影响了正常生产,造成了极大的经济损失。

四是移动互联网安全问题仍不容小觑。随着移动互联网技术的快速发展和应用,我国移动互联网网民数量已突破 8.17 亿,金融服务、生活服务、支付业务等全面向移动互联网应用迁移,移动互联网终端应用已成为互联网用户上网的首要入口和互联网信息服务的主要形式。但与此同时,窃取用户信息、发送垃圾信息、推送广告和欺诈信息等危害移动互联网正常运行的恶意行为层出不穷,在不断侵犯广大移动用户的合法利益。2018 年,国家互联网应急中心通过自主捕获和厂商交换获得移动互联网恶意程序 283 万余个,同比增长 11.7%,尽管近 3 年来增长速度有所放缓,但仍保持高速增长趋势。除此以外,伴随移动应用的影响力超过电脑应用,主要互联网黑产也迁移到手机平台。腾讯手机管家发布的《腾讯安全 2018 上半年互联网黑产研究报告》表明,以持续多年的暗扣费黑产、恶意移动广告黑产、手机应用分发黑产、APP 推广刷量黑产为典型,这些移动端的互联网黑产,给用户和软件开发者带来了巨大损失。

第二十八章

信息泄露

第一节　热点事件

一、公安机关查获偷拍的酒店客房视频 10 万余部

2018 年 3 月，山东济宁公安机关发现有网民大量发布出售宾馆摄像头观看账号的广告，经侦查发现一条包括非法在宾馆架设摄像头、账号代理和观看者等人员组成的黑色产业链。主要犯罪嫌疑人通过互联网购买智能摄像头后改装成隐蔽摄像头，安装在宾馆吊灯、空调等隐蔽处，通过手机下载的智能摄像头 APP 软件收看、管理摄像头的回传画面，同时将回传画面中的裸体等不雅镜头截屏发给账号代理，账号代理通过微信、QQ 发布截图吸引网民购买观看账号。涉案主犯将每个观看账号以 100 ～ 300 元不等的价格出售给代理，代理再以 200 ～ 400 元不等的价格出售给下级代理或网民。个别代理还将隐蔽摄像头回传的视频下载后存储在网盘中，通过微信、QQ 以 20 ～ 60 元不等的价格出售网盘账号。济宁公安机关在全国抓获犯罪嫌疑人 29 名，扣押作案用微型网络摄像头 300 余个，手机 64 部、银行卡 56 张，查获偷拍的酒店客房视频 10 万余部。

二、多个外卖平台被曝泄露用户信息

2018 年 4 月，新京报曝光美团、饿了么等外卖平台用户信息被泄露，卖家、网络运营公司及外卖骑手参与其中，每条信息最低不到一毛钱，却精确到你吃的什么、在哪儿吃的等私密信息。有卖家专门在网络上出售外卖订餐信息，每

条售价不到一毛钱，个别第三方网络公司搜集用户数据后打包售卖，部分骑手也参与其中，通过用户数据信息牟利。这些数据的时间不同销售价格也不同，当日全新的订单信息报价可达每条一元，八百元可买到上万条相关外卖订单信息。消息曝出后，美团回应称已启动相关信息的核实排查，同时已向警方报案。另一家外卖平台饿了么则表示，平台也是受害者，看到相关报道后，已开始全力排查。

三、弹幕视频网站 AcFun 受黑客攻击，近千万条用户数据外泄

2018 年 6 月，弹幕视频网 AcFun 发布《关于 AcFun 受黑客攻击致用户数据外泄的公告》，称因网站受黑客攻击，已有近千万条用户数据外泄，已报警处理。泄露的数据主要包括用户 ID、昵称、加密储存的密码等，2017 年 7 月 7 日之后 AcFun 一直未被登录过，密码加密强度不是最高级别的账号存在一定的安全风险。事发之后，AcFun 已经搜集了相关证据并报警，同时第一时间联合内部和外部的技术专家成立了安全专项组，排查问题并升级了系统安全等级。同时，有安全公司发现 AcFun 泄露的数据疑似在暗网被公开售卖。信息发布者称自己是中介，可出售 AcFun 的 SHELL 和内网权限，数据库内自带 900 万条用户数据，日流量超过百万，并开价人民币 40 万元。

四、前程无忧用户信息在暗网兜售

2018 年 6 月，有人在暗网售卖招聘网站前程无忧的用户信息，其中涉及195 万用户的求职简历。随后前程无忧方面声明称确实存在部分用户账户密码被撞库，并强调数据中绝大部分来自于一些邮箱泄露的账户密码，且都是在2013 年之前注册，因此这样的情况并非拖库，而是恶意用户通过这些已泄露的邮箱账户及密码，对相应的站点进行登录匹配，然后蓄意倒卖。

五、圆通快递 10 亿条数据遭泄露

2018 年 6 月，圆通快递的 10 亿条快递数据在暗网上兜售，售卖者表示其掌握的数据为 2014 年下旬的数据，数据信息包括寄（收）件人姓名、电话、地址等信息，10 亿条数据已经经过去重处理，数据重复率低于 20%，并以 1 比特币打包出售。并且该售卖者还支持用户对数据真实性进行验货，但验货费用为 0.01 比特币（约合 431.97 元），验货数据量为 100 万条。此验货数据是从10 亿条数据里随机抽选的，每条数据完全不同，也就是说只要花 430 元人民币即可购买到 100 万条圆通快递的个人用户信息，而 10 亿条数据则需要 43197

元人民币。

六、北京瑞智华胜黑客利用黑产窃取知名互联网公司 30 亿条用户个人数据

2018 年 7 月，绍兴市警方破获了一起特大流量劫持案。据查，该犯罪团伙成立了瑞智华胜等三家公司，从 2014 年开始，其中两家涉案公司以竞标的方式，先后与覆盖全国十余省市的电信、移动、联通、铁通、广电等运营商签订营销广告系统服务合同，为运营商提供精准广告投放系统的开发、维护，进而拿到了运营商服务器的远程登录权限，并将自主编写的恶意程序放在运营商内部的服务器上，当用户的流量经过运营商的服务器时，该程序就自动工作，从中清洗、采集出用户 cookie、访问记录等关键数据，再通过恶意程序将所有数据导出，存放在了瑞智华胜境内外的多个服务器上。根据警方统计的数据显示，该犯罪团伙窃取的公民数据已超过 30 亿条，涉及百度、腾讯、阿里、今日头条等全国 96 家互联网公司的用户数据。犯罪团伙利用非法窃取的用户数据，操控用户账号进行微博、微信、QQ、抖音等社交平台的加粉、刷量、加群、违规推广，非法获利，其旗下一家公司一年营收就超过 3000 万元。

七、华住酒店集团 5 亿条开房数据泄露

2018 年 8 月，根据暗网中文网帖显示，华住旗下的汉庭、美爵、禧玥、漫心、诺富特、美居、CitiGo、桔子、全季、星程、宜必思、怡莱、海友等多家酒店共计 5 亿条个人信息被泄露，并在暗网上打包销售。其中包括华住官网的注册资料（姓名、手机号、邮箱、身份证号、登录密码等信息），共 53GB，大约 1.23 亿条记录；还包括住户在酒店入住时登记的身份信息（如姓名、身份证号、家庭住址、生日、内部 ID 号等），共计 22.3GB，大约 1.3 亿人的身份证信息；另外还包含有酒店的开房记录（包括内部 ID 号，同房间关联号、姓名、卡号、手机号、邮箱、入住时间、离开时间、酒店 ID 号、房间号、消费金额等信息），共 66.2GB，大约 2.4 亿条记录。有研究人员表示，此次泄露可能是由于华住公司程序员将数据库连接方式及密码上传到 GitHub，黑客利用此信息实施攻击并拖库造成的。9 月，窃取数据的犯罪嫌疑人被警方抓获。

八、国泰航空数据泄露，940 万乘客受到影响

2018 年 10 月，国泰航空宣布其一数据系统遭到黑客攻击，国泰航空及其子公司港龙航空有限公司约 940 万乘客资料泄露。被泄露资料包括乘客姓名、

国籍、出生日期、电话号码、电子邮件地址、地址、护照号码、身份证号码、飞行常客计划的会员号码、顾客服务备注及过往的飞行记录资料。此外，有403 张已逾期的信用卡号码，27 张无安全码的信用卡号码及约 86 万个护照号码和 24.5 万个香港身份证号码曾被非法访问。但国泰航空表示，没有任何一位乘客的旅行及常客计划信息被全部访问，也没有任何密码外泄并没有证据证明这些信息被不当利用。此后，国泰航空向香港立法会提交文件，表示在 3 月就已发现系统被入侵。

九、万豪酒店集团数据库遭黑客入侵

2018 年 11 月，万豪国际集团官方微博发布声明称，其旗下喜达屋酒店的客房预订数据库被黑客入侵，在 2018 年 9 月 10 日或之前曾在该酒店预定的最多约 5 亿名客人的信息或被泄露。这 5 亿人次中，有大约 3.27 亿人次的包括姓名、邮寄地址、电话号码、电子邮件地址、护照号码、账户信息、出生日期、性别及到达和离开酒店的信息已被泄露。可能泄露的还包括加密的信用卡信息，且不能排除加密密匙同时被盗的可能性。这次泄露至少可以追溯到 2014 年 9月——喜达屋被万豪收购之前，并一直持续到 2018 年 9 月。

十、网传陌陌用户数据泄露，遭低价出售

2018 年 12 月，有消息称，国内社交网站陌陌 3000 万用户数据在暗网上以 50 美元的低价出售。根据网传截图，这些数据包括手机号、密码，数据写入时间是 2015 年 7 月 17 日，卖家称数据是三年前通过撞库获得，可能早已失去信息时效性。同日，陌陌方面发表声明称，网传的用户数据跟陌陌用户的匹配度极低，陌陌采用高强度单向散列算法加密存储用户密码，因此任何人无法直接从陌陌数据库中直接获取用户明文密码。此外陌陌采用了密码验证、设备验证等多重校验机制，以保护用户信息安全，任何人在其他设备上仅用手机号和密码试图登录陌陌账号，都会触发短信验证码等多种信息验证措施，他人根本无法仅凭手机号和密码就登录用户陌陌账号。

第二节　热点评析

一是网络黑产团伙与暗网结合形成黑色产业链。网络黑产是指以互联网为媒介，以网络技术为主要手段，为计算机信息系统安全和网络空间管理秩序，甚至国家安全、社会稳定带来潜在威胁的非法产业。据南都大数据研究院等

机构发布的《2018 网络黑灰产治理研究报告》估算，2017 年我国网络安全产业规模为 450 多亿元，而黑灰产已达近千亿元规模；全年因垃圾短信、诈骗信息、个人信息泄露等造成的经济损失估算达 915 亿元，而且电信诈骗案每年以 20%~30% 的速度在增长。在数据遭到窃取后，部分不法分子将数据流转到暗网上拍卖，2018 年就相继爆出 AcFun、圆通、华住、陌陌等大量用户信息在暗网兜售。暗网通常是指那些存储在网络数据库里，但不能通过超链接访问而需要通过动态网页技术访问的资源集合，不属于那些可以被标准搜索引擎索引的表面网络。暗网一旦和黑产联系在一起，产生的危害远不仅是经济损失。因为暗网处于网络世界中最黑暗、最隐蔽的底部，黑产藏身于此，增加了追踪和打击难度。而个人隐私数据被不法分子出售获利，只是最基础的变现操作，由于价格并不昂贵，用户信息被多次转手泄露，对个人造成反复的永久性伤害，如果黑产分子利用个人隐私信息进行诈骗、敲诈勒索，甚至是人口贩卖等违法行为，危害就更加难以想象。

二是第三方平台、应用等增加了数据泄露风险。在 2018 年的数据泄露事件中，因第三方导致的泄露事件不占少数。无论是由于服务提供者所管理的在线资源配置不当、还是不安全的第三方软件，或是与第三方不安全通信渠道，以及第三方窃取信息的内部人员，如果组织未有足够地关注与防范，那么与第三方合作可能会使组织面临巨大风险。例如，快递、外卖等新兴服务平台，就成了 2018 年数据泄露的重灾区，美团、饿了么、圆通纷纷被曝发生大规模数据泄露事件，圆通数据泄露量达到 10 亿条。

三是针对云平台的数据泄露事件频发。云计算已成为个人和商业生活中不可或缺的组成部分，它提供了强大的弹性计算资源，基于云计算资源衍生出了各类成本低、灵活、敏捷的软件即服务（SaaS）产品。然而，云计算带来的各种安全问题越来越不容忽视。首先，云环境包含大量的敏感数据，拥有强大的计算资源，其对于黑客的吸引力毋庸置疑。其次，云服务一般仅提供基本的安全配置，导致不少云环境的安全措施非常薄弱，包括配置错误、误将关键资产暴露于公网、弱密码设置等，这给了黑客可乘之机，他们只需极低的成本即可轻易获得对云环境的控制权。

四是个人信息和重要数据泄露危害更加严重。2018 年我国境内发生了多起个人信息和重要数据泄露事件，数据泄露体量不断增大，百万级、亿级、十亿级的数据泄露事件比比皆是。泄露数据的内容包括与公民日常生活密切相关的住宿、饮食、购物等详细信息。犯罪分子利用大数据等技术手段，整合获得的各类数据，可形成对用户的多维度精准画像，所产生的危害更为严重。

第二十九章

新技术应用安全

第一节 热点事件

一、人脸识别存在安全隐患

2018 年 2 月，国内人脸识别公司深圳市深网视界科技有限公司（以下简称"深网视界"）被曝发生数据泄露，致使 250 万人的私人信息能够不受限制被访问，引发业内广泛关注。此次信息泄露事件主要为深网视界内部的一个 MongoDB 数据库，该数据库内含超过 250 万人的信息，包括身份证数据、照片、工作信息等。此外，该数据库还可动态记录个人位置信息，仅 2 月 12 日至 2 月 13 日的 24 小时，就有超过 680 万个地点被记录在其中。从技术层面讲，人脸识别技术的大规模使用，需要把信息通过信息网络转化为计算机二进制代码，所提取的数据都会存储于企业数据库，人脸不能复制，但二进制计算机代码可以被截获、重放、重构。传统的密码被忘记或被窃取，可重新设置新密码。但生物信息是唯一且终身不变的，不可再生或重建，因此，一旦泄露或丢失便难以找回，用户就只能眼看着信息被盗取而无能为力。

二、多个区块链项目 RPC 接口安全问题

2018 年 3 月 20 日，慢雾区和 BLOCKCHAIN SECURITY LAB 揭秘了以太坊黑色情人节事件（以太坊偷渡漏洞）相关攻击细节。2018 年 8 月 1 日，知道创宇 404 实验室在前者的基础上结合蜜罐数据，补充了后偷渡时代多种利用

以太坊 RPC 接口盗币的利用方式：离线攻击、重放攻击和爆破攻击。2018 年 8 月 20 日，知道创宇 404 实验室再次补充了一种攻击形式：拾荒攻击。RPC 接口并非以太坊独创，其在区块链项目中多有应用。2018 年 12 月 1 日，腾讯安全联合实验室对 NEO RPC 接口安全问题提出预警。区块链项目 RPC 接口在方便交易的同时，也带来了极大的安全隐患。

三、VPNFilter——新型 IoT Botnet

2018 年 5 月 23 日，Cisco Talos 团队披露了一起名为 VPNFilter 的 IoT Botnet 事件。据 360CERT 团队分析，VPNFilter 是一个通过 IoT 设备漏洞组建 Botnet、多阶段、多平台、模块化、多功能的恶意网络攻击行动。而 VPNFilter 具有强对抗性和周密计划性、多阶段执行、Dropper 通过图床进行上下行、采用和 BlackEnergy 相似的变种 RC4 算法对信息加密、利用图片 EXIF 获取 C2、C2 通过 Tor 流量进行交互和通过利用 Linksys、Mikrotik、Netgear、TP-Link、QNAP 的相关漏洞进行传播感染等多种特征。360CERT 团队称："早在 2014 年，BlackEnergy 的相关行动就能看出其正在着手 IoT Botnet 组建，且也是通过分段化的形式逐步构建僵尸网络，这样的大规模行动在 APT 行为里并不常见。""攻击者意图构建一个广泛的，有自我隐藏能力，可以灵活提供攻击能力的大型恶意软件族群，由 stage3 的动作可以看出攻击者有极强的目的性。"

四、区块链平台 EOS 现史诗级系列高危安全漏洞

2018 年 5 月 29 日，360 公司的 Vulcan（伏尔甘）团队发现了区块链平台 EOS 的一系列高危安全漏洞。经验证，其中部分漏洞可以在 EOS 节点上远程执行任意代码，即可以通过远程攻击，直接控制和接管 EOS 上运行的所有节点。攻击者通过构造恶意代码智能合约触发其安全漏洞，然后再将恶意合约打包进新的区块，进而导致网络中所有节点被远程控制。在这之后，攻击者可以窃取 EOS 超级节点的密钥，控制 EOS 网络的虚拟货币交易；获取 EOS 网络参与节点系统中的其他金融和隐私数据，例如交易所中的数字货币、保存在钱包中的用户密钥、关键的用户资料和隐私数据等。EOS 是"区块链 3.0"的新型区块链平台，其市值在当时高达 690 亿元，在全球的市值排名中位列第五，这也预示着这次的高危漏洞将对整个区块链平台带来巨大影响，因此被称为"史诗级系列高危安全漏洞"。

五、物联网安全漏洞导致 4.96 亿设备易受攻击

Armis 在 2018 年 6 月披露，由于一种名为 DNS 重新绑定的古老网络攻击，全球企业有近 5 亿个物联网设备容易遭受网络安全攻击。曾发现了 BlueBorne 恶意软件攻击的网络安全初创公司 Armis 表示，这一安全漏洞让攻击者可以绕过网络防火墙并利用受害者的网络浏览器访问网络上的其他设备，受影响的设备包括交换机、路由器、接入点、流媒体播放器、扬声器、IP 电话、打印机和智能电视。

第二节　热点评析

新技术的应用为我们的生活带来了极大的便利，然而由于其依然处于探索阶段，技术本身及其应用都尚未成熟，制度条件也不完备，存在着大量的安全风险。2018 年，新技术应用安全热点事件呈现以下特征。

一是终端漏洞风险。这里的终端指的就是电脑、手机、平板等这些可以接触到区块链的终端设备，这大概是区块链本身之外最有可能存在安全漏洞的地方之一。虽然被称为"终端漏洞"，但这些问题反映了区块链技术整体的安全性，也和我们每个人的安全意识相关。

二是刷脸支付风险。随着移动支付的兴起，指纹支付、虹膜支付、刷脸支付等生物特征支付方式层出不穷。特别是阿里和苹果这样的大公司先后推出人脸识别和刷脸支付之类的功能，使刷脸支付显得非常时髦。而且相对于输入密码的支付模式，刷脸支付也会更加便捷。不过，便捷性和安全性不可兼得，由于黑客攻击和人类识别技术的局限性，刷脸支付其实存在较大的安全风险。2017 年，德国纽伦堡大学发表了一篇 face2face 论文，揭示从技术上已经实现了远程用模拟他人人脸进行身份认证。也就是说，黑客根本不需要你的人脸生物特征数据，就可完成人脸进行身份认证。

三是物联网智能终端安全防护风险。物联网网络采用多种异构网络，通信传输模型相比互联网更为复杂，算法破解、协议破解、中间人攻击等诸多攻击方式以及 Key、协议、核心算法、证书等暴力破解情况时有发生。物联网数据传输管道自身与传输流量内容的安全问题也不容忽视。已经有黑客通过分析、破解智能平衡车、无人机等物联网设备的通信传输协议，实现对物联网终端的入侵、劫持。在一些特殊物联网环境里，传输的信息数据仅采用简单加密甚至明文传输，黑客通过破解通信传输协议，即可读取传输的数据，并进行篡改、屏蔽等操作。

第三十章

信息内容安全

第一节　热点事件

一、儿童"邪典视频"事件

2018 年 1 月，网上一篇文章提到一位家长给宝宝随机点播了一集《小猪佩奇》，画面是面目狰狞的牙医拿着手臂粗的针管，不断扎向尖叫痛哭的佩奇。一位台湾网友披露名为《一群变态锁定观看 YouTube 的孩童，我以前为他们工作》的文章，称他发现自己之前所在的动画制作公司以儿童熟悉的卡通人物为主角，包装血腥暴力或软色情内容，甚至制作成虐童动画或真人小短片。此类视频以卡通片、儿童剧、木偶剧为包装，对少年儿童喜爱的艾莎公主、米奇老鼠、蜘蛛侠、小猪佩奇等卡通形象二次加工，其中充斥大量含有血腥暴力、恐怖、虐待、色情等内容。2017 年，这类视频在国外引起重视，国内违法分子进一步将"儿童邪典视频"本土化，其中名为"欢乐迪士尼"的账号，是国内较早一批翻译并制作上传相关视频的账号之一，注册公司为广州胤钧贸易有限公司。据调查，该公司在未取得行政许可的前提下，擅自从事网络视频制作、传播活动，用经典动画片中的角色玩偶实物及彩泥粘土等制作道具，将制作过程拍成视频，或将有关成品摆拍制作带有故事情节的视频，上传至优酷、爱奇艺、腾讯等视频平台。该公司 2016 年 11 月分别与优酷、爱奇艺视频平台签订合同，利用"欢乐迪士尼"账号上传视频，从中获利 220 余万元。经审核鉴定，其中部分含有血腥、惊悚内容。日前，该案已由公安机关刑事立案查处，该公司营业执照被依法吊销。"扫黄打非"部门在依法从严查处广州胤钧公司的同时，对与该公司开展业务合作并提供传播平台的优酷、爱奇艺公司，为该公司提供传播平台的腾讯公司立案调查；对百度旗下"好看"视频存在传播儿童邪典视频内容立案调查。北京、广东两地文化执法部门近日做出相关行政处罚，责令上述互联网企业改正违法违规行为，警告并处以罚款。

二、今日头条虚假广告事件

据央视记者调查，手机上的"今日头条"客户端随着所处城市的变化，广告也在精准变化，在南宁地区的今日头条首页推荐栏内，点击了"补气血"，页面上迅速跳转成一个名为"芪冬养血胶囊"的非处方药品广告，并注明了产品成分、规格、治疗功效。同时，非处方药品的批准编号、广告审批编号都被标注一清，点击后是一位被称为中国中医科学院临床"医学专家"的信息，并且配有多张资历证书的图片，讲述其在女性疾病上的观点和意见，还有几名患者以现身说法的形式讲述治疗过程，每个患者都对药品以及治疗效果非常满意，而且刊登了治疗后的患者对比图。在被称为中国中医科学院临床医学专家的画面上，反复出现了"专家微信号"，还推荐添加进行一对一的指导。手机上的"今日头条"客户端也不断发布一条北京同仁堂"同仁堂牌葛根山药胶囊"的广告并声称有降血糖奇效，在"今日头条"发布的这则广告中，被医学界公认为一大难题的糖尿病被轻松化解，甚至还贴出了治愈患者的身份证照片，然而同仁堂药店却买不到，只能在网上这个微信号上购买。北京同仁堂官方客服人员再三告诉记者：第一，北京同仁堂公司从未在"今日头条"上发布任何广告；第二，北京同仁堂公司生产的"同仁堂牌葛根山药胶囊"是保健品，不是药品，不具备治疗的功效。经调查，冒充北京同仁堂的其实就是使用"同仁堂健康官方认证"微信号的人，先是利用真的同仁堂产品找到"今日头条"做广告，"今日头条"帮助其制作"二跳"带来流量。进入后利用虚假的医生、虚假的患者诱导消费者添加"同仁堂健康官方认证"的微信号，高价将产品卖出，获得高额利润。

今日头条发布二跳广告，挣取非法的广告收益，而北京同仁堂却在承担假广告带来的一切损失，由于消费者不明真相，不断投诉，北京同仁堂公司的正规产品被个别省市工商部门、食品药品监督局予以了查处。2017 年 12 月 29 日，江苏省食药监局就发布官方公告，暂停销售同仁堂牌葛根山药胶囊，理由是未经审批，夸大保健食品功能，虚假宣传、情节较为严重，严重欺骗和误导消费者。

三、"桃花岛宝盒"网络直播聚合平台涉黄案

2017 年 10 月以来，犯罪嫌疑人吴某、陈某某等人开发了"桃花岛宝盒"聚合直播平台，该聚合平台非法聚合了 100 余个涉黄直播站点，通过组织真人淫秽直播表演、播放淫秽视频进行牟利，直播人员达数万人，每日观看的人数逾百万，涉案资金高达 3.5 亿余元。聚合平台的服务器位于境外菲律宾、缅甸、越南等地，是已破获的国内最大最活跃的跨国涉黄网络直播聚合平台。2018 年 4 月 25 日至 26 日，在公安部统一指挥下，湖南省郴州市公安局对这起特大案件集中收网，成功抓获涉案人员 163 人，打掉了"桃花岛宝盒"聚合直播平台以及月兔、一代佳人、猫咪、爱美人、媚颜、一点、LT-LIVE、相思秀等 35 个涉黄直播站点。专案组共对 98 人采取刑事强制措施，包括聚合平台及直播站点老板（含股东）14 名，技术保障及程序开发人员 14 名，运营管理人员（含主管、财务）8 名，代理推广人员 10 名，家族长 44 名，直播人员 8 名。该案不仅抓获的犯罪嫌疑人员层次高、打击对象分布地区广、摧毁涉黄产业链条深，而且其成功侦破对净网震慑力和影响力巨大，案件示范效应强，严厉打击了网络传播淫秽色情信息违法犯罪活动，有效净化了网络空间。

四、暴走漫画侮辱英烈事件

2018 年 5 月 8 日，自媒体"暴走漫画"在"今日头条"等平台发布了一段时长 58 秒、含有戏谑侮辱董存瑞烈士和叶挺烈士内容的短视频。包含以下台词："董存瑞瞪着敌人的碉堡，眼中迸发出仇恨的光芒，他坚定地说：'连长，让我去炸那个碉堡吧。我是八分青年，这是我的八分堡。'""为人进出的门紧锁着！为狗爬出的洞敞开着！一个声音高叫着，爬出来吧！无痛人流！"在该段视频中，网友熟悉的"王尼玛"在台上南腔北调、侮辱烈士洋洋自得，台下不时传出阵阵笑声。随后，微博关闭了包括 @暴走漫画 @暴走大事件 @黄继光砸缸 @办公室的董存瑞等严重违规账号 16 个，删除账号昵称 39 个。

五、"四川网络水军第一案"一审宣判

叙永县公安局侦查发现，以叙永籍人员袁某为核心的近 30 人犯罪团伙利用腾讯 QQ 作为通信工具，勾结中国日报网、中国网河南地方频道、新浪网、搜房网、华商网等网站内部工作人员，在互联网提供有偿发布虚假信息及有偿删帖服务。袁某等 3 人除了通过网站申诉通道删帖外，还联系网站编辑删帖，向对方提供报酬，或找其他删帖中介从中赚取差价。据统计，袁某通过信息网

络有偿提供删除信息服务，非法经营数额达 340701 元；其弟弟、妻子非法经营总额达 519250 元；叶某非法经营总额达 350800 元；网站编辑周某非法经营总额达 69000 元；王某获利 29100 元。6 人通过信息网络有偿提供删帖服务，总共获利 130 余万元。

六、关于"重庆公交车事件"的谣言

重庆万州公交车坠江事件发生后，一部分自媒体炮制了"避让论"，谣传此次交通事故是由一名开私家车的女司机逆向行驶造成的，恶意放大"女司机"这个性别标签，引发网络舆论对"女司机"的讨伐和攻击，给受害女司机造成了心理伤害。在警方公布是公交车越过中心线撞上正常行驶的小轿车而导致失控坠江后，有网友爆料称"公交车司机凌晨 K 歌导致开车时睡着，引发事故"。经过官方数据恢复、调查走访等多方确认，重庆万州公交车坠江事件原因正式公布。公交车之所以坠江，主要原因系一名乘客因坐过站与司机发生争执，导致车辆失控坠入江中。

七、权健传销案

2018 年 12 月 25 日，"丁香医生"在微信公众号发表文章《百亿保健帝国权健，和它阴影下的中国家庭》。文中反映，年仅四岁的周洋罹患恶性生殖细胞瘤，在北京儿童医院治疗后病情稳定，但因父母不忍女儿忍受痛苦的化疗过程，选择付费五千元服用了权健集团推出的"抗癌秘方"，并被要求期间不要吃药也不能化疗，两月后病情严重恶化，8 个月后周洋病逝。2018 年 12 月 27 日，天津市委、市政府责成市场监管委、市卫健委和武清区等相关部门成立联合调查组，对网民关注的诸多问题展开调查核实，进驻权健集团展开核查。京东、天猫下架权健相关店铺商品。权健公司在经营活动中，涉嫌传销犯罪和涉嫌虚假广告犯罪，公安机关已依法对其涉嫌犯罪行为立案侦查。

第二节　热点评析

一是未成年人有害信息形式多样。在信息服务监管体系越来越健全的环境下，违法有害信息已难以"坦荡行事"，转而通过一系列包装隐蔽手段逃避内容监管。"儿童邪典视频"之类的有害信息，就是利用儿童喜爱的卡通形象，包装成亲子类视频，极具隐蔽性和迷惑性，严重污染了互联网空间。同时，此类视频之所以得以大量传播，得益于各大网络平台和搜索引擎算法推送。基于

对浏览者特别是少年儿童浏览偏好的计算，平台会自动推送同类视频，无须有意检索就自动进入视野，为少年儿童观看感兴趣的动画人物相关视频提供了便利，也为相关伪装的违法有害信息传播提供畅通渠道。

二是虚假广告宣传更为猖獗、形式隐蔽。网络传销已经成为传销组织的基本模式，相对传统传销，网络传销隐蔽性更强，从网上发展会员，通过电子邮件或即时通信工具完成，监管难度大；具有跨地域性，尤其是跨国传销，将网站在国外注册逃避监管。网络虚假广告依附于知名产品进行虚假宣传，通过网络渠道推销产品，不仅侵害网民合法权益，也给真实产品生产商带来诸多负面影响。

三是网络直播行业依然乱象丛生。直播以视频形式展示，节目内容灵活多样，统一查处难度大，涉黄涉暴内容更易传播，"桃花岛宝盒"网络直播聚合平台涉黄事件直播人员达数万人，每日观看的人数逾百万，涉案资金高达 3.5 亿余元。

展望篇

第三十一章

2019 年我国网络安全面临
的形势

　　2019 年我国网络安全面临着严峻的形势。一是全球网络对抗态势进一步升级，各国将持续加强网络"军备竞赛"，从理论准备、力量准备、构建网络军事同盟等多方面，提高本国网络战能力，网络战威胁将显著增加。二是关键基础软硬件安全问题日益严重，利用关键基础软硬件安全漏洞实施攻击，以及供应链攻击数量将继续呈现上升趋势，攻击的复杂程序也将不断增加。三是随着物联网的快速发展，物联网设备的安全漏洞披露数量将大幅增加，利用设备的安全漏洞将出现更具威胁性的攻击形式，对现实世界的影响和危害也将逐渐增大。四是个人信息的过度收集和非法滥用问题仍将大量存在，个人信息的安全与隐私保护仍将是社会关注的热点；同时，个人信息泄露事件仍将多发，个人信息被利用实现欺诈、勒索等目的，事件的破坏性将加速放大。五是网络安全领域对人工智能技术的应用仍将十分活跃，人工智能将更多地用到恶意软件检测、漏洞测试、用户行为分析、网络流量分析等行为中，但同时，利用人工智能技术的网络攻击和针对人工智能的网络攻击，也将更为普遍。六是随着数字加密货币价值的持续看涨，针对数字加密货币的非法活动，尤其是"挖矿"木马攻击，将呈现持续增长趋势，较以往将更为猖獗。

第一节　全球网络对抗态势进一步升级

　　网络空间已成为国家和地区之间安全博弈的新战场，各国为了维护本国在网络空间的核心利益，持续加大网络空间的军事投入，网络空间对抗态势不断加剧。各国在网络空间对抗上主要做了以下几方面准备：

一是理论准备，即发布相应的战略、立法和作战规则。例如，美国 2016 年发布《网络威慑战略》，2017 年发布《国防科学委员会网络威慑专题小组最终报告》和《国家安全战略》，2018 年发布《2019 年国防授权法案》和《国防部网络安全战略》，明确将中国、俄罗斯等国列为美国国家安全"威胁"，建议增加网络冲突前线的军事部署。

二是力量准备，包括成立网络司令部、组建网络部队、投入网络军备经费、研发网络武器等。例如，美国 2010 年成立隶属战略司令部的网络司令部，组建包括国家任务部队、作战任务部队、网络保护部队在内的网络部队；2017 年美国国防部高级研究计划局启动 SHARE 项目，试图创建一种新的数据共享技术，使美军可以在世界各地安全地发出或者接收远程敏感信息；2018 年网络司令部升格为独立作战司令部。又如，2017 年韩国国防部公布《2018—2022 年国防中期计划》，计划 5 年间将投入 2500 亿韩元加强网络安全建设；2018 年 4 月，韩国国防部表示将在 2019 年前投入 29 亿韩元开发智能型信息化情报监视侦察系统。

三是构建网络防御军事行动同盟。北约已经将网络防御作为其集体防御的核心任务之一，2018 年北约提出将成立网络指挥部，以全面及时掌握网络空间状况；美澳、美日等也结成了网络防御军事同盟，一国受到网络攻击，两国将共同采取行动。

四是强化网络安全军事演习。例如，2017 年欧盟多国国防部长参加大规模网络防御演习，模拟欧盟军队在受到网络攻击时所能做出的反应；2018 年北约举行"锁定盾牌"网络战演习，吸引了来自 30 多个国家的千名网络安全专家参加；2018 年美国组织军队、政府和产业界专业人员共同开展"网络极限 2018"演习。

2019 年，各国将会持续加强网络"军备竞赛"，提高本国网络战的能力，全球网络对抗态势将进一步升级，网络战威胁将显著增加。

第二节 关键基础软硬件安全问题日益严重

关键基础软硬件包括 CPU、操作系统、数据库、办公套件等，是计算机信息系统的重要构成，也是保障网络空间安全的基础。近年来，对基础软硬件漏洞利用及针对软硬件的供应链攻击日趋频繁，基础软硬件安全问题日趋严重，不仅可能造成经济利益、知识产权、数据隐私的破坏与窃取，还可能对国家安全构成威胁。

一是基础软硬件漏洞利用。2018 年英特尔公司爆出"幽灵""熔断"两个处理器漏洞，利用"熔断"漏洞，低权限用户可以访问内核的内容，获取本地操作系统底层的信息，利用"幽灵"漏洞，恶意程序可获取用户账号、密码、邮箱等个人隐私信息；2018 年思科设备发现远程代码执行漏洞，攻击者无须用户验证即可向远端思科设备发送精心构造的恶意程序，全球 20 万思科设备受到影响，一个名为 JHT 的黑客组织利用该漏洞攻击了俄罗斯和伊朗两国的网络基础设施，进而波及了两国的 ISP（互联网服务提供商）、数据中心及某些网站。此外，英国皇家战略研究所公布报告，指出核武器系统存在大量明显安全漏洞，网络攻击破坏核武器控制装置的风险极大。

二是针对基础软硬件的供应链攻击。供应链攻击主要集中在软件上，通过在软件的设计、开发、集成、交付、使用等供应链环节植入恶意程序，损害计算机系统，对目标企业和机构实施网络攻击。2017 年 NetSarang 公司开发的安全终端模拟软件 Xshell 被发现存在后门代码，可收集主机信息并对外发送，估计有十万多开发、运维用户的远程登录信息被泄露。2018 年有未知攻击者攻击了 PDF 编辑器应用厂商和其软件合作商的共享基础设施，使合法的 APP 安装器变成了恶意 payload 携带者，攻击者使用加密货币"挖矿"机从该攻击活动中获利。此外，2018 年还发现了涉及达美航空、百思买等公司的供应链攻击。

2019 年，对关键基础软硬件安全漏洞利用及供应链攻击数量将继续呈现上升趋势，攻击的复杂程序也将不断增加，有专家预测，未来将能够看到针对基础硬件的供应链攻击，如攻击者可以在 UEFI/BIOS 的固件中破坏、更改芯片或添加源代码，然后将这些组件发送到数百万台计算机。

第三节　物联网安全风险进一步增加

物联网正在全球范围内迅速发展，有机构预测，到 2020 年全球将有超过 300 亿个设备连接到互联网，2025 年这一数字将达到 750 亿。但同时，针对物联网的网络攻击越来越多，根据卡巴斯基的报告，物联网设备受攻击的数量逐年增长，仅 2018 年上半年恶意软件样本数量便是 2017 年全年的三倍，而 2017 年的数量是 2016 年的 10 倍。大量的物联网设备直接暴露在互联网上，这些设备或者使用弱口令（或内置默认口令），或者存在着安全漏洞，极易被攻击者利用，攻击者可获取设备控制权限、窃取设备重要数据、进行网络流量劫持，或利用被控制设备形成大规模僵尸网络。例如，2018 年 5 月思科 Talos 安全研究团队发现攻击者利用恶意程序 VPNFilter 感染了全球 54 个国家的超过 50 万台路由器与 NAS 设备，利用恶意程序的中间人攻击模块 ssler，攻击者通过被感染路由器的流量注入恶意负载，甚至能悄悄修改网站发送的内容；2018 年 8 月国家药监局发布大批医疗器械企业主动召回公告，召回设备包括磁共振成像系统、麻醉剂、麻醉系统、人工心肺机等，涉及设备产品超过 24 万，主要原因在于软件安全性不足。物联网安全问题，将使个人隐私完全暴露在攻击者面前，如通过攻击智能家居设备，攻击者可获取大量个人生活影像、照片，甚至个人私密信息；而且，将危及关键信息基础设施安全，如攻击者在攻破网络摄像头后，可利用其在网上发起 DDoS 攻击，有目的地对那些大型网站进行攻击。

2019 年，随着智能家电、自动驾驶汽车、无人机等设备的普及，以及工业互联网、车联网、智慧城市等的发展，物联网设备的漏洞披露数量将大幅增加，针对物联网智能设备的网络攻击将更为频繁，利用物联网设备，攻击者可能将发动一系列威胁性攻击，如僵尸网络、勒索软件感染、APT 监控、数据过滤等，发展出现更具威胁的攻击形式，对现实世界的影响和危害也将逐渐增大。

第四节　个人信息安全与隐私保护仍是社会关注热点

大数据时代数据是重要的战略资源。各国在充分挖掘数据价值的同时，对数据安全与隐私保护问题也越来越重视。欧盟的《通用数据保护条例》于 2018 年 5 月正式生效，要求数据处理需取得数据主体的明确同意，赋予个人数据删除权、携带权等新型权利，并限制数据分析活动。我国《网络安全法》及相关配套规范，对个人信息收集、处理、使用等也提出了明确要求。法律实施推动企业加强了数据合规工作，但个人信息安全与隐私保护问题仍然十分突出，主要体现在以下两个方面。

一是个人信息过度收集和非法滥用，即在用户不知情或超出用户同意的范围之外，收集个人信息并加以非法利用。最典型的是脸谱"剑桥分析"事件，脸谱约 5000 万用户信息被一家名为"剑桥分析"的公司用来预测和影响选民的大选投票选向。我国多款 APP 也存在过度收集用户敏感信息及未经用户同意使用个人信息的行为，中消协 2018 年对 100 款 APP 的测评发现，59 款涉嫌过度收集"位置信息"，28 款过度收集"通讯录信息"，23 款过度收集"身份信息"，用户的照片、财产信息、生物识别信息、工作信息、交易记录、上网浏览记录、教育信息、车辆信息、短信等均存在被过度收集或使用的现象。还有很多企业利用网络爬虫、人工智能等技术，在个人不知情的情况下，隐秘收集个人信息并加以利用。

二是个人信息泄露事件频发。个人信息已经成为犯罪分子掘金的富矿，针对个人信息的网络犯罪快速增长，据 Gemalto 报告，仅 2018 年上半年全球就发生了 945 起较大型的数据泄露事件，共计导致 45 亿条数据泄露，与 2017 年相比数量增加了 133%。例如，2018 年 6 月，数据统计公司 Exactis 包含 3.4 亿条个人记录的数据库，在网上可公开访问；8 月我国某集团多家酒店 1.3 亿的人身份信息、2.4 亿条开房记录和 1.23 亿条官网注册资料在暗网兜售。造成个人信息泄露的原因主要有：企业安全防护不到位，数据明文存储、数据传输不加密，数据中心存在高危漏洞等；内部人员蓄意破坏等。近年来个人信息泄露事件多发，预计 2019 年，个人信息过度收集和非法滥用问题仍将大量存在，个人信息的安全与隐私保护仍将是社会关注的热点；同时，个人信息泄露事件仍将多发，个人信息被利用实现欺诈、勒索等目的，事件的破坏性将加速放大。

第五节　人工智能技术引发新的网络安全风险

人工智能是引领未来的战略性技术，世界主要国家纷纷把发展人工智能作为国家战略。根据 CB Insights 的统计，在应用人工智能方面，网络安全是活跃度排名第四的领域，越来越多的企业开始尝试将人工智能应用到恶意软件检测、漏洞测试、用户行为分析、网络流量分析等过程中，以识别和防范网络安全威胁。例如，美国 Cylance 研发的反病毒软件，利用人工智能预测网络攻击的发生，在没有网络连接的情况下，仅需 60 MB 内存和 1% 的 CPU 就能保护计算机免受攻击；美国帕洛阿尔托网络公司推出名为 Magnifier 的行为分析解决方案，使用结构化和非结构化的机器学习来模拟网络行为，改善网络危险检测；亚马逊收购了人工智能网络安全公司 Harvest.ai 和 Sqrrl，通过机器学习和人工智能算法，加强对数据窃取行为的识别和阻止，以保护云中的敏感数据；我国 360 公司发布"安全大脑"，利用人工智能技术对采集的安全数据进行分析计算，实时感知网络安全运行状况和态势，预测网络攻击并自动响应。但与此同时，人工智能也越来越多地被攻击者利用，人工智能技术有效降低了攻击成本，提高了攻击速度和效率，引发新的网络安全风险。例如，利用人工智能技术，攻击者能够更为迅速地发现信息网络和系统中的漏洞，并加以利用；利用人工智能技术，攻击者能够快速收集、组织并处理大型数据库，对信息进行关联与识别，从而获取潜在目标的个人信息及其他详细资料，通过社会化手段对个人目标进行攻击。而且，人工智能技术在安全方面还有很多的脆弱性，如人工智能算法严重依赖于数据的分布，黑客可通过改变数据分布生成恶意对抗样本，向人工智能系统发起"投毒攻击"。可以预见，2019 年人工智能技术将更多地应用于网络安全领域，但利用人工智能技术的网络攻击和针对人工智能的网络攻击，也将更为普遍。

第六节　针对数字加密货币的非法活动仍将高发

数字加密货币是区块链技术的典型应用，大约有 1500 种，包括比特币、莱特币、门罗币等。随着数字加密货币价格持续上涨、挖取难度不断增大、数字加密货币数量越来越少，针对数字加密货币的非法活动也呈现高发趋势。

一方面，针对数字加密货币的盗窃行为越来越多，不法分子利用安全漏洞通过入侵交易平台和个人钱包盗取加密货币，不仅造成个人财产损失，甚至直接造成交易平台倒闭的严重后果。据美国网络安全公司 CipherTrace 发布的报告称，2018 年上半年全球数字货币交易所共有 7.61 亿美元价值的加密货币被盗，是 2017 年全年的三倍，2018 年全年的损失将会上升到 15 亿美元；由于被盗加密货币最终将通过洗钱方式洗白，导致洗钱犯罪数量增加了三倍。据网络安全公司卡巴斯基的报告称，2018 年上半年该公司已经阻止了约 10 万起加密货币盗窃事件。

另一方面，非法"挖矿"成为不法分子获取利益的主要渠道，不法分子利用各种手段将"挖矿"机程序植入受害者的计算机中，并利用受害者计算机的运算力进行"挖矿"，这种被植入的"挖矿"机程序定时启动"挖矿"程序进行计算，大量消耗受害者计算机资源。网络安全机构 Cyber Threat Alliance 公布的研究报告指出，在加密货币"挖矿"领域，2018 年发生的违法事件比 2017 年多出 459%，黑客通过在老旧微软操作系统中寻找漏洞，并利用"永恒之蓝"工具，霸占他人的计算力来生成数字货币；报告还显示，有 85% 的非法加密货币"挖矿"活动瞄准门罗币，比特币占 8%，其他加密货币占 7%，而且黑客活动主要发生在美国。

2019 年，随着数字加密货币价值的持续看涨，针对数字加密货币的非法活动，尤其是"挖矿"木马攻击，将呈现持续增长趋势，较以往将更为猖獗。

第三十二章

2019 年我国网络安全发展趋势

2019 年,我国网络安全发展趋势主要为:一是《网络安全法》配套法律规范,如《网络安全等级保护条例》《关键信息基础设施安全保护条例》《个人信息和重要数据出境安全评估办法》《数据安全管理办法》等将进一步加快立法进程,成熟时尽快出台。二是围绕提高安全保障水平,加强对关键技术的研发支持力度,并在党政机关和重点行业加快推进安全可控产品应用,尤其是在新建信息系统中将更多采用安全可控产品。三是落实法律关于对关键信息基础设施重点保护的要求,继续深入推进网络安全等级保护、推进网络安全审查、加强数据安全管理、强化监测预警、信息通报和应急处置机制建设等,加强关键信息基础设施安全保护。四是从立法、执法和社会监督三个方面发力,更加务实地推进个人信息保护工作,加快制定《个人信息保护法》;加强对个人信息过度收集和非法滥用等行为的监管;开展 APP 个人信息保护评估工作。五是网络安全产业将继续保持高速增长态势,数据安全管理成为网络安全领域热点,人工智能技术将引发网络安全领域变革,网络安全技术产品将进一步服务化。六是统一网络身份生态体系建设进一步加快,国家将尽快出台网络可信身份战略,对网络身份实行分级管理,推动建立一个面向个人、法人和其他组织,体系内各参与主体分工明确的网络身份生态体系,为网络主体提供安全、有效、易用、互认的网络身份,满足各项网络业务需求。

第一节 《网络安全法》配套立法工作将进一步加快

《网络安全法》是我国网络空间安全管理的基本法律,2017 年 6 月 1 日正式施行。2018 年，为加快推进《网络安全法》的实施，有关部门加快研究起草配套法规，如公安部研究起草了《网络安全等级保护条例》、国家互联网信息办公室研究起草了《关键信息基础设施安全保护条例》《个人信息和重要数据出境安全评估办法》和《数据安全管理办法》等。2019 年，上述配套法规的立法进程将进一步加快，一些成熟的法律规范将尽快出台。

一是《网络安全等级保护条例》。该条例由公安部研究起草，已经于 2018 年 6 月公开向社会征求意见，与之前的《信息安全等级保护管理办法》相比，条例扩大了适用范围，除个人及家庭自建自用的网络外，由计算机或者其他信息终端及相关设备组成的按照一定的规则和程序对信息进行收集、存储、传输、交换、处理的系统都纳入了等级保护范畴，并进一步明确了监管部门及职责，明确了网络定级的流程和安全保护要求。该条例成熟后，将尽快提交司法部审议。

二是《关键信息基础设施安全保护条例》。该条例由国务院互联网信息办公室研究起草，已经于 2017 年 7 月公开向社会征求意见，正在进一步修改完善中。条例明确了国务院各部门的职责及关键信息基础设施的范围，确立了关键信息基础设施运营者的主体责任及其安全保护义务，并对产品和服务安全、监测预警、应急处置和检测评估等做了规定。该条例成熟后，将尽快提交司法部审议。

三是《个人信息和重要数据出境安全评估办法》。该条例由国务院互联网信息办公室研究起草，已经于 2017 年 4 月公开向社会征求意见，正在进一步修改完善中。办法明确了数据出境安全评估的情形和评估内容，办法成熟后，将尽快提交审议通过。

四是《数据安全管理办法》。该条例由国务院互联网信息办公室研究起草，拟以条例形式发布，成熟后将尽快提交司法部审议。此外，为配合上述法律规范的实施，数据出境安全评估、数据安全保护的相关标准规范也在加紧制定中。

第二节　安全可控信息技术产品应用将加速推进

信息技术产品和服务安全可控是提升重点行业安全保障水平的重要手段。信息技术产品和服务安全可控至少包括三方面的含义：保障用户对数据可控，产品或服务提供者不应该利用提供产品或服务的便利条件非法获取用户的重要数据；保障用户对系统可控，产品或服务提供者不应通过网络非法控制和操纵用户的设备；保障用户的选择权，产品和服务提供者不应利用用户对其产品和服务的依赖性，限制用户选择使用其他产品和服务。党中央、国务院对信息技术产品和服务安全可控高度重视，2016 年习近平总书记强调指出，要紧紧牵住核心技术自主创新这个"牛鼻子"，加快推进国产自主可控替代计划，构建安全可控的信息技术体系；2018 年在全国网络安全和信息化工作会议上再次强调，核心技术是国之重器，要加速推动核心技术突破。近年来，越来越多的安全事件使我国社会各界深刻认识到信息技术产品和服务安全可控的重要性。2018 年 5 月，我国发布了 CPU、操作系统、办公套件、通用计算机四类产品的安全可控国家推荐性标准，以该标准的实施为契机，2019 年我国重点行业围绕提高安全保障水平，将加快推进安全可控产品应用。一是加大对关键技术的研发支持。我国 CPU、操作系统等关键基础软硬件与国外有较大差距，国家将继续加大支持力度，支持关键技术研发和产业化。二是依据标准开展安全可控评估工作。为应用单位采用安全可控产品提供参考和依据，行业机构、社会组织、第三方测评机构等将依据国家推荐性标准，研究制定四类产品安全可控评价实施指南，细化相关要求，并据此开展安全可控评估工作。三是安全可控产品将更多在新建系统中予以采用。近年来国家对网络安全问题越来越重视，为确保信息系统安全，各类信息系统将更多采用安全可控产品，在已建的系统中，考虑到系统稳定性等因素，实现安全可控产品对原有产品的替代有难度，因此将更多地在新建系统中予以采用。

第三节　关键信息基础设施安全保障将进一步加强

关键信息基础设施是国家至关重要的资产，一旦遭受破坏、丧失功能或者数据泄露，不仅可能导致大规模的人员伤亡和财产损失，还将严重影响经济社会平稳运行并危害国家安全。近年来，随着金融、能源、电力、通信等领域基础设施对信息网络的依赖性增强，针对关键信息基础设施的网络攻击不断升级，这些攻击多以破坏和窃取情报为目的，攻击主体既包括带有政治倾向性的黑客团体、恐怖组织，也包括国家支持的黑客团体和组织，攻击手段也越来越复杂和多样。鉴于关键信息基础设施对国家安全的重要影响，各国都在强化对关键信息基础设施实施重点保护的措施，主要的做法包括：明确关键基础设施清单，加强统筹协调，建立公私合作和信息共享机制，强化技术支撑能力等。我国《网络安全法》也明确要求对关键信息基础设施实行重点保护，《关键信息基础设施安全保护条例》正在加紧制定中。2019 年，落实关于对关键信息基础设施重点保护的法律要求，我国将进一步强化安全保障工作：一是依据《网络安全法》，制定配套条例，明确关键信息基础设施范围、保护部门及职责、相关保护措施等；二是继续深入推进网络安全等级保护，指导和督促关键信息基础设施运营者履行安全保护义务，包括制定安全管理制度、采取技术措施监测网络运行状态、对关键岗位人员进行背景调查、对重要系统和数据库进行容灾备份、制定网络安全应急预案并定期演练等；三是推进网络安全审查工作，对关键信息基础设施运营者采购的可能影响国家安全的网络产品和服务，开展网络安全审查；四是统筹建设关键信息基础设施监测预警、信息通报和应急处置机制，加强网络安全监测预警，强化网络安全威胁信息共享，完善信息通报机制，建立健全关键信息基础设施网络安全应急协作机制。五是加强对关键信息基础设施运营过程中产生和获取的数据的安全管理，通过规范数据收集、使用和处理规则，强化数据安全全生命周期安全管理，对跨境提供数据加强安全监管等，增强数据安全预警和溯源能力。

第四节　个人信息保护工作将更加务实地开展

2018 年，欧盟《通用数据保护条例》正式实施，推动全球个人信息保护迈上新的阶段，美国、澳大利亚、巴西、日本等纷纷通过制定法律、加强执法等手段，强化数据时代的个人信息保护。我国《网络安全法》也明确了个人信息收集、处理、共享和保护的基本要求，在法律的落实过程中，政府机构、司法部门、行业组织等多方面发力加强个人信息保护。例如，2018 年 8 月通过的《电子商务法》在《网络安全法》基础上，对个人信息保护规则做了进一步细化；2018 年 5 月，推荐性国家标准《信息安全技术　个人信息安全规范》正式实施，明确了个人信息的收集、保存、使用和共享的要求；2018 年 8 月，中央网信办、工信部、公安部、国标委等四部委组织开展第二次隐私政策评审工作，对与人们日常生活紧密相关、具有较大用户数量的 30 款网络产品进行评审。2019 年，我国个人信息保护工作将从立法、执法、社会监督等多方面更加务实地推进。一是从立法层面看，《个人信息保护法》已被列入全国人大常委会立法计划，通过专门立法，将进一步明确个人信息收集、处理、使用的规则，明确个人信息保护的责任和义务；正在编纂的民法典《人格权编》（草案）中包括了隐私权和个人信息保护，将从民法视角提供个人信息保护机制。二是从行政执法层面看，中央网信办联合工信部、公安部、市场监管总局，已经于 2019 年 1 月启动 "APP 违法违规收集使用个人信息专项治理"，10 个领域近千款用户数量大、与民众生活密切相关的 APP 将在年内接受评估，并将依据《网络安全法》《消费者权益保护法》相关条款，对有违法违规行为的 APP 运营者，如强制、过度收集个人信息，未经消费者同意违反法律法规规定和双方约定收集、使用个人信息，发生或可能发生信息泄露、丢失而未采取补救措施，非法出售、非法向他人提供个人信息等行为，实施责令限期改正、暂停相关业务、停业整顿等行政处罚。三是从社会监督层面看，全国信息安全标准化技术委员会、中国消费者协会、中国互联网协会和中国网络空间安全协会，将编制"大众化应用基本业务功能及必要信息规范"和"APP 违规收集使用个人信息治理评估要点"，并据此开展评估、认证，向社会公布评估结果。此外，公安部门将持续加大对非法倒卖个人信息等行为的打击力度，切断黑色产业链。

第五节　网络安全产业将继续保持高速增长

在政策环境与市场需求的共同作用下，我国网络安全产业一直保持高速增长趋势，年均增速在 20% 以上。2019 年，随着《网络安全法》实施工作加速推进，以及促进网络安全产业发展的政策出台，各地将持续加大安全技术孵化、安全企业培育、安全人才培养等方面的工作，产业政策红利进一步释放，我国网络安全产业将继续保持高速增长态势，赛迪智库预测，2019 年我国网络安全产业规模有望达到 2572.4 亿元，增幅突破 17.8%。在我国网络安全产业高速增长的同时，有几个趋势不容忽视：一是全球数字化转型带来了数字风险，Gartner 预测，到 2020 年，60% 的数字化企业面临的最大安全风险是数字风险管理问题，因此，数据安全管理将成为网络安全领域的热点。二是人工智能将引发网络安全领域革新。国内已经有企业在探索人工智能与网络安全领域结合，积极推动机器学习、深度学习等人工智能技术在网络安全领域的应用，提升网络安全风险感知和预测能力。例如，安恒信息大数据智能安全平台，基于用户网络环境中的安全设备告警、流量（网络出口全流量数据）、脆弱性等安全数据，运用大数据分析建模、人工智能等技术，分析、跟踪并智能判定异常行为，为用户发现潜在的入侵和高隐蔽性攻击，回溯攻击历史，预测即将发生的安全事件。三是网络安全技术产品服务化趋势明显。随着网络安全威胁的变化，政府、企业等用户对安全需求不断增长，从最初的合规性需求，逐步转向威胁感知、安全防护和快速响应等需求，基于云计算平台的智能化的威胁监测、安全防御等新兴服务快速兴起，云审计、DDoS 攻击防御等云安全服务快速发展，网络安全技术产品服务化转型步伐加快。

第六节　统一网络身份生态建设将进一步加快

"大智云物移"推动万物互联、万网融合，网络空间内涵和外延不断拓展，对可信的需求越来越迫切。实现网络空间个人、法人、设备、数据的身份信任成为网络向更高质量发展的重要基础。《网络安全法》明确提出，国家实施网络可信身份战略，支持研究并开发安全、方便的电子身份认证技术，推动不同电子身份认证之间的互认。我国网络身份技术创新活跃，广泛支撑各领域业务开展，例如，基于公钥基础设施体系的数字证书已可实现移动环境下的身份认证和电子签名，全国有效证书持有量已经超过 3 亿个；联想集团参与发起的线上快速身份（FIDO）技术已经获得了全球 300 多家企业支持，在银行、证券、第三方支付等互联网金融领域获得了广泛应用；蚂蚁金服推动互联网金融身份认证联盟（IFAA）推出基于生物特征的可信身份解决方案，接入设备数量达 12 亿个等。这些网络身份服务，有些是基础性服务，如人口、企业法人信息服务等，有些是商务性服务，如个人社交账户、网站登录账户等身份服务，共同构成了网络空间身份服务体系。鉴于任何单一的技术和模式都无法满足市场的全部需求，因此，国家应当统筹推动建立多层次的网络可信身份生态体系。2019 年，我国网络可信身份生态体系建设工作将从以下几个方面加快推进。

一是加快建设个人和法人基础信息服务支撑平台，向政务、商务和个人提供权威、准确、安全的身份信息服务，构建网络可信身份基础设施。

二是加快网络可信身份政策法规标准制度建设，出台网络可信身份行动纲要，布局网络可信身份框架层次，部署重点任务；制定网络可信身份技术标准，指导网络身份信息收集、存储、使用等行为；制定网络可信身份服务准则，规范网络身份服务市场，开展网络身份服务评价评估，支持优质服务企业发展壮大，净化网络可信身份服务市场。

三是推动网络可信身份服务试点，在具备一定基础的区域、城市和行业开展基于网络可信身份的综合性业务试点，提升社会治理、政务服务、业务往来的智能、便捷、安全。

四是持续开展网络可信宣传交流，通过专题研讨、技术应用展览等系列活动，跟踪研究网络可信产业发展动态，交流和展示网络可信技术应用最新成果，及时向社会宣贯国家法律法规和政策标准，打造网络可信领域具有国际影响力的活动。

第三十三章

2019 年加强我国网络安全防护的对策建议

2019 年，建议从以下几个方面加强我国的网络安全防护能力。

一是加强关键技术研发，构建核心技术生态圈。确定重点支持关键技术清单，加强对关键技术研发支持力度；大力推进操作系统统一接口工作，构建国产软硬件生态；优化核心技术自主创新环境，构建以企业为主体、市场为导向、产学研相结合的技术创新体系。

二是加强安全制度建设，全面保护关键信息基础设施。构建由国家网信部门统筹协调、行业主管部门各自负责的协调机制；建立并维护国家关键信息基础设施清单；定期开展数据资源安全状况检测和风险评估；建立健全关键信息基础设施安全监管机制。

三是强化数据治理，提升数据安全保障水平。推进数据资源建设与开放共享；加大对关键行业、领域核心数据的安全监管和防护力度；加强大数据环境下信息安全认证体系建设。

四是推进网络可信身份建设，构建可信网络空间。加快出台国家网络空间可信身份战略；加快推行网络身份分级管理；建设并推广可信身份服务平台；推动多种网络身份认证技术和服务发展。

五是加快发展网络安全产业，增强产业支撑能力。研究制定我国网络安全产业发展指导意见；设立网络安全核心技术重大科技专项，支持网络安全核心技术研发和应用产业化；加大财税金融等政策支持力度；优化产业发展环境。

六是完善人才培养、激励等机制，加快人才队伍建设。加快建立多层次的网络安全人才培养体系；深化网络安全人才流动、评价、激励等机制创新；强化重点行业和领域网络安全人员能力建设。

第一节　加强关键技术研发，构建核心技术生态圈

一是加大对关键技术研发的支持力度。从 CPU 和操作系统产业链全局出发（补齐短板），并着眼于云计算、大数据、物联网、人工智能等新兴业态（超前布局），确定未来一段时间重点支持的技术清单，并根据技术成熟度和发展趋势，明确技术目标和时间表。充分利用核高基专项、极大规模集成电路制造装备及成套工艺等项目的中央财政资金，继续在芯片设计、制造工艺、装备研发，以及自主操作系统研发、关键应用软件研发和迁移等方面加大投入，坚持不懈地给予支持。

二是构建国产软硬件生态。大力推进操作系统统一接口工作，实现同一款操作系统能够同时支持龙芯、申威、飞腾等国产 CPU，在不同 CPU 架构下的安装、下载、更新等没有差别，减少应用软件、外设等的适配压力，构建国产软硬件生态。参照国际中立的联盟和基金会的运作模式，整合国产操作系统厂商、科研院所的研发力量，联合建设国家主导的开源社区，系统布局开源技术，发展基于自主社区的各类应用及迁移工具。支持采用虚拟 IDM 的形式组成 CPU 产品的研发、制造、封测、应用联盟，并探索在联盟中形成利益链。

三是优化核心技术自主创新环境。强化企业的创新主体地位，着力构建以企业为主体、市场为导向、产学研相结合的技术创新体系，提高企业的创新积极性，继续以基金等形式支持企业通过技术合作、资本运作等手段争取国际先进技术和人才，为企业充分利用国际资源提升自主创新能力提供支撑。

第二节　加强安全制度建设，全面保护关键信息基础设施

一是加强关键信息基础设施安全保障工作的统筹协调。构建由国家网信部门统筹协调、行业主管部门各自负责的协调机制，加强各部门间的沟通协调，形成合力。

二是加快建立关键信息基础设施识别认定机制。国家网信部门联合行业主管部门制定关键信息基础设施识别认定标准，借鉴国外经验，从对公众影响、经济影响、环境影响、政治影响等方面考虑，将相关基础设施界定为关键信息基础设施；在建立行业关键信息基础设施清单的基础上，建立并维护国家关键

信息基础设施清单。

三是加强国家关键数据资源的安全保障。在关键信息基础设施行业和领域推行数据分级分类制度，探索建立政府部门数据和水、电、气等公共数据的资产登记和数据异地备份制度。定期开展数据资源安全状况检测和风险评估，引导企业（或单位）建立数据全生命周期安全策略和规程，采用数据访问权限控制等技术与管理手段，加强数据资源在收集、传输、存储、处理、共享、销毁等环节的安全管理。

四是建立健全关键信息基础设施安全监管机制。健全关键信息基础设施安全检查评估机制，面向重点行业开展网络安全检查和风险评估，指导并监督地方开展安全自查，组织专业队伍对重点系统开展安全抽查，形成自查与重点抽查相结合的长效机制；完善关键信息基础设施安全风险信息共享机制，理顺信息报送渠道，完善监测技术手段和监测网络，加快形成关键信息基础设施网络安全风险信息共享的长效机制。

五是研究制定关键信息基础设施网络安全标准规范。研制关键信息基础设施的基础性标准，推动关键信息基础设施分类分级、安全评估等标准的研制和发布。

第三节　强化数据治理，提升数据安全保障水平

一是推进数据资源建设与开放共享。加强宣传和引导，增强数据资源建设意识。普及应用传感器等数据采集终端，多渠道、多层面采集获取数据，高速传输和有效管理数据，形成系统、全面、及时、高质量的数据资源。制定实施数据开放国家计划，确立数据开放共享的原则、重点领域和实施步骤，推动公共数据资源适度、合理的跨部门按需共享和向社会开放。

二是加强数据安全保障。加大对关键行业、领域核心数据的安全监管和防护力度，在大型数据中心、重点行业和领域信息系统深入落实等级保护制度，开展信息安全风险评估，并部署基于主动防御理念的技术防护手段和措施。落实重点领域数据出境安全评估制度，加大对跨境数据的监管力度。针对大数据平台及服务商的可靠性及安全性，开展信息技术产品和服务审查，引导企业加强信息技术产品供应链管理，有效降低使用国外产品和服务而可能导致的数据泄露风险。

三是培育数据安全相关公共服务。加强大数据环境下信息安全认证体系建设，做好大数据平台及服务商的可靠性、安全性评测。

第四节　推进网络可信身份建设，构建可信网络空间

一是加强网络可信身份体系的顶层设计。在不断实践的基础上，系统调研我国网络可信身份体系的建设情况，借鉴国内外优秀做法，从试点中总结经验教训，结合我国的实际进而完善推广优秀经验做法，适时出台国家网络空间可信身份战略，确定建设的战略目标、基本思路和主要任务，建立实施机制，从顶层出发加大资源投入力度，推动可信身份体系建设。

二是加快法制建设，完善法律法规体系。对已有的法律法规进行修订、完善。例如，个人信息与网络身份管理相关的条款在《刑法》《民事诉讼法》《电子签名法》《侵权责任法》等法律法规中有涉及，可以通过修订、完善相关条款，来明确网络可信身份在社会生活中的重要作用和法律地位；对尚未涉及的部分进行立法补充。起草数据采集、存储和跨境流动相关法律，加快《个人信息保护法》和《数据安全管理办法》的出台。

三是搭建公共平台，推动资源互联互通。通过建设集成公安、工商、CA机构、电信运营商等多种网络身份认证资源的可信身份服务平台，提供"多维身份属性综合服务"，包括网络身份真实性、有效性和完整性认证服务，最终完成对网上行为主体的多途径、多角度、多级别的身份属性信息的收集、确认、评价及应用，实现多模式网络身份管理和验证。

四是加强技术创新，提高安全可控能力。加大对核心加密算法等基础研究的投入，加快进行国产密码算法在主流安全产品中兼容性、稳定性和可靠性测试，提高加密强度下产品的综合性能；积极研究身份认证技术升级改进，研发国产身份认证系统，对认证介质和基础数据库进行升级换代。

五是制定产业规划，建设产业生态联盟。建立网络可信身份生态联盟，该联盟由产业链上下游的第三方中介服务机构、基础软硬件厂商、网络可信身份服务商、依赖方、高校和科研单位等共同组成。联盟以技术创新为纽带，以契约关系为保障，有效整合政产学研用等各方资源，通过对网络可信身份认证技术的研究及自主创新，形成具有自主知识产权的产业标准、专利技术和专有技术，开展重大应用示范，推动我国网络可信身份生态的建设和发展。

第五节　加快发展网络安全产业，增强产业支撑能力

一是统筹发展网络安全产业。研究制定我国网络安全产业发展指导意见，确定网络安全产业发展的方向和重点，引领打造政产学研用投融合的良好产业

生态。调动地方产业发展积极性，在全国范围内重点布局国家网络安全产业园区，发挥区域优势，以点带面，辐射带动全国网络安全产业发展。

二是大力支持网络安全核心技术研发和应用产业化。设立网络安全核心技术重大科技专项，对前沿基础研究、瓶颈制约环节突破、关键核心技术产业化等予以重点支持。支持龙头企业联合高校、科研院所等搭建网络安全重大创新平台和重点实验室，促进产业链协同攻关。开展网络安全核心技术与产业化试点示范工程，建设科技成果服务平台，推进知识成果转化，推广优秀经验和最佳实践。

三是加大财税金融等政策支持力度。发挥国家新兴产业创业投资的作用，鼓励社会资本参与网络安全创业投资、设立产业基金。支持企业上市、投融资、兼并重组，提升市场竞争力。设立网络安全专项资金，支持网络安全企业创新发展。

四是优化产业发展环境。建设科普基地和培训基地，开展网络安全意识教育培训和人才培训。带领开展"走出去"探索，提升企业国际化服务能力。

第六节　完善人才培养、激励等机制，加快人才队伍建设

一是加快建立多层次的网络安全人才培养体系。加强高等院校网络空间安全专业建设，支持建立网络安全高等院校联盟，共享教材、师资、实验室等资源，支持高等院校创新人才培养模式，与网络安全企业合作，产教结合共同培养人才。加快建设网络安全高等职业教育体系，将高等职业教育机构作为网络安全高技能人才培养的主要依托，鼓励高等职业院校与网络安全企业合作，建立人才培养和实训基地，实行企业导师制度，加快网络安全高技能人才培养。加强网络安全人才职业培训机构建设，规范职业培训和人员资质认证活动，加强对网络安全职业培训机构的监管。

二是深化网络安全人才流动、评价、激励等机制创新。实施党政机关网络安全优秀人才"直聘"计划，吸引优秀人才进入党政机关工作。组织开展网络安全国有企事业单位股权期权激励试点，研究制定股权期权激励政策，制定网络安全领域科技成果转化指引，赋予国有企事业单位科技成果使用、处置和收益管理权，允许科技成果通过协议定价、在技术市场挂牌交易、拍卖等方式转让转化。制定网络安全人才职称评价标准，以实际能力和业绩作为衡量标准，不唯学历、不唯论文、不唯资历，突出专业性、创新性和实用性。

三是强化重点行业和领域网络安全人员能力建设。开展党政机关网络安全

关键岗位梳理工作，制定关键岗位分类规范及能力标准，建立党政机关网络安全人员定期培训制度。在关键信息基础设施行业推行首席网络安全官，定期对网络安全人员进行网络安全教育、技术培训和技能考核，定期开展网络安全演练提升网络安全人员应急处置能力。

附录 A   2018 年国内网络安全大事记

1月

3 日，Intel CPU 被爆出史上最大 CPU 漏洞 Spectre 和 Meltdown。

4 日，主题为"开放共享　携手共治"的 2018 年守护者计划大会在北京召开。

6 日，中央军委发布《军队互联网媒体管理规定》。

17 日，全国公安机关、工商部门网络传销违法犯罪活动联合整治工作部署会召开。

22 日，中国互联网协会成立个人信息保护工作委员会。

24 日，全国信息安全标准化技术委员会发布国家标准 GB/T 35273-2017《信息安全技术　个人信息安全规范》，将于 2018 年 5 月 1 日实施。

2月

1 日，2018 工业互联网峰会在北京举办。

2 日，国家互联网信息办公室公布《微博客信息服务管理规定》。

4 日，顶象技术宣布完成数亿元融资。

7 日，公安部部署开展打击整治网络违法犯罪"净网 2018"专项行动。

26 日，交通运输部办公厅发布《网络预约出租汽车监管信息交互平台运行管理办法》。

3月

2 日，国务院发布《快递暂行条例》。

4 日，最高人民法院审判委员会审议通过《最高人民法院关于人民法院通过互联网公开审判流程信息的规定》，自 2018 年 9 月 1 日起施行。

13 日，教育部办公厅发布《2018 年教育信息化和网络安全工作要点》。

16 日，中国银监会公布《银行业金融机构数据治理指引》（征求意见稿），向社会公开征求意见。

16 日，国家新闻出版广电总局发布《关于进一步规范网络视听节目传播秩序的通知》，加强网络视听节目管理。

21 日，中共中央发布《深化党和国家机构改革方案》，决定将中央网络安全和信息化领导小组（"中央网信领导小组"）改为中央网络安全和信息化委员会（"中央网信委"），并优化中央网络安全和信息化委员会办公室职责。

22 日，国家新闻出版广电总局下发特急文件《关于进一步规范网络视听节目传播秩序的通知》。

23 日，公安部发布《网络安全等级保护测评机构管理办法》。

28 日，"中国工业互联网安全产业高峰论坛"在北京召开。

30 日，中央网信办和中国证监会联合印发《关于推动资本市场服务网络强国建设的指导意见》。

4 月

2 日，国务院办公厅公布《科学数据管理办法》。

2 日，工信部发布《2018 年工业通信业标准化工作要点》。

4 日，公安部发布《公安机关互联网安全监督检查规定（征求意见稿）》。

9 日，工控安全厂商威努特宣布获得数亿元 C 轮融资。

10 日，贵阳市公安局通报打掉两个贩卖公民个人信息的犯罪团伙，300 万条敏感信息泄露。

10 日，全国"扫黄打非"办公布一批"净网""护苗"案件。

11 日，工信部、公安部、交通运输部发布《智能网联汽车道路测试管理规范（试行）》。

12 日，李克强总理主持召开国务院常务会议，审议并通过了《关于促进"互联网＋医疗健康"发展的意见》。

14—15 日，"强网杯"全国网络安全挑战赛在郑州举办。

14 日，观安信息获得 1.3 亿元 B 轮融资。

15 日，国际网络安全标准化论坛在湖北省武汉市东湖国际会议中心召开。

20 日至 21 日，全国网络安全和信息化工作会议在北京召开。中共中央总书记、国家主席、中央军委主席、中央网络安全和信息化委员会主任习近平出席会议并发表重要讲话。

23 日，新京报曝光美团、饿了么等外卖平台用户信息被泄露。

25 日，工信部发布关于贯彻落实《推进互联网协议第六版 (IPv6) 规模部署行动计划》的通知。

5 月

1 日，国家标准《信息安全技术　个人信息安全规范》(GB/T 35273-2017) 正式实施。

2 日，人民银行下发《关于进一步加强征信信息安全管理的通知》。

9 日，国家互联网信息办公室发布《数字中国建设发展报告（2017 年）》。

14 日，国家发改委、中央网信办、工信部等八部门联合发布《关于加强对电子商务领域失信问题专项治理工作的通知》。

16 日，深信服在 A 股创业板成功上市。

17 日，中德高级别安全对话框架下的网络安全磋商在京举行。

18 日，工信部发布《关于纵深推进防范打击通讯信息诈骗工作的通知》。

20 日，工信部信息中心发布《2018 年中国区块链产业发展白皮书》。

22 日，国家发改委、中央网信办和工信部联合发布《关于做好引导和规范共享经济健康良性发展有关工作的通知》。

25 日，全国信息安全标准化技术委员会发布《网络安全实践指南—欧盟 GDPR 关注点》。

26 日，2018 中国国际大数据产业博览会在贵阳召开。

6 月

5 日，中央网信办、公安部联合印发"关于规范促进网络安全竞赛活动的通知"。

5 日，交通运输部、中央网信办、工信部、公安部、中国人民银行等七部门联合印发《关于加强网络预约出租汽车行业事中事后联合监管有关工作的通知》。

5 日，国家网络安全产业园区专家咨询委员会召开第一次会议。

7 日，全国信息安全标准化技术委员会归口的《信息安全技术　公钥基础设施　数字证书格式》等 7 项国家标准正式发布。

7 日，北京市海淀区人民检察院、北京检方发布《网络安全刑事司法保护白皮书》。

12 日，工信部召开全国视频会议，部署深入推进防范打击通讯信息诈骗工作。

13 日，全国信息安全标准化技术委员会发布《信息安全技术 个人信息安全影响评估指南》（征求意见稿）、《信息安全技术 关键信息基础设施网络安全保护要求》（征求意见稿），向社会公开征求意见。

13 日，AcFun 弹幕视频网在其官网发布《关于 AcFun 受黑客攻击致用户数据外泄的公告》称遭黑客攻击，近千万条用户数据外泄。

20 日，国家认监委、工信部、公安部、国家互联网信息办公室发布《承担网络关键设备和网络安全专用产品安全认证和安全检测任务机构名录（第一批）》。

20 日，圆通 10 亿条快递数据在暗网被兜售。

22 日，国务院办公厅印发《进一步深化"互联网 + 政务服务"推进政务服务"一网、一门、一次"改革实施方案》。

27 日，公安部公布《网络安全等级保护条例（征求意见稿）》，向社会公开征求意见。

7 月

2 日，国家认监委发布《网络关键设备和网络安全专用产品安全认证实施规则》。

3 日，北京瑞智华胜公司非法劫持运营商流量赚取商业利益案件被警方破获。

4 日，微信支付 SDK 曝 XXE 漏洞，攻击者可免费获取商品。

9 日，工信部印发《工业互联网平台建设及推广指南》和《工业互联网平台评价方法》。

23 日，长生生物的官网被黑客攻击。

23 日，工信部发布《推动企业上云实施指南（2018—2020 年）》。

26 日，全国"扫黄打非"办公室向社会公布"净网""护苗"行动中新近办结或查办进度较好的一批网络"扫黄打非"案件。

27 日，人民银行发布《关于加强跨境金融网络与信息服务管理的通知》。

30 日，工信部、最高法、最高检、教育部、公安部、司法部等 13 部门联合发布《综合整治骚扰电话专项行动方案》。

8 月

1 日，全国"扫黄打非"办公室会同工信部、公安部、文旅部、国家广播电视总局、国家互联网信息办公室联合下发《关于加强网络直播服务管理工作的通知》。

3 日，台积电三大厂区出现电脑大规模勒索病毒事件。

8 日，财政部、中央文明办、国家发改委、工信部等 12 部门发布联合公告，进一步规范彩票市场秩序，综合治理擅自利用互联网销售彩票行为。

10 日，工信部发布《推动企业上云实施指南（2018—2020 年）》。

10 日，金华公安机关抓获 3 名非法侵入浙江省学籍管理系统的犯罪嫌疑人。

13 日，工信部发布《开展 2018 年电信和互联网行业网络安全检查工作的通知》。

14 日，人民银行发布《关于开展支付安全风险专项排查工作的通知》。

14 日，由国家互联网应急中心主办的"2018 中国网络安全年会"在北京召开。

16 日，贵阳市人大常委会宣布全国首部大数据安全管理地方性法规《贵阳市大数据安全管理条例》将于 2018 年 10 月 1 日起正式施行。

24 日，国家广播电视总局发布《未成年人节目管理规定（征求意见稿）》，向社会公开征求意见。

24 日，银保监会、中央网信办、公安部、人民银行、市场监管总局联合发布《关于防范以"虚拟货币""区块链"名义进行非法集资的风险提示》。

29 日，"中国互联网联合辟谣平台"正式上线仪式在北京举行。

31 日，十三届全国人大常委会第五次会议表决通过《电子商务法》。

9 月

4 日，"2018 ISC 互联网安全大会"在北京国家会议中心召开。

6 日，最高人民法院发布《关于互联网法院审理案件若干问题的规定》。

6 日，国务院办公厅发布《关于加强政府网站域名管理的通知》。

6 日，"网鼎杯"网络安全大赛在北京召开。

7 日，全国人大常委会发布《十三届全国人大常委会立法规划》，个人信息保护、数据安全、电子商务、密码等被列入立法规划。

7 日，中央网信办发布关于网络安全竞赛和会议冠名有关事项的说明。

10 日，国家宗教事务局发布《互联网宗教信息服务管理办法（征求意见稿）》。

13 日，国家卫生健康委员会发布《国家健康医疗大数据标准、安全和服务管理办法（试行）》。

13 日，国家能源局印发《关于加强电力行业网络安全工作的指导意见》。

15 日，基于 CASB 技术的安全初创公司炼石网络完成 3000 万元 Pre-A 轮融资。

15 日，公安部发布《公安机关互联网安全监督检查规定》。

19 日，2018 年国家网络安全宣传周在成都开启。

20 日，国家广播电视总局发布《境外视听节目引进、传播管理规定（征求意见稿）》。

10 月

10 日，国家市场监督管理总局、国家标准化管理委员会发布《信息安全技术　公民网络电子身份标识安全技术要求》等 6 项信息安全国家标准。

10 日，威胁情报国家标准《信息安全技术　网络安全威胁信息格式规范》正式发布。

10 日，支付宝检测到部分苹果用户的 ID 出现被盗，资金受损。

15 日，工信部、国家标准化管理委员会发布《国家智能制造标准体系建设指南（2018 年版）》。

15 日，移动业务安全厂商指掌易科技宣布完成 2 亿元 B 轮融资。

18 日，澳门立法会全体会议针对澳门《网络安全法》进行一般性讨论和表决，初步通过了该法案。

19 日，国家互联网信息办公室发布《区块链信息服务管理规定（征求意见稿）》。

23 日，国泰航空声明 940 万用户隐私数据泄露。

30 日，"护网杯"—2018 年网络安全防护赛暨首届工业互联网安全大赛在北京闭幕。

31 日，保密技术交流大会暨产品博览会在青岛开幕。

11 月

7 日，第五届世界互联网大会在浙江乌镇举行。

9 日，最高人民检察院印发《检察机关办理侵犯公民个人信息案件指引》。

15 日，国家互联网信息办公室和公安部联合发布《具有舆论属性或社会动员能力的互联网信息服务安全评估规定》。

21 日，工信部办公厅发布《关于开展网络安全技术应用试点示范项目推荐工作》的通知。

27 日，工信部网络安全管理局对 7 家电信企业落实《网络安全法》《通信网络安全防护办法》《电信和互联网用户个人信息保护规定》等法律法规情况检查结果进行公示。

28 日，360 企业安全集团获得 12.5 亿元 Pre-B 轮融资。

30 日，公安部网络安全保卫局发布《互联网个人信息安全保护指引》（征求意见稿）。

30 日，万豪酒店发布公告称旗下的喜达屋酒店遭第三方非法入侵，5 亿名顾客的信息被泄露。

12 月

5—6 日，由工信部指导，中国通信企业协会主办的"第五届电信和互联网行业网络安全技能竞赛决赛"在北京举行。

7 日，网络游戏道德委员会在北京成立。

14 日，一款通过"驱动人生"升级通道传播的木马爆发，两小时内感染十万台电脑。

17—18 日，第九届中国信息安全法律大会在北京举行。

18 日，我国发布第三份《中国对欧盟政策文件》，深化网络空间合作，共同提升个人信息保护水平，保障公民合法权益。

24 日，国务院打击治理电信网络新型违法犯罪工作部际联席会议联络员会议在北京召开。

26 日，国家互联网信息办公室公布《金融信息服务管理规定》，旨在加强金融信息服务内容管理，提高金融信息服务质量，自 2019 年 2 月 1 日起施行。

27 日，全国工业和信息化工作会议在北京召开。

后　记

　　赛迪智库网络安全研究所在对政策环境、基础工作、技术产业等长期研究积累的基础上，经过深入研究、广泛调研、详细论证，历时半载完成了《2018—2019 年中国网络安全发展蓝皮书》。

　　本书由黄子河担任主编，刘权担任副主编，刘玉琢负责统稿。全书分为综合篇、专题篇、政策法规篇、产业篇、企业篇、热点篇和展望篇七个部分，各篇的撰写人员如下：综合篇由孙舒扬、刘玉琢、高月撰写；专题篇由周鸣爱、张博卿、王珬、韦安奎、王超、刘曦子撰写；政策法规篇由张莉、魏书音、李东格撰写；产业篇由王超、刘玉琢、韦安奎、王闯、张博卿、刘宗媛、吴三来、孟雪撰写；企业篇由李东格、张猛、王珬、张博卿、王超、刘玉琢、刘曦子撰写；热点篇由孙舒扬、刘玉琢、魏书音、高月撰写；展望篇由闫晓丽、吴三来撰写。在研究和撰写过程中得到了相关部门领导及行业专家的大力支持和耐心指导，以及周千荷、孟雪等同事的帮助，在此一并表示诚挚的感谢。

　　由于能力和水平所限，我们的研究内容和观点可能还存在有待商榷之处，敬请广大读者和专家批评指正。

　　　　　　　　　　　　　　　　　　　　　　　　赛迪智库网络安全研究所

赛迪智库

面向政府　服务决策

思想，还是思想
才使我们与众不同

《赛迪专报》　　　　　《安全产业研究》　　　　　《产业政策研究》

《赛迪前瞻》　　　　　《工业经济研究》　　　　　《军民结合研究》

《赛迪智库·案例》　　　《财经研究》　　　　　　《工业和信息化研究》

《赛迪智库·数据》　　　《信息化与软件产业研究》　《科技与标准研究》

《赛迪智库·软科学》　　《电子信息研究》　　　　　《无线电管理研究》

《赛迪译丛》　　　　　《网络安全研究》　　　　　《节能与环保研究》

《工业新词话》　　　　《材料工业研究》　　　　　《世界工业研究》

《政策法规研究》　　　　《消费品工业"三品"战略专刊》　《中小企业研究》

　　　　　　　　　　　　　　　　　　　　　　　　《集成电路研究》

通信地址：北京市海淀区万寿路27号院8号楼12层
邮政编码：100846
联 系 人：王　乐
联系电话：010-68200552　13701083941
传　　真：010-68209616
网　　址：www.ccidwise.com
电子邮件：wangle@ccidgroup.com

赛迪智库

面向政府 服务决策

研究，还是研究
才使我们见微知著

规划研究所	知识产权研究所	安全产业研究所
工业经济研究所	世界工业研究所	网络安全研究所
电子信息研究所	无线电管理研究所	中小企业研究所
集成电路研究所	信息化与软件产业研究所	节能与环保研究所
产业政策研究所	军民融合研究所	材料工业研究所
科技与标准研究所	政策法规研究所	消费品工业研究所

通信地址：北京市海淀区万寿路27号院8号楼12层
邮政编码：100846
联系人：王 乐
联系电话：010-68200552　13701083941
传　　真：010-68209616
网　　址：www.ccidwise.com
电子邮件：wangle@ccidgroup.com